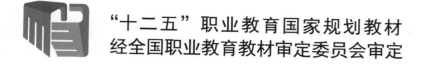"十二五"职业教育国家规划教材
经全国职业教育教材审定委员会审定

网页设计与制作

（Dreamweaver CC）

（第3版）

张加青　段欣　主编

电子工业出版社
Publishing House of Electronics Industry
北京·BEIJING

内 容 简 介

本书根据教育部发布的《中等职业学校专业教学标准（试行）信息技术类（第一辑）》中的相关教学内容和要求编写。为适应中等职业学校计算机课程改革的要求，从网页制作技能培训的实际出发，结合当前网页制作软件的流行版本 Dreamweaver CC，作者组织编写了本书。

本书采用模块、任务教学的方法，通过具体任务讲述网页设计基础、Dreamweaver 初级应用、页面布局、Dreamweaver 高级应用、网站的测试和发布等，并通过综合应用案例介绍设计网页的相关技巧。

本书适合作为中等职业学校计算机应用及相关专业的核心教材，也可作为各类计算机培训机构的教材，还可供计算机网页设计与制作人员参考学习。

本书配有教学指南、电子教案、素材文件及微视频等。

图书在版编目（CIP）数据

网页设计与制作：Dreamweaver CC / 张加青，段欣主编．—3 版．—北京：电子工业出版社，2021.11

ISBN 978-7-121-42514-1

Ⅰ．①网… Ⅱ．①张… ②段… Ⅲ．①网页制作工具－中等专业学校－教材 Ⅳ．①TP393.092

中国版本图书馆 CIP 数据核字（2021）第 261333 号

责任编辑：关雅莉　　　　　　特约编辑：田学清
印　　刷：中国电影出版社印刷厂
装　　订：中国电影出版社印刷厂
出版发行：电子工业出版社
　　　　　北京市海淀区万寿路 173 信箱　　　　邮编：100036
开　　本：889×1194　　1/16　　印张：12.5　　字数：280 千字
版　　次：2013 年 8 月第 1 版
　　　　　2021 年 11 月第 3 版
印　　次：2024 年 12 月第 10 次印刷
定　　价：39.80 元

凡所购买电子工业出版社图书有缺损问题，请向购买书店调换。若书店售缺，请与本社发行部联系，联系及邮购电话：（010）88254888，88258888。

质量投诉请发邮件至 zlts@phei.com.cn，盗版侵权举报请发邮件至 dbqq@phei.com.cn。

本书咨询联系方式：（010）88254550，zhengxy@phei.com.cn。

前言

为建立健全教育质量保障体系，提高职业教育质量，教育部于 2014 年发布了中等职业学校专业教学标准（以下简称"专业教学标准"）。专业教学标准是指导和管理中等职业学校教学工作的主要依据，是保证教学质量和人才培养规格的纲领性教学文件。在"教育部办公厅关于公布首批《中等职业学校专业教学标准（试行）》目录的通知"（教职成厅函〔2014〕11 号）中强调，"专业教学标准是开展专业教学的基本文件，是明确培养目标和规格、组织实施教学、规范教学管理、加强专业建设、开发教材和学习资源的基本依据，是评估教育教学质量的主要标尺，同时也是社会用人单位选用中等职业学校毕业生的重要参考。"

本书特色

本书根据教育部发布的《中等职业学校专业教学标准（试行）信息技术类（第一辑）》中的相关教学内容和要求编写。

本书按照"以服务为宗旨，以就业为导向"的职业教育办学指导思想，采用"行动导向，任务驱动"的方法，以任务引领知识的学习，通过任务的具体操作引出相关知识点。本书先通过"任务描述"和"任务解析"，引导学生"学中做""做中学"，把基础知识的学习和基本技能的掌握有机地结合在一起，在具体的操作实践中培养应用能力，并追加相关小技巧等提高性知识，进一步开拓学生的视野，最后通过"上机实训"促进学生巩固所学知识并熟练操作。本书的任务案例来自实际应用，更便于学生理解和接受。

本书采用模块教学方式，共分为 6 个模块：网页设计基础、Dreamweaver 初级应用、网页布局、Dreamweaver 高级应用、网站的测试与发布、综合应用。

此次第 3 版对上一版图书进行了修订，为与岗位密切对接，增加了 HTML5 语言基础、Flex 布局、快速开发工具等多个知识点；为使案例或上机实训项目更充分地支撑所学知识点，更新了部分案例的内容并增加了上机实训题目的数量。

本书作者

本书由济南商贸学校张加青、山东省教科院段欣担任主编，济南商贸学校陈悦丽担任主审，宁阳县职业中等专业学校宁留文担任副主编，杜海军、王芳参与编写。一些职业学校的老师参与了本书相关的程序测试、试教和修改工作，在此表示衷心感谢。

教学资源

为了提高学习效率和教学效果，方便教师教学，本书还配有电子教学参考资料包，包括教学指南、电子教案、素材文件及微视频等，有需要的老师可以登录华信教育资源网（http://www.hxedu.com.cn）免费注册后下载，有问题时请在网站留言板留言或与电子工业出版社联系（E-mail：hxedu@phei.com.cn）。

由于编者水平有限，书中难免存在疏漏和不妥之处，恳请广大师生和读者批评指正。

编　者

2021 年 4 月

目录

模块 1
网页设计基础

体验 HTML 文档——网页基础

任务描述

通过在记事本和 Dreamweaver 中使用 HTML 代码制作网页，介绍 HTML 代码的常用标记，以及使用 HTML 代码制作简单网页的方法。

任务解析

在本任务中，需要完成以下操作：

● 在记事本中输入 HTML 代码制作简单网页；

● 在 Dreamweaver 中使用"代码"视图查看网页代码；

● 在 Dreamweaver 的"代码"视图下编辑 HTML 代码。

（1）选择"开始"→"所有程序"→"附件"→"记事本"命令，在记事本窗口中输入以下 HTML 代码：

```
<html>
    <head>
        <title>社会主义核心价值观</title>
    </head>
    <body>
        <marquee direction="left">
        富强、民主、文明、和谐、自由、平等、公正、法治、爱国、敬业、诚信、友善
        </marquee>
    </body>
</html>
```

（2）选择"文件"→"保存"命令，打开"另存为"对话框，选择保存位置为素材库中的 chapter1 文件夹，文件名为"wy1.html"，保存类型为"所有文件"，如图 1-1 所示，单击"保存"按钮。

（3）在"计算机"中打开 chapter1 文件夹，双击 wy1.html 打开浏览器，浏览该网页，可以看到字幕"富强、民主、文明、和谐、自由、平等、公正、法治、爱国、敬业、诚信、友

善"从右向左滚动，标题"社会主义核心价值观"出现在浏览器的标题栏，如图 1-2 所示。

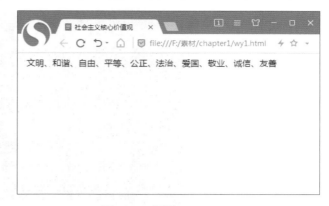

图 1-1　"另存为"对话框　　　　　　　　　　　　图 1-2　浏览 wy1.html

（4）右击浏览器空白处，在弹出的快捷菜单中选择"添加到收藏夹"命令，将该网页添加到收藏夹中，如图 1-3 所示。

图 1-3　将网页添加到收藏夹

（5）启动 Dreamweaver CC，选择"文件"→"打开"命令，打开 chapter1 文件夹中的 wy2.html，如图 1-4 所示。

图 1-4　在 Dreamweaver 中打开 wy2.html

（6）按 F4 键隐藏所有面板，单击"文档"工具栏上的"代码"按钮，切换到 Dreamweaver

的"代码"视图，对代码进行如图 1-5 所示的修改。

图 1-5　Dreamweaver 的"代码"视图

（7）单击"设计"按钮，切换到"设计"视图，按 F12 键保存并浏览网页，如图 1-6 所示。单击"Adobe 官方网站"超链接，将在浏览器的新窗口中打开 Adobe 官方网站首页。

图 1-6　预览 wy2.html 文件

（8）在 Dreamweaver 中打开 chapter1 文件夹中的 myweb3.html，切换到"代码"视图。

（9）在<body>和</body>之间添加以下代码：

```
    <table width="490" border="1" align="center" cellpadding="0" cellspacing=
"0">
    <tr>
      <td colspan="3"><img src="images/tx2.JPG" width="501" height= "101">
</td>
    </tr>
    <tr>
      <td width="168" align="center" ><a href="myweb1.html">网站首页</a>
</td>
      <td width="168" align="center">
    <a href="http://www.hxedu.com.cn/" target="_blank">梨花小镇</a>
    </td>
```

```
        <td width="146" align="center" ><a href="mailto:liming@163.com">与
我联系</a></td>
      </tr>
      <tr>
        <td height="149" colspan="3" align="center">
          <form name="form1" method="post" action="">
用户登录<br>
用户姓名<input name="username" type="text" id="textfield3" />   <br>
登录密码 <input name="pass" type="password" id="textfield4" />   <br>
          <input type="submit" name="button2" id="button2" value="登录">
        </form>
      </td>
    </tr>
  </table>
```

（10）选择"文件"→"保存"命令，按 F12 键浏览该网页，效果如图 1-7 所示。

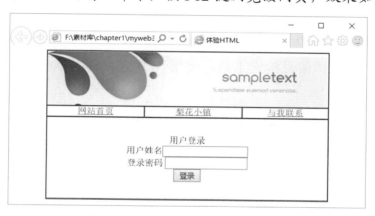

图 1-7　预览 myweb3.html 文件

1.1 网页基础知识

1．Internet 概述

Internet 的中文名称为"因特网"或"国际互联网"，是利用通信线路和通信设备将世界各地的计算机网络、主机和个人计算机连接起来，在网络协议控制下构成的全球互联网系统，如图 1-8 所示。

Internet 提供的服务主要包括万维网（WWW）、电子邮件（E-mail）、文件传输（FTP）、远程登录（Telnet）等。对于现在的人来说，没有 Internet 的生活简直无法想象，从新闻、天气资讯，到在线音乐、网络视频、QQ、抖音、微信、支付宝，再到机票预订、旅馆安排、网上购物、证券交易等活动，网络已经渗透到各个角落。

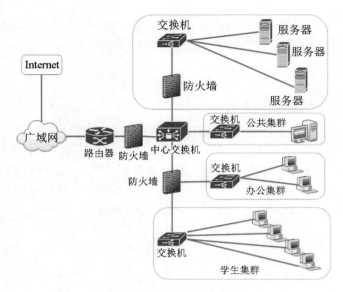

图 1-8　Internet 示意图

2．WWW 服务

WWW 是 World Wide Web 的缩写，其含义是"全球网"，也称其为"万维网"。WWW 是基于 HTTP 的交互式多媒体信息检索工具。使用 WWW，只需单击就可以在 Internet 上浏览各种信息资源。

WWW 服务采用客户机/服务器工作模式，由 WWW 浏览器、Web 服务器和 WWW 协议组成。WWW 的信息资源以网页的形式存储在 Web 服务器中，用户通过客户端的浏览器向 Web 服务器发出 URL 请求，Web 服务器接收并处理用户请求后将网页返回客户端，浏览器接收到网页后对其进行解释，最终将文字、图片、声音、动画、影视画面呈现给用户，如图 1-9 所示。

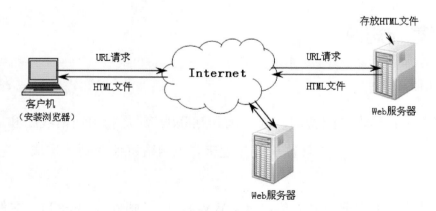

图 1-9　WWW 服务的工作流程

WWW 浏览器是专门定位和访问 Web 信息的应用程序。常用的浏览器软件包括 IE 浏览器、360 浏览器、Safari 浏览器、Firefox 浏览器和 Chrome 浏览器。

Web 服务器是对浏览器的请求提供服务的计算机及其相应的服务程序。网页设计者将制作好的网站上传到 Web 服务器上才能被用户浏览。

3．Web 站点和网页

Web 站点又称"网站"，是指在因特网上，根据一定的规则，使用 HTML 等工具制作的用于展示特定内容的相关网页的集合。简单地说，Web 站点是一种通信工具，人们可以通过网站发布想要公开的资讯，或者利用 Web 站点提供相关的网络服务；浏览者可以通过网页浏览器访问 Web 网站，获取需要的资讯，或者享受网络服务。Web 站点运作原理如图 1-10 所示。

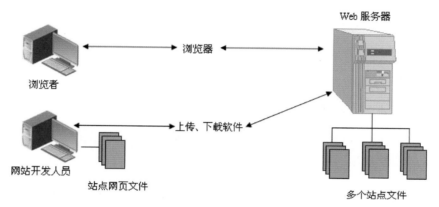

图 1-10　Web 站点运作原理

网页是构成网站的基本元素，一般又称作 HTML 文档，是一种可以在互联网上传输、能被浏览器识别和翻译成页面并显示出来的文件。我们看到的网页通常都是以 htm 或 html 为扩展名的文件，这些网页被称为静态网页。

根据采用服务器技术的不同，网页扩展名又有 ASP、PHP、JSP 等，这些网页被称为动态网页。在浏览器的地址栏输入网站的 URL 后见到的第一个网页称为网站的主页，主页是网站中所有网页的索引页，通过单击主页上的超链接可以打开其他网页。

4．HTTP 和 URL

HTTP（超文本传输协议）是互联网上应用最广泛的一种网络协议，允许将 HTML 文档从 Web 服务器传送到 WWW 浏览器。

Internet 中的 Web 服务器数量众多，并且每台服务器都包含多个网页，用户想在众多网页中指明要获得的网页，就必须借助 URL（Uniform Resource Locators，统一资源定位符）进行资源定位。URL 由四部分组成：协议、主机名、路径及文件名，例如，某网页的 URL 为：

https://www.hxedu.com.cn/hxedu/hg/home/home.html

其中，"http"是采用的协议，"www.hxedu.com.cn"是主机名，"hxedu/hg/home/"是网页

的路径（存储网页的文件夹），"home.html"是要访问的网页文件名。用户在浏览器的地址栏输入要浏览网页的 URL，便可以浏览该网页。

1.2　网站配色方案

1．色彩的基础知识

色彩是网站最主要的组成部分，页面的色彩处理得好，可以锦上添花，达到事半功倍的效果。色彩一般分为无彩色和有彩色两大类。无彩色是指黑、灰、白等不带颜色的色彩，有彩色是指红、黄、蓝等带颜色的色彩。

1）色彩的三要素

● 色相：指色彩的相貌，也就是各种颜色的区别，是色彩最显著的特征。

● 明度：指色彩本身的明暗程度，简单来说，就是色彩的程度。

● 纯度：指色彩本身的鲜艳程度，又称为饱和度。

2）色彩的感觉

● 红色：最引人注目的色彩，具有强烈的感染力，象征热情、喜庆、幸福，是节日和庆祝活动的常用色。

● 绿色：是与大自然的生命一致的色彩，象征平静、健康、健全、和谐和安全。

● 蓝色：使人联想到天空、海洋，给人以爽朗、清凉的感觉，象征平静、稳定、和谐、统一、信任。

● 黄色：给人明朗、愉快的感觉，象征光明、希望、高贵、愉快。

● 橙色：介于红色与黄色之间，可以营造一种温馨的氛围，象征温馨、时尚、轻快。

● 紫色：是一种优雅、高贵、充满灵性并能激发创造力的颜色，象征优雅、高贵、神秘、忧郁。

● 白色：给人以干净、整洁的感觉，象征纯洁、天真、干净、轻松、神圣。

● 黑色：是一种比较经典的色彩，象征严肃、神秘、威严、深沉、压抑。

● 灰色：是一种可以衬托任何色彩的颜色，象征温和、谦让、平凡、考究。

2．色彩的搭配原则

（1）网页色彩搭配时，要善用单色、对比色、邻近色和同类色。

（2）网页要用与众不同的色彩，不同类型的网站配以不同的色彩，从而表达不同的情感诉求。

（3）色彩要和网站的内容、文化氛围相符，以便更好地突出网站的特色。

（4）网页配色时，尽量把颜色控制在三种之内，以免使页面产生"乱"的效果。

3. 常见的配色方案

（1）儿童类网站：常运用幸福感强烈、温情、智慧和希望的黄色；干净、清澈的蓝色；有朝气、健康、自然的绿色；温馨、活泼、有朝气的橙色，如图 1-11 所示。

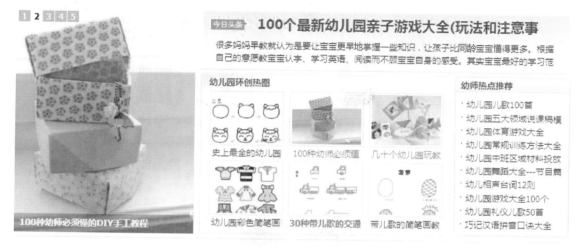

图 1-11　营造温馨氛围的儿童网站

（2）教育类网站：常运用平静、清澈的蓝色或代表希望的绿色，如图 1-12 所示。

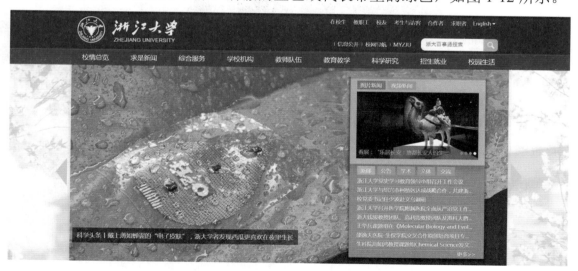

图 1-12　平静、清澈的蓝色系教育网站

（3）企业类网站：常运用沉稳、冷静、严谨、成熟的冷色调蓝色，给人一种稳定感，使访问者容易建立对网站的信任，如图 1-13 所示。

（4）购物类网站：常运用红色、黄色、橙色等暖色调渲染氛围，让访问者感觉到轻松、愉快，如图 1-14 所示。

图 1-13　沉稳、冷静的蓝色系企业网站

图 1-14　轻松、愉快的暖色调购物网站

（5）旅游休闲类网站：常运用代表大自然、健康和希望的绿色，以及代表天空、海洋的干净、清澈的蓝色，如图 1-15 所示。

图 1-15　干净、清澈的蓝色系旅游网站

1.3　网站设计常用软件

1. 网站设计开发软件

1）文本编辑器

制作网页通常使用 HTML，HTML 文档可以使用多种文本编辑器进行编辑，如记事本、Word、写字板、UltraEdit 等。其中，UltraEdit 是一套功能强大的文本编辑器，可以编辑文本、十六进制、ASCII 码，具有 HTML 标签颜色显示、搜索、替换及无限制的还原功能，但不具备所见即所得功能，适合编辑 HTML 文档源代码，也称为源代码编辑器。

2）FrontPage

FrontPage 是微软公司出品的一款网页制作入门级软件，使用方便、简单，会使用 Word 就能制作网页，所见即所得是其特点。FrontPage 结合了设计、HTML、预览三种显示模式，相对于其他专业设计软件，其功能简单，不适合制作复杂的动态网页，适合初学者使用。

3）Dreamweaver

Dreamweaver 是由 Adobe 公司推出的一款所见即所得的网页编辑器，支持最新的 Web 技术，包含 HTML 检查、HTML 格式控制，也支持可视化网页设计，能够处理 Flash 和 Shockwave 等媒体格式，是当前流行的网站设计工具。

4）HBuilderX

HBuilderX 是一款支持 HTML5 的 Web 开发工具。HBuilderX 体积小、启动快，提供较全的语法库和浏览器兼容性数据，让使用者不再为浏览器的兼容问题而烦恼。

2. 网页美化工具

1）Photoshop

Photoshop 是由 Adobe 公司开发的一种图形图像软件，是目前最好的平面设计软件之一，其功能完善、性能稳定、使用方便，是美化网页的常用工具。

2）Fireworks

Fireworks 是一款专门为网络图形设计的图形编辑软件，大大简化了网络图形设计的工作难度。无论是专业设计师还是业余爱好者，使用 Fireworks 不仅可以轻松地制作出十分动感的 GIF 动画，还可以轻易地完成大图切割、动态按钮、动态翻转图等。

3）Flash

Flash 是专业的矢量图形编辑和动画创作软件，是一种交互式动画设计工具，可以将音乐、声效、动画及富有新意的界面融合，制作出高品质的网页动态效果。

1.4 HTML 文档入门

1. HTML 概述

HTML（Hypertext Markup Language，超文本标记语言）是用于创建 Web 文档的一种标记语言。自 1990 年首次用于网页编辑后，由于其编写制作的简易性，HTML 迅速成为网页编程的主流语言，几乎所有网页都是由 HTML 或其他语言程序嵌套在 HTML 中编写而成的。

在浏览器中打开任意一个网页，右击界面，在弹出的快捷菜单里选择"查看网页源代码"，打开该网页的源程序，如图 1-16 所示。

```
34  <html>
35  <head>
36    <meta charset="utf-8">
37    <meta http-equiv="X-UA-Compatible" content="IE=edge; IE=9; IE=10; IE=20">
38    <meta http-equiv="expires" content="0">
39    <meta name="viewport" content="width=device-width, initial-scale=1">
40    <meta name="description" content="中国领先的职业教育资源服务提供商,提供各层次教材信息,教学资源下载服务。
41      主办: 华信教育研究所, 承办: 电子工业出版社, 电子邮件 : hxedu@phei.com.cn, 京ICP备11030724-2, Copyright © 2019 华信教育资源网, 出版物经营许可证:新出发京批字第版130001号">
42    <meta name="keywords" content="电子工业出版社,电子社,华信网,样书申请,教材" />
43    <title>电子工业出版社 华信教育资源网</title>
44
45    <!-- Bootstrap -->
46    <link href="/hxedu/res/hg/css/bootstrap.min.css" rel="stylesheet">
47    <link href="/hxedu/res/hg/css/font-awesome.min.css" rel="stylesheet">
48    <link href="/hxedu/res/hg/css/btn_tran.css" rel="stylesheet">
49    <link href="/hxedu/res/hg/css/swiper.min.css" rel="stylesheet">
50    <link href="/hxedu/res/hg/css/jquery.horizontalmenu.css" rel="stylesheet">
51    <link href="/hxedu/res/hg/css/index1.css" rel="stylesheet">
52
53    <style>
54      /*.flex-box-img{display: flex;align-items: center;}
55      .flex-box-img .img-item{
56        background-size: cover;
57        background-repeat: no-repeat;
58        font-size: 1.5em;
59        line-height: 80px;
60        font-weight: bold;
61        text-align: center;
62        color: #fff;
63        height: 80px;}
64      .flex-box-img .shumu{
65        width: 200px;
66
67      }
68      .flex-box-img .flex-1{flex:1}*/
69    </style>
```

图 1-16　查看源程序

图 1-16 所示文本其实就是 HTML 源代码，可以使用任意文字编辑器编写，将其保存为 htm 或 html 格式即可。要制作 HTML 文档，一般有两种方法：一是使用记事本之类的工具，直接输入 HTML 源代码，并保存为以 htm 或 html 为扩展名的网页文件；二是使用可视化的网页制作工具，根据用户操作自动生成 HTML 代码，如 Dreamweaver、FrontPage 等软件。

2. HTML 文档基本结构

一个 HTML 文档是由一系列网页元素和标记组成的，HTML 用标记规定元素的属性和它在文件中的位置。HTML 文档的结构包括头部分（head）和主体部分（body）两大部分，头部分描述浏览器所需的信息，主体部分包含要说明的具体内容，具体结构如图 1-17 所示。

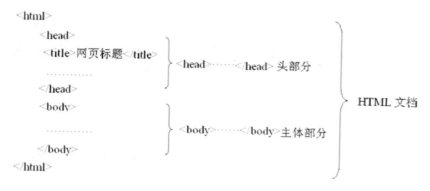

图 1-17　HTML 文档的结构

（1）HTML 文档包括三个主要标记：文档标记<html>……</html>、头部标记<head>……</head> 和主体标记<body>……</body>。

（2）标记不区分大小写。

（3）所有的标记都用尖括号<>括起来。

<html>标记放在 HTML 文档的最前面，用来标识 HTML 文档的开始；而</html>标记恰恰相反，它放在 HTML 文档的最后面，用来标识 HTML 文档的结束。这两个标记必须成对使用。

在<head>……</head>内的内容称为文件头部，可以包含<title>……</title>、<meta>等标记，这部分信息不会在浏览器的窗口中显示出来。

在<body>……</body>内的内容称为正文主体，可以包含<p>……</p>、<img>、<hr>、<table>等标记，其内容将在浏览器窗口中显示出来。

3．HTML 文档常用标记

1）标题标记

格式：<title>网页标题</title>

说明：该标记在<head>……</head>标记中，包含的文字将出现在浏览器的标题栏上。当用户将此页面添加到收藏夹时，也会默认以该标题为名称进行收藏。

2）主体标记

格式：<body bgcolor="页面背景颜色" background="背景图像" text="文本颜色">

　　　　主体内容

　　　　</body>

说明：该标记包括所有主体内容，可以设置页面的背景颜色、背景图像、文本颜色等属性。背景颜色和文本颜色可以使用颜色名（如蓝色 blue）或颜色代码值（如蓝色#0000FF）表示。

例如，将图像 tx.jpg 设置为页面背景图像，文本颜色为蓝色，代码如下：

```
<body background="tx.jpg" text="#0000FF">
主体内容
</body>
```

3）文字标记

格式：<font size="文字大小" face="字体" color="文本颜色">文本内容</font>

说明：<font>标记用于设置页面中文字的字号、字体、颜色等属性。设置字号时，<font size=1>表示最小，<font size=7>表示最大，<font size=+1>表示比预设字大一级，<font size=-1>表示比预设字小一级。

例如，将文本"最新通知"设置为"楷体_GB2312"，大小为4，代码如下：

```
<font size="4" face="楷体_GB2312">最新通知</font>
```

4）段落标记

格式： 段落文本

说明：由<p>标记标识的文字代表同一个段落的文字。align 属性有 left、center 和 right 三个参数，分别代表左对齐、居中对齐和右对齐。

例如，将标题"会议通知"居中显示，代码如下：

```
<p align="center">会议通知</p>
```

5）换行标记

格式：

说明：
是一个单标记，如果在 HTML 文档中的任何位置使用
标记，则当文档显示在浏览器中时，该位置之后的文字将显示在下一行。

6）水平线标记

格式：<hr align="对齐方式" color="颜色" width="宽度" size="高度" noshade>

说明：在页面中插入一条水平分隔线，将不同的内容信息分开，使文字看起来清晰、明确。noshade 用于设置水平线为实心线（默认情况下为阴影线）。

例如，插入一条宽度为 800 像素的红色水平线，并居中显示，代码如下：

```
<hr width="800" color="#ff0000" align="center" >
```

7）图像标记

格式：<img src="图像地址" align="对齐方式" width="宽度" height="高度" alt="替换文本" border="边框宽度">

说明：在页面中插入一幅图像，图像地址可以是本地计算机中的文件，也可以是一个 URL 地址，图像必须是 GIF、JPG/JPEG 或 PNG 格式的，其他格式的图像不能被插入页面中。alt 参数用于设置图像的说明信息，若不能显示图像，则用该参数指定的文本替换特定的图片；若图片正常显示，则当鼠标指向该图片时也显示该文本。

例如，插入 images 文件夹中的图像 tx.jpg，宽度和高度均为 300 像素，鼠标指向图像或图像不能正常浏览时提示"风景图片"，代码如下：

```
<img src="images/tx.jpg" width="300" height="300" alt="风景图片" >
```

8）超链接标记

格式：<a href="目标文件的 URL" target="打开窗口的方式">文本或图像</a>

说明：为标记中的文本或图像添加超链接目标，浏览页面时，单击超链接可打开指定的目标文件。target 用于指定打开目标窗口的方式，默认情况是在当前窗口中打开，如果要在新窗口中打开目标窗口，则可将 target 的属性值设为"_blank"。

根据链接目标的不同，可将超链接分为以下几种。

（1）内部链接：链接到本地计算机中的文件。例如：

```
<a href="1.html">单击查看 1.html 文件内容</a>
```

（2）外部链接：链接到本地站点以外的任何一个站点中的文件。例如：

```
<a href="http://www.hxedu.com.cn">单击打开华信教育资源网</a>
```

（3）E-mail 链接：链接到一个电子邮件地址，单击将启动默认的 E-mail 程序发送邮件。例如：

```
<a href="mailto:liming@163.com">请给我发信息</a>
```

9）表格标记

表格标记由表格标记、行标记和单元格标记三部分组成。

（1）表格标记。

```
<table bgcolor="背景颜色" background="背景图像" width="宽度" height="高度" align="对齐方式" border="边框宽度"  cellpadding="单元格边距"  cellspacing ="单元格间距">……</table>
```

（2）行标记：<tr bgcolor="背景颜色" height="高度" align="对齐方式" >……</tr>

（3）单元格标记：<td rowspan="跨越行数" colspan ="跨越列数" bgcolor="背景颜色" background="背景图像" width="宽度" height="高度" align="对齐方式" >……</td>

说明：单元格边距是指单元格内容与单元格边框之间的像素数，单元格间距是指相邻单元格之间的距离。

例如，创建一个如图 1-18 所示的表格，对应的源代码如下：

图 1-18　表格

```
    <table width="300" height="95" border="1" cellpadding="0" cellspacing="0">
      <tr align="center">
        <td >新闻</td> <td >体育</td> <td>音乐</td>
      </tr>
      <tr>
        <td colspan="3" bgcolor="#FFCCFF"> </td>
      </tr>
    </table>
```

10）表单标记

格式：<form name="表单名称" method="提交方式" action="文件">

说明：表单标记与动态网页制作是分不开的，action="文件"是指这个表单提交后，将传送给哪个文件处理；method="提交方式"是指将表单信息提交给服务器的方式，一般包括 POST（以文件形式不限制长度提交）和 GET（附加在 URL 地址后限制长度提交）两种。

使用<form>标记定义表单后，就要通过具体的表单对象添加信息，常见的表单对象有以下几种。

（1）文本域。

① 单行文本域：输入的信息原样显示。语法格式为：

```
<input name="文本域名称" type="text" value="初始值">
```

② 密码文本域：输入的信息以"·"形式显示。语法格式为：

```
<input name="文本域名称" type="password" value="初始值">
```

③ 多行文本域：输入的信息可以是多行，一般用于简介、留言等。语法格式为：

```
<textarea name="文本框名称" cols="文本框宽度" rows="行数"></textarea>
```

（2）选择域。

① 单选按钮：只允许选择一项，一般用于性别等选项。语法格式为：

```
<input name="选择域名称" type="radio">
```

② 复选框：可以进行多项选择，一般用于爱好、特长等选项。语法格式为：

```
<input name="选择域名称" type="checkbox">
```

（3）菜单域。

菜单域让浏览者在给出的菜单中进行选择，如籍贯、类别、日期、学历等。

① 下拉菜单：提供一个下拉式菜单。语法格式为：

```
<select name="菜单名称">
<option>菜单中的第 1 个值
<option>菜单中的第 2 个值
……
</select>
```

② 滚动菜单：提供一个带滚动条的菜单。语法格式为：

```
<select name="菜单名称" size="显示选择项的个数">
<option>菜单中的第 1 个值
<option>菜单中的第 2 个值
……
</select>
```

（4）按钮域。

① 提交按钮：输入的内容提交给相关程序，让服务器对其进行处理。语法格式为：

```
<input type="submit" name="按钮域名称" value="提交">
```

② 重置按钮：把刚输入的内容清除，并重新输入。语法格式为：

```
<input type="reset" name="按钮域名称" value="重置">
```

例如，创建如图 1-19 所示的表单，对应的源代码如下：

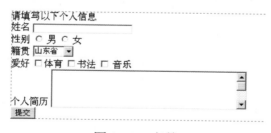

图 1-19　表单

```
<form id="form1" name="form1" method="post" action="123.asp">
    请填写以下个人信息<br>
    姓名
        <input type="text" name="textfield" id="textfield" />
        <br>
    性别
```

```
            <input type="radio" name="xb" value="男" id="xb_0" /> 男
            <input type="radio" name="xb" value="女" id="xb_1" /> 女
            <br>
      籍贯   <select name="select" id="select">
                <option>山东省</option>
                <option>北京市</option>
                </select>
                <br>
      爱好   <input type="checkbox" name="checkbox" id="checkbox">体育
                <input type="checkbox" name="checkbox2" id="checkbox2">书法
                <input type="checkbox" name="checkbox3" id="checkbox3">音乐
                <br>
      个人简历
                <textarea name="textarea" cols="45" rows="5"></textarea>
                <br>
          <input type="submit" name="button" value="提交">  <br>
      </form>
```

11）滚动标记

格式：<marquee behavior="方式" direction="方向" scrollamount="速度">滚动方式文本</marquee>

说明：方向（direction）包括 left（左）、right（右）、up（上）和 down（下）四个参数；方式（behavior）包括 alternate（来回滚动）、slide（滚动一圈）和 scroll（循环滚动）三个参数；速度（scrollamount）的值越大，文本滚动速度越快。

12）插入音频

在 HTML5 出现之前，HTML 4.0 插入多媒体文件需要以插件的方式，使用<object>标签定义一个嵌入的对象，但 HTML5 直接提供音频标签和视频标签，使音频和视频元素真正成为页面的基本元素。

格式：<audio controls="播放控制条显示属性" src="音频文件地址">您的浏览器不支持<audio>标签。</audio>

说明：标签中的文字"您的浏览器不支持<audio>标签。"在高版本浏览器中是不会显示的，只有不支持<audio>标签的低版本浏览器，无法播放音频，才会出现文字提示。

src 属性用来指定需要嵌入页面中的音频文件的地址。

controls 属性用来设置是否显示播放控制条。如果没有这个属性，则播放时不出现音乐播放控制条，通常设置的属性值为"controls"。

例如，插入音乐 auldlangsyne.mp3，代码如下：

```
< audio controls="controls" src="sound/auldlangsyne.mp3">
您的浏览器不支持<audio>标签。</audio>
```

13）插入视频

格式：<video controls="播放控制条显示属性" src="视频文件地址" width="宽度" height="高度">您的浏览器不支持<video>标签。</video>

例如，插入视频攀登者 climber.mp4，代码如下：

```
< video width="600" height=500" controls="controls" src="movie/climber.mp4">
您的浏览器不支持<video>标签。</video>
```

一个简单的 JavaScript 加法程序——JavaScript 脚本

任务描述

通过编制一个 JavaScript 脚本程序，打印 1～10 之内的奇数之和，介绍 JavaScript 脚本程序在 HTML 语言中的应用。

任务解析

在本任务中，需要完成以下操作：

● 在记事本中输入含有 JavaScript 脚本程序的 HTML 代码，制作简单网页；

● 浏览该网页，打印 1～10 之内的奇数之和。

（1）选择"开始"→"所有程序"→"附件"→"记事本"命令，打开记事本窗口，在记事本中输入以下代码：

```
<html>
<head>
<title>打印 1～10 之内的奇数之和</title>
</head>
```

```
<body>
<script type="text/javascript">
var x,s;
s=0;
for(x=1;x<=10;x++)
{
if(x%2==0)
continue;
s=s+x;
}
document.write("1～10之内的奇数之和为:"+s+"<br>");</script>
</body>
</html>
```

（2）代码输入完毕，选择"文件"→"保存"命令，打开"另存为"对话框，选择保存位置为素材库的 chapter1 文件夹，文件名为"myweb4.html"，保存类型为"所有文件"，单击"保存"按钮。

（3）在"计算机"中打开 chapter1 文件夹，双击 myweb4.html 打开浏览器，浏览该网页，效果如图 1-20 所示。

图 1-20　打印 1～10 之内的奇数之和

1.5　JavaScript 脚本

JavaScript 是一种基于对象和事件驱动并具有安全性能的脚本语言，使用目的是与 HTML 一起实现在一个 Web 页面中与 Web 客户的交互作用。JavaScript 脚本语言是通过嵌入或调入标准的 HTML 中实现的。当浏览器打开含有 JavaScript 脚本的页面时，会读出这个脚本并执行其命令，因此 JavaScript 使用简单、运行快，适用于较简单的应用。

JavaScript 是一种脚本语言，下面就介绍这种语言的基本语法。

1. 常量

在 JavaScript 中，常量有六种基本类型。

（1）整型常量：可以使用十六进制、八进制和十进制表示。

（2）实型常量：用整数部分和小数部分表示，如 12.12、125.369 等。

（3）布尔值：布尔常量只有 true 和 false 两种状态。

（4）字符型常量：使用单引号或双引号括起来的一个或几个字符。

（5）空值：JavaScript 中有一个空值 null，表示什么也没有。

（6）特殊字符：JavaScript 有以反斜杠（\）开头的、不可显示的特殊字符。

2．变量

变量是存取数据、提供存放信息的容器，包括整数变量、字符型变量、布尔型变量和实数变量。例如：

```
X=100
Y="123"
Z= true
Cj=12.12
```

3．运算符

1）算术运算符

通过算术运算符可以进行加、减、乘、除和其他数学运算，如表 1-1 所示。

表 1-1　算术运算符

算术运算符	描　　述
+	加
-	减
*	乘
/	除
%	取模
++	递加 1
--	递减 1

2）逻辑运算符

逻辑运算符用于比较两个布尔值（真或假），并返回一个布尔值，如表 1-2 所示。

表 1-2　逻辑运算符

逻辑运算符	描　　述
&&	逻辑与。在形式 A&&B 中，只有 A 和 B 都成立时，整个表达式的值才为 true
||	逻辑或。在形式 A||B 中，只要 A 和 B 有一个成立时，整个表达式的值就为 true
!	逻辑非。在形式 !A 中，当 A 成立时，表达式的值为 false；当 A 不成立时，表达式的值为 true

3）比较运算符

比较运算符可以比较表达式的值，并返回一个布尔值，如表 1-3 所示。

表1-3　比较运算符

比较运算符	描　　述
>	大于
<	小于
>=	大于等于
<=	小于等于
==	等于
!=	不等于

4．基本程序语句

1）if 语句

格式如下：

```
if（条件）
{语句1}
else
{语句2}
```

如果条件成立，则执行语句1，否则执行语句2。

2）for 语句

格式如下：

```
for(初始化部分;条件部分;更新部分)
{语句块}
```

实现条件循环，当条件成立时，执行语句块，否则跳出循环体。

3）break 语句

break 语句用于结束当前的循环，并把程序的控制权交给循环的下一条语句。

4）continue 语句

continue 语句用于结束当前的某一次循环，但并没有跳出整个循环。

5．函数

函数是一个拥有名字的一系列 JavaScript 语句的有效组合，如果这个函数被调用，则该函数内的一系列 JavaScript 语句被顺序解释执行。定义函数和调用函数是截然不同的概念，定义函数只是让浏览器知道有这样一个函数，只有在函数被调用时，其代码才真正被执行。

函数格式如下：

```
function 函数名称(参数表)
{
```

```
    函数执行部分；
  return 表达式；
  }
```

return 语句指明由函数返回的值。

 ## 思考与实训

一、填空题

1．静态网页的扩展名一般是＿＿＿＿或＿＿＿＿。

2．＿＿＿＿是用于完整地描述 Internet 上的网页和其他资源地址的一种标识方法。

3．WWW 在服务上采用的是＿＿＿＿模式，用户创建的网站必须放到＿＿＿＿上才能被浏览者访问。

4．网页一般又称作＿＿＿＿，是一种可以在互联网上传输、能被浏览器识别和翻译成页面并显示出来的文件。

5．色彩的三要素包括＿＿＿＿、＿＿＿＿和＿＿＿＿。

6．在色彩中，＿＿＿＿色介于红色与黄色之间，可以营造温馨的氛围，象征着温馨、时尚、轻快。

7．儿童类网站常用的色调包括黄色、蓝色和＿＿＿＿。

8．在 HTML 文档中，＿＿＿＿标记放在 HTML 文档的最前面，用来标识 HTML 文档的开始。

9．在 HTML 文档中，如果标记中包含多个参数，则各参数之间用＿＿＿＿分隔。

10．在<a>超链接标记中，如果要在新窗口中打开目标窗口，则可将 target 的属性值设为＿＿＿＿。

11．在<img>标记中，要设置图像的对齐方式，可以使用的参数是＿＿＿＿。

12．在<form>标记中，要使提交内容不受长度限制，参数 method 的值必须是＿＿＿＿。

13．在表单对象中，最适合表示性别项的是＿＿＿＿。

14．在 JavaScript 脚本语言中，＿＿＿＿语句的作用是结束当前的循环，并把程序的控制权交给循环的下一条语句。

15．JavaScript 脚本语言是通过嵌入或调入标准的＿＿＿＿中实现的。

二、上机实训

1．在记事本中创建如图 1-21 所示网页，网页背景色为#CCCCCC，保存在 chapter1 文件夹中，网页文件名为 web1.html。

2．在 Dreamweaver "代码" 视图中编辑 D:\chapter1\web2.html 的源代码，实现如图 1-22 所示预览效果。具体要求如下：

（1）在表格的第一行单元格中设置背景图像为 bj.jpg。

（2）将 "首页"、"学习" 和 "联系我们" 分别链接到 https://www.hxspoc.cn/shopping/#/course。

（3）在表格的第三行单元格中插入影片 climber.mp4。

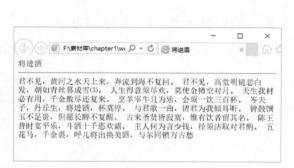

图 1-21　web1.html 网页文件

图 1-22　web2.html 预览效果

模块 2
Dreamweaver
初级应用

　　网页中的主要内容是文本、图像、动画等。文本是网页中最常用的信息表现方式；链接实现不同网页之间的联系，为浏览者提供不同网页的转换；图像和动画是网页中常见的多媒体内容。一张设计精美的网页，配以丰富多彩的动画、美妙的音乐，会产生赏心悦目的效果。

任务 **3**

筑梦青春——创建与管理本地站点

▌ 任务描述

通过"筑梦青春——创建与管理本地站点"，认识 Dreamweaver CC 2018 工作界面，掌握在 Dreamweaver 中创建、管理站点的基本流程，以及在 Dreamweaver 中新建和设计页面的基本过程。

▌ 任务解析

在本任务中，需要完成以下操作：

● 学会本地站点的创建与编辑方法；

● 学会网页文件的新建、保存、预览等基本操作。

（1）在 D 盘根目录中新建文件夹 zmqc，将素材 renwu3 文件夹中的所有内容复制到 zmqc 中。运行 Dreamweaver，选择菜单"站点"→"新建站点"命令，弹出"站点设置对象"对话框，如图 2-1 所示。输入站点名称"筑梦青春"，单击"本地站点文件夹"文本框后的"浏览文件夹"按钮📁，在打开的对话框中选择"D:\ zmqc"文件夹作为站点根目录，单击"保存"按钮。此时，新定义的站点"筑梦青春"出现在"文件"面板中，如图 2-2 所示。

图 2-1 "站点设置对象"对话框

图 2-2 "文件"面板

（2）选择菜单"文件"→"新建"命令，弹出"新建文档"对话框，如图 2-3 所示。在左侧选择"新建文档"选项，"文档类型"选择"HTML"，单击"创建"按钮，即可创建一个空白网页。选择菜单"文件"→"保存"命令，打开"另存为"对话框，输入文件名"index.html"，单击"保存"按钮，在"文件"面板即可出现该文件。

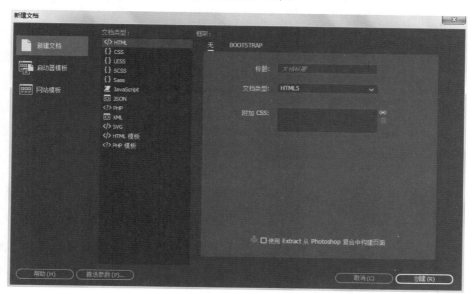

图 2-3　"新建文档"对话框

（3）在"文件"面板中，选择站点"筑梦青春"，右击，在弹出的快捷菜单中选择"新建文件夹"命令，如图 2-4 所示。输入文件夹名称"images"，按 Enter 键保存图像文件。在"文件"面板中，按住 Ctrl 键，依次单击 ch.jpg、lian.jpg 和 mx.jpg 三个文件，按住鼠标左键，将其拖动到 images 文件夹上，此时"文件"面板如图 2-5 所示。

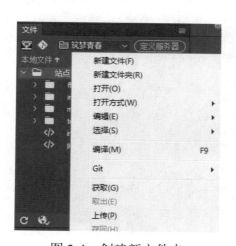

图 2-4　创建新文件夹

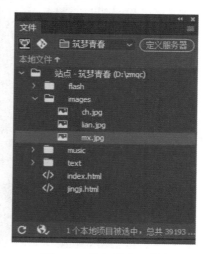

图 2-5　"文件"面板

（4）在"文件"面板中，双击打开文件 jingji.html，按 F12 键打开浏览器预览，如图 2-6所示。

精技立业

南京的云锦是举世闻名的。但在那华丽的背后要纺织者付出多少的心血和努力呢？如果要织一幅78厘米宽的锦缎，在它的织面上就有14000根丝线，所有花朵图案的组成就要在这14000根线上穿梭，从确立丝线的经纬线到最终织造，整个过程如同给计算机编程一样复杂而艰苦。这也许是常人所难以想象的，但对于那些执着地，习惯于把每一件小事做到最完美的工匠们来说，这根本就不算什么。他们的脑海里仅有一个念头，"我们要把这项事业做好，让云锦这传统工艺一向传承下去，并受到更多人的青睐。"工匠精神"是一种精益求精的工作态度。能够被称之为工匠，其手艺自然得到社会公认。但工匠对于自己制造的产品，却永远不会满足。在他们的心目中，制作出来的产品应该没有最好，只有更好。

"工匠精神"是一种热爱工作的职业精神。和普通工人不一样的是，工匠的工作不单是为了谋生，而是为了从中获得快乐。这也是很少有工匠会去改变自己所从事职业的原因。这些工匠都能够耐得住清贫和寂寞，数十年如一日地追求着职业技能的极致化，靠着传承和钻研，凭着专注和坚守，去缔造了一个又一个的奇迹。中国航天科技集团一院火箭总装厂高级技师高凤林，他是发动机焊接的第一人。为此，很多企业试图用高薪聘请他，甚至有人开出几倍工资加两套北京住房的诱人条件。高凤林却不为所动，都一一拒绝。理由很简单，用高凤林的话说，就是每每看到自己生产的发动机把卫星送到太空，就有一种成功后的自豪感，这种自豪感用金钱买不到。

很多人认为工匠精神意味着机械重复的工作模式，其实工匠精神有着更深远的意思。它代表着一个集体的气质，耐心、专注、坚持、严谨、一丝不苟、精益求精等一系列优异的品质。工匠之行，在行动中体悟修行的乐趣。它还渗透到工作与生活的方方面面，深刻地影响着我们每一个人。它不仅是一种坚定、执着、踏实勤奋的工作方式，更是一种热爱事业、热爱生活的担当精神和时代使命感。

[返回首页] | [返回顶端] | [关闭窗口]

图 2-6　预览 jingji.html

（5）关闭浏览器窗口，将鼠标移到"文档"窗口上方的文件名标签上，单击"关闭"按钮，关闭该文件。在"文件"面板中，选择 jingji.html 文件，按 Delete 键将其删除。

（6）选择菜单"站点"→"管理站点"命令，打开"管理站点"对话框，如图 2-7 所示。选择站点"筑梦青春"，单击![]按钮，打开"导出站点"对话框，如图 2-8 所示，选择保存位置，默认的站点定义文件名是"筑梦青春.ste"，单击"保存"按钮。

图 2-7　"管理站点"对话框

图 2-8　"导出站点"对话框

2.1　Dreamweaver 的工作界面

在桌面上双击 Dreamweaver CC 的快捷图标，或者选择"开始"→"程序"→"Adobe Dreamweaver CC"命令，打开 Dreamweaver 的开始界面，如图 2-9 所示。

图 2-9　Dreamweaver 的开始界面

在开始界面中，选择"新建"栏中的"HTML"选项，打开 Dreamweaver 的工作界面，如图 2-10 所示。

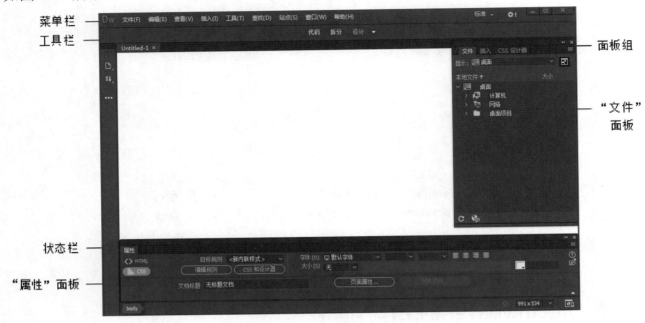

图 2-10　Dreamweaver 的工作界面

1. 工作区切换器

单击"工作区切换器"下拉按钮，如图 2-11 所示，在下拉菜单中，可以选择合适的工作区布局模式，不同工作区的界面会有所不同，系统默认的工作区是"标准"。

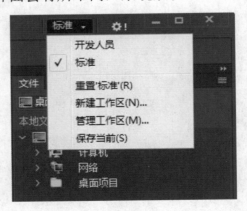

图 2-11　工作区切换器

- 标准：可以弥补编程能力较差带来的缺陷，直观可视，设计和修改简单、方便。
- 开发人员：主要供用代码制作网页的用户使用，如图 2-12 所示。

在实际工作中，工作区布局方式是灵活多变的，可以使用"新建工作区"命令根据自己的需求创建工作区布局。

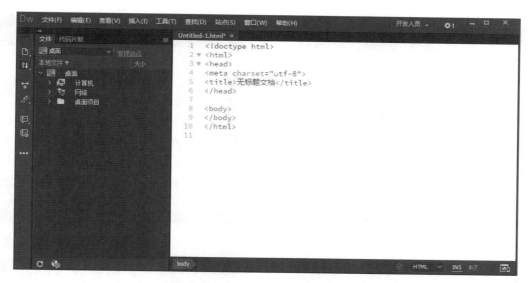

图 2-12　"开发人员"工作界面

2．菜单栏

　　菜单栏提供九个主菜单项，利用它基本能够实现 Dreamweaver CC 的所有功能。菜单项按照功能的不同进行划分，用户使用方便。例如，"文件"菜单中包含对文档操作的命令；"插入"菜单中包含向网页中插入各种页面元素和创建超链接的命令；"站点"菜单中包含创建和管理站点的相关命令。

3．"文档"工具栏和"文档"窗口

　　"文档"工具栏包含"文档"窗口视图模式的切换按钮，以及一些与查看文档、在本地和远程站点间传输文档有关的常用命令及选项，如图 2-13 所示。"文档"窗口用来显示当前打开的文档，在这里进行网页的编辑制作。

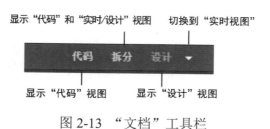

图 2-13　"文档"工具栏

　　常用的视图方式是"设计"、"代码"、"拆分"和"实时视图"，分别如图 2-14 至图 2-17所示。

4．状态栏

　　状态栏位于"文档"窗口的底部，提供与正在编辑的文档有关的信息和工具，如图 2-18所示。

图2-14 "设计"视图窗口

图2-15 "代码"视图窗口

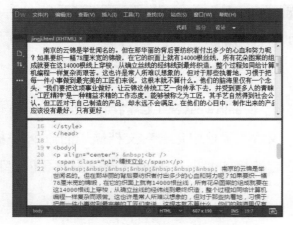

图2-16 "拆分"视图窗口

图2-17 "实时视图"视图窗口

图2-18 状态栏

5."属性"面板

"属性"面板用于查看和设置当前选定对象（如文本、图像等）的常用属性，面板的内容会因选择对象的不同而显示不同的属性。

6.面板组

Dreamweaver中的面板通常被组织到面板组中，以选项卡的形式显示，如图2-19所示。对面板组和面板可以进行以下操作。

浮动的面板或面板组可以停靠在一个固定位置，拖动面板或面板组到要停靠位置的边缘，当出现蓝色线时释放鼠标即可。例如，将"插入"面板停靠在菜单栏下方时，效果如图2-20所示；将浮动的面板组停靠在"文档"窗口右侧时，效果如图2-21所示。

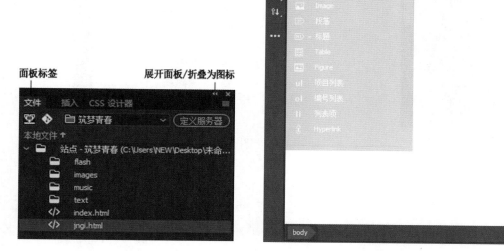

图 2-19　面板组和面板　　　　　　　　图 2-20　将"插入"面板停靠在菜单栏下方

图 2-21　将面板组停靠到"文档"窗口右侧

7."插入"面板

"插入"面板包含将各种网页元素插入文档的快捷按钮，如图 2-22 所示。单击 HTML 按钮，从下拉菜单中可以选择网页元素的类别，如图 2-23 所示。

图 2-22 "插入"面板

图 2-23 "插入"面板的元素类别

📖 提示

（1）单击"插入"面板的"HTML"按钮，通过下拉菜单中的"隐藏标签"命令，可以设置"插入"面板中的文字提示内容是否显示。

（2）如果所需面板没有显示在工作区中，可以选择"窗口"菜单中的相应命令使其显示。

8．标尺、辅助线和网格

在制作网页时，标尺、辅助线和网格可以帮助测量页面元素的大小，准确地放置和调整对象，从而对网页进行布局，并且它们在浏览器中不会显示。

1）标尺和辅助线

- 选择菜单"查看"→"设计视图选项"→"标尺"→"显示"命令，可以在"文档"窗口的左边和上边显示标尺，如图 2-24 所示。标尺的单位为像素。
- 从标尺向"文档"窗口内拖动鼠标，可以产生水平或垂直辅助线。将鼠标放在辅助线上，可以查看辅助线的位置，也可以拖动鼠标将其移动，进行精确定位。
- 选择菜单"查看"→"设计视图选项"→"辅助线"→"锁定辅助线"命令，可以使辅助线不移动。再次选择该命令，可以解除锁定。
- 选择"查看"→"设计视图选项"→"辅助线"子菜单中的"靠齐辅助线"或"辅助线靠齐元素"命令，则调整网页元素时，可使元素靠齐到辅助线。

2）网格

选择菜单"查看"→"设计视图选项"→"网格设置"→"显示网格"命令，可以显示或隐藏网格，如图 2-25 所示。选择菜单"查看"→"设计视图选项"→"网格设置"→"网格设置"命令，弹出"网格设置"对话框，如图 2-26 所示，可以对颜色、间隔、是否靠齐到网格等进行设置。

图 2-24　标尺和辅助线

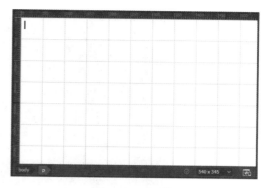

图 2-25　网格

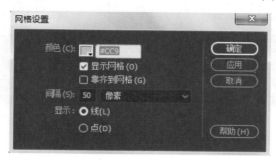

图 2-26　"网格设置"对话框

2.2　站点的创建与管理

创建站点是建立网站的第一步。站点可以简单地理解为管理和存放网站中所有网页及各种素材的文件夹。通过站点可以方便地对站点文件进行管理,并且能够减少链接与路径方面的错误。

按照地理位置划分,站点分为本地站点和远程站点,在本地计算机硬盘中存放网页的文件夹称为本地站点,在 Internet 网络服务器上存放网页的文件夹称为远程站点。

按照站点的交互性划分,站点分为静态站点和动态站点。在静态站点中,浏览者与网页之间没有交互活动,静态页面向每位浏览者发送完全相同的响应;在动态站点中,动态页面可自定义响应,根据浏览者的输入信息提供不同的页面,如登录页面、搜索引擎等。

1. 创建本地站点

在 Dreamweaver 中创建 Web 站点时,通常先在本地磁盘创建本地站点,经过一系列的测试后,再将这些网页的副本上传到一个远程 Web 服务器,成为真正的站点,供他人在互联网上浏览。创建本地站点的步骤如下。

(1)运行 Dreamweaver,选择菜单"站点"→"新建站点"命令,弹出"站点设置对象"对话框,如图 2-27 所示。

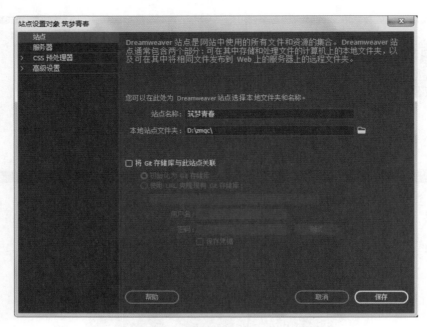

图 2-27 "站点设置对象"对话框

（2）选择"站点"选项，在"站点名称"文本框中输入用户自定义的站点名称。在"本地站点文件夹"文本框中直接输入站点文件夹的路径，或者单击其后的"浏览文件夹"按钮 ，在打开的"选择根文件夹"对话框中进行选择。

（3）如果要对站点属性进行详细的设置和调整，可以选择"高级设置"选项，如图 2-28 所示，在弹出的选项卡中进行设置。

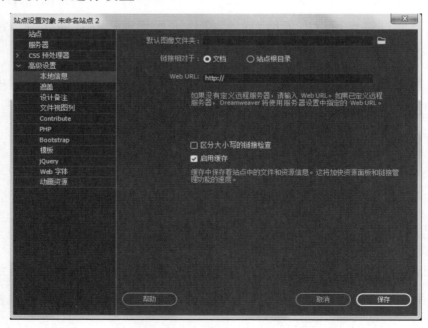

图 2-28 高级设置

（4）在"站点设置对象"对话框中单击"保存"按钮，完成本地站点的创建，此时"文件"面板中将显示站点中的所有文件和文件夹。

2．编辑站点

（1）选择菜单"站点"→"管理站点"命令，或者在"文件"面板的下拉列表中选择"管理站点"命令，如图 2-29 所示，打开"管理站点"对话框，如图 2-30 所示。

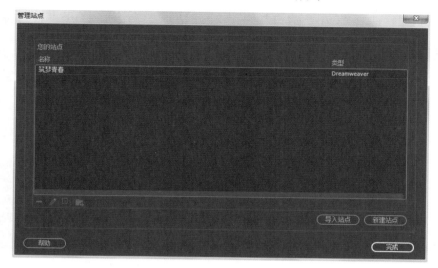

图 2-29　"文件"面板　　　　　　　　图 2-30　"管理站点"对话框

（2）选择要编辑的站点，单击"编辑"按钮，或者直接双击站点名称，在弹出的"站点设置对象"对话框中可以对站点信息进行修改。

（3）编辑完成后，单击"保存"按钮，返回"管理站点"对话框，单击"完成"按钮。

3．复制站点

在制作网站的过程中，如果仅需修改站点中的部分页面内容而不破坏原站点内容，可以先将站点复制出来，然后在其副本上进行修改，这样可以快速创建多个结构相同的站点。

（1）选择菜单"站点"→"管理站点"命令，打开"管理站点"对话框，选择要复制的站点，单击"复制"按钮，将出现新站点。

（2）用鼠标双击复制出的站点，在弹出的"站点设置对象"对话框中进行修改，单击"保存"按钮，返回"管理站点"对话框，单击"完成"按钮。

4．删除站点

选择菜单"站点"→"管理站点"命令，打开"管理站点"对话框，选择要删除的站点，单击"删除"按钮，即可将站点删除。

删除站点只是删除了站点的定义信息，硬盘中相应位置的文件和文件夹并不会被删除。

5．导出和导入站点

如果想在两台计算机之间移动站点，或者多个用户共同开发网站，则可以通过 Dreamweaver 的导出站点和导入站点功能来实现。

1）导出站点

（1）选择菜单"站点"→"管理站点"命令，打开"管理站点"对话框，选择要导出的站点，单击■按钮。

（2）在弹出的"导出站点"对话框中，选择站点定义文件的保存位置，输入站点定义文件的文件名，单击"保存"按钮。

导出站点时，只是将站点的定义信息保存到站点定义文件（扩展名是 ste）中，不包括站点文件夹中的文件和文件夹。

2）导入站点

（1）选择菜单"站点"→"管理站点"命令，打开"管理站点"对话框，单击 导入站点 按钮，弹出"导入站点"对话框。

（2）选择导入站点定义文件，先单击"打开"按钮，再单击"管理站点"对话框中的"完成"按钮。

站点被导入后，导入的站点将出现在"文件"面板的列表中，如果有重名站点，则导入的站点名称后面自动加上数字"2"。

2.3 文档的基本操作

站点创建后，需要对站点中的文件和文件夹进行操作和管理。

1．创建文件夹

若创建站点的内容不复杂，可将网页直接存放在站点文件夹下，其他资源可根据种类建立不同的文件夹进行存放，以便于管理和查找。例如，images 文件夹存放站点中的图像文件，music 文件夹存放站点中的声音文件等。若站点复杂，网页也需要存放在不同的文件夹中，这样可以方便地对网站进行修改。在本地站点中创建文件夹可以使用以下方法。

● 通过"我的电脑"或"资源管理器"直接在站点文件夹中进行创建。

● 在"文件"面板中选择站点名称或文件夹，右击，在弹出的快捷菜单中选择"新建文件夹"命令，输入文件夹的名称，按 Enter 键完成创建。

2．创建空白网页文件

- 启动 Dreamweaver 后，窗口会出现一个开始页面，选择"新建"栏的"HTML"选项，即可创建一个空白网页。

- 选择菜单"文件"→"新建"命令，打开"新建文档"对话框，选择"新建文档"选项卡中的"HTML"文档类型，在"框架"列表中选择"无"，文档类型默认为"HTML5"，单击"创建"按钮。

- 在"文件"面板中选择站点，右击，从弹出的快捷菜单中选择"新建文件"命令，输入文件名称，按 Enter 键完成创建。

3．保存网页文件

选择菜单"文件"→"保存"命令或按【Ctrl+S】组合键，可对当前文档进行保存。如果对打开的文档进行了修改，但尚未保存文档，文件名后将自动显示一个"*"，如图 2-31 所示，保存文档后"*"将消失。

图 2-31　修改但未保存的文档

提示

（1）文件和文件夹的名称最好使用英文或数字，因为有些浏览器不支持中文命名。

（2）不要使用过长的名称，并且要见名知意，以便于管理。

（3）在网站中有一个特殊的网页——首页，也称为主页，是指用户在浏览器的地址栏中输入网址后，网站自动打开的默认页面。首页通常作为一个站点的目录或索引，其他页面通过超链接与它相连。

站点服务器对首页的命名有明确规定，一般情况下，首页的文件名为"index.htm""index.html""index.asp""default.asp""default.htm""default.html"。

4．文档的打开和预览

采用以下方法可以打开已有的文档。

- 选择菜单"文件"→"打开"命令，弹出"打开"对话框，选择要打开的文件，单击"打开"按钮。
- 在"文件"面板中，选择要打开的文档，右击，在弹出的快捷菜单中选择"打开"命令，或者直接双击鼠标。

打开文档后，执行以下操作之一，用户可以在浏览器中预览页面。

- 选择菜单"文件"→"实时预览"→"Internet Explore"命令或其他浏览器命令。
- 单击状态栏最右侧的"实时预览"按钮，从弹出的列表中选择"Internet Explorer"或其他浏览器，如图 2-32 所示。
- 按 F12 键。

图 2-32　通过状态栏的"实时预览"按钮预览文档

提示

　　由于"代码"视图忽略了图形显示，而"设计"视图并不会始终准确地显示页面元素和格式化效果，这就需要频繁地在 Dreamweaver 与浏览器之间进行切换。为了节省时间和提高效率，可以使用 Dreamweaver 提供的"实时视图"功能。

　　单击文档工具栏上的"切换视图"按钮，选择"实时视图"，这时将由实时模拟的浏览器显示替换标准的 Dreamweaver 文档显示。如果页面中包括链接、Flash 影片之类的元素，在"实时视图"中它们是活动的。若要重新编辑文档，需再次单击"切换视图"按钮切换到"设计"视图。

5．移动和复制文件（文件夹）

在"文件"面板中，选择要移动或复制的文件和文件夹。

- 右击，在弹出的快捷菜单中选择"编辑"→"拷贝"命令，选择目标位置，右击，从快捷菜单中选择"编辑"→"粘贴"命令，可完成文件或文件夹的复制操作。

- 右击，在弹出的快捷菜单中选择"编辑"→"剪切"命令，选择目标位置，右击，从快捷菜单中选择"编辑"→"粘贴"命令，可完成文件或文件夹的移动操作。
- 用鼠标直接将文件或文件夹拖动到新位置，可完成文件或文件夹的移动操作。

提示

如果移动的是文件，由于文件的位置发生了变化，其中的链接信息也发生相应变化，会弹出"更新文件"对话框，如图 2-33 所示。从列表中选择文件，单击"更新"按钮，可以更新文件中的链接；单击"不更新"按钮，则不对文件中的链接进行更新。

图 2-33　"更新文件"对话框

6．删除文件（文件夹）

（1）在"文件"面板中，选择要删除的文件或文件夹。

（2）右击，在弹出的快捷菜单中选择"编辑"→"删除"命令，或直接按 Delete 键。

（3）在弹出的提示对话框中单击"是"按钮，即可将文件或文件夹从本地站点删除。

2.4　页面属性

制作网页时，首先需要设置整个页面的默认属性，包括文本格式、网页标题、背景颜色、背景图像、链接颜色及下画线等，这些设置可以通过"页面属性"对话框完成。

1．打开"页面属性"对话框

执行以下操作之一，可打开"页面属性"对话框。

- 选择菜单"文件"→"页面属性"命令。
- 在"文档"窗口的空白处右击，在弹出的快捷菜单中选择"页面属性"命令。
- 单击属性面板中的"页面属性"按钮。

2．设置页面属性

"页面属性"对话框有 "外观"、"链接"、"标题"、"标题/编码"和"跟踪图像"五种分类，可以分别设置页面的默认属性。

1）外观

"页面属性"对话框的"外观"类别包括 CSS 外观和 HTML 外观，分别如图 2-34 和图 2-35 所示，都可以对页面的外观进行设置。

图 2-34 "外观（CSS）"类别

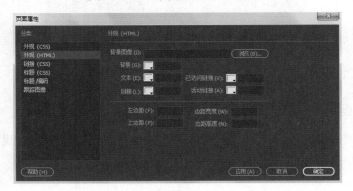

图 2-35 "外观（HTML）"类别

- 页面字体：指定页面中使用的默认字体、字体样式和粗细。
- 大小：指定页面中使用的默认文本大小。
- 文本颜色：指定文本显示的默认颜色。
- 背景颜色：设置页面的背景颜色。
- 背景图像：设置页面的背景图像。
- 重复：指定背景图像在页面的显示方式，包括 no-repeat（不重复）、repeat-x（横向重复）、repeat-y（纵向重复）和 repeat（重复）四个选项，显示效果如图 2-36 所示。

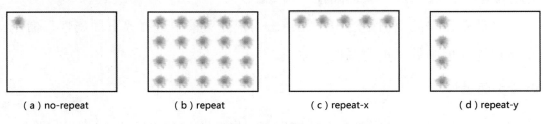

（a）no-repeat　　　　（b）repeat　　　　（c）repeat-x　　　　（d）repeat-y

图 2-36 "重复"选项的显示效果

- 左边距和右边距：指定页面左边距和右边距的大小。
- 上边距和下边距：指定页面上边距和下边距的大小。

2）链接

在"链接"类别中可以设置链接的属性，如图 2-37 所示。

- 链接字体：指定页面链接文本使用的默认字体。
- 大小：指定页面链接文本使用的默认文本大小。
- 链接颜色：指定页面链接文本的颜色。
- 已访问链接：指定已访问链接文本的颜色。
- 变换图像链接：指定当鼠标指针位于链接文本上时显示的颜色。
- 活动链接：指定用鼠标指针单击链接文本时显示的颜色。
- 下画线样式：指定链接文本采用的下画线样式。列表中提供四种样式，如图 2-38 所示，如果选择"始终无下画线"，则自动取消网页链接文本的下画线。

图 2-37　"链接"类别

图 2-38　"下画线样式"列表

3）标题

在"标题"类别中可以设置页面中标题的格式，即设置属性面板"格式"列表框中各标题的默认属性，如图 2-39 所示。

图 2-39　"标题"类别

- 标题字体：指定页面中标题使用的默认字体。
- "标题"选项组：分别为"标题1"～"标题6"指定文本的大小和颜色。

4）标题/编码

在"标题/编码"类别中可以设置页面标题的内容和编码，如图2-40所示。

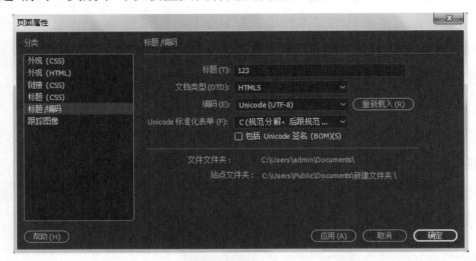

图2-40 "标题/编码"类别

- 标题：指定在浏览器窗口的标题栏显示的页面标题。系统默认的页面标题是"无标题文档"。
- 编码：指定当前页面的文本采用的编码类别。

5）跟踪图像

"跟踪图像"是非常有效的功能，允许用户在页面中将原来的平面设计稿作为辅助背景，这样用户在编辑页面时即可精确地定位页面元素。

提示

（1）如果在"页面属性"对话框中同时设置了背景颜色和背景图像，那么在页面中优先显示背景图像，在没有图像的位置显示背景颜色。

（2）设置页面标题时，还可以直接在"页面属性"面板的"标题"框中输入标题。或者在"代码"视图窗口中修改标题代码<title>和</title>之间的内容，如图2-41所示。

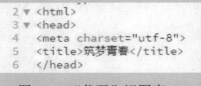

图2-41 "代码"视图窗口

任务 **4**

筑梦青春——文本的设置

▍任务描述

　　文本是网页的主体和构成网页最基本的元素，通过网页了解信息大多是从文本对象中获得，通过"筑梦青春——文本的设置"，学会并掌握文本对象的插入与编辑，设置文本格式，处理好文本内容，达到准确、快捷地传递信息的目的。

▍任务解析

　　在本任务中，需要完成以下操作：

● 学会在网页中输入文本；

● 掌握输入空格、特殊符号，以及实现文本换行的方法；

● 学会在网页中插入和编辑水平线；

● 掌握 HTML 文本标记并理解相关属性；

● 学会设置文本格式，包括文本段落的设置、缩进以及项目符号和项目编号的使用方法。

　　（1）创建"逐梦前行"页面。启动 Dreamweaver CC，将 renwu4 文件夹中的素材复制到任务 3 建立的"筑梦青春"站点中的 text 文件夹。选择"文件"→"新建"命令，或者按【Ctrl+N】组合键，弹出"新建文档"对话框，选择"新建文档"中的"HTML"类型，单击"创建"按钮。

　　（2）选择"文件"→"保存"命令，弹出"另存为"对话框，选择站点文件夹，输入文件名"zmqx.html"，单击"保存"按钮。选择"修改"→"页面属性"命令，弹出"页面属性"对话框，如图 2-42 所示。在"外观（CSS）"类别的"背景颜色"文本框中输入颜色代码 #9FF。在"标题/编码"类别的"标题"文本框中输入"逐梦前行"，单击"确定"按钮。

　　（3）打开 text 子文件夹中的"逐梦前行"Word 文档，选择所有文本，按【Ctrl+C】组合键复制文本，在 Dreamweaver 的"文档"窗口中，选择菜单"编辑"→"粘贴"命令（或者按【Ctrl+V】组合键）粘贴文本。在如图 2-43 所示的相应位置按 Enter 键进行分段，将鼠标光标分别定位到正文各段的前面，连续按四次【Ctrl+Shift+Space】组合键，插入四个空格，完成各段落首行缩进的设置。

图 2-42 "页面属性"对话框

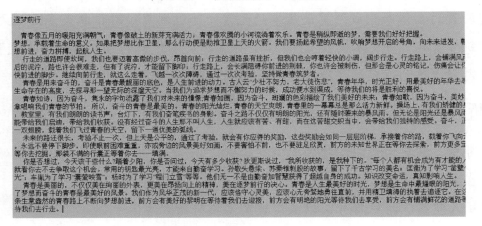

图 2-43 "文档"窗口

（4）选择第一行"逐梦前行"四个字，在"属性"面板的"大小"列表框中选择 24px，系统自动弹出"新建 CSS 规则"对话框，如图 2-44 所示，输入名称"ys01"，单击"确定"按钮。单击"属性"面板中的"字体"列表按钮，在列表中选择"管理字体"命令，弹出"管理字体"对话框，如图 2-45 所示，选择"自定义字体堆栈"选项卡，在"可用字体"列表中选择"黑体"，双击鼠标将其添加到"选择的字体"列表中，单击"完成"按钮。选择标题"逐梦前行"，在"属性"面板中将其设为"黑体"，居中对齐，颜色为"#c30"。单击"属性"面板中的"HTML"按钮，在"格式"列表框中选择"标题 1"，效果如图 2-46 所示。

（5）将鼠标光标定位到文档内容的末尾，选择"插入"菜单中的"HTML"→"水平线"命令。单击选中插入的水平线，切换到"代码"视图，将水平线标记设置为红色，宽度为 1000 像素、高度为 2 像素，取消阴影，如图 2-47 所示，宽度、高度、对齐、是否阴影也可以在"属性"面板中设置。

（6）将鼠标光标定位到水平线后，按 Enter 键，选择"插入"菜单中的"HTML"→"字符"→"版权"命令，输入文本"©版权所有"，将文本选中，在"属性"面板中将其设置为

"居中对齐"，系统自动弹出"新建 CSS 规则"对话框，输入名称"ys02"，单击"确定"按钮。按【Ctrl+S】组合键保存文件，按 F12 键预览网页，如图 2-48 所示。

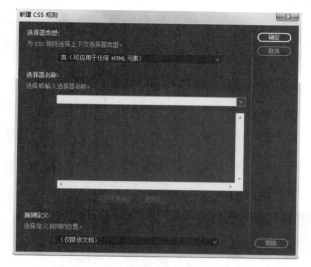

图 2-44　"新建 CSS 规则"对话框

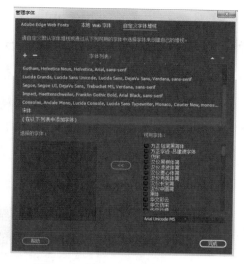

图 2-45　"管理字体"对话框

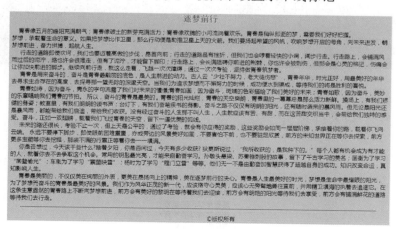

图 2-46　"文档"窗口

```
<hr color="#cc3300" width="1000" size="2" align="center" noshade>
```

图 2-47　在"代码"视图中设置水平线标记

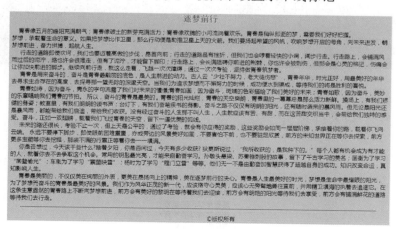

图 2-48　zmqx.html 预览图

（7）创建"扬帆起航"页面。在"文件"面板中选择站点"筑梦青春"，右击，在弹出的快捷菜单中选择"新建文件"命令，输入文件名"yfqh.html"，按 Enter 键确认。

（8）双击打开文件 yfqh.html，在"属性"面板的"文档标题"文本框中输入"扬帆起航"。打开 text 文件夹中的"扬帆起航.docx"，选中并复制全部内容，将鼠标光标定位到"文档"窗口中，按【Ctrl+V】组合键粘贴文本。

（9）将鼠标光标定位到第一行标题"扬帆起航"的前面，连续按四次【Ctrl+Shift+Space】组合键，选中"扬帆起航"，在"属性"面板的"大小"列表框中选择"36"，系统自动弹出"新建 CSS 规则"对话框，输入名称"ys03"；单击"属性"面板中的"字体"列表按钮，添加字体"隶书"，在"属性"面板中将其设为"隶书"，颜色为红色，如图 2-49 所示。

图 2-49　文本的"属性"面板

（10）选中正文中的六行文字，在"属性"面板的"HTML"选项卡中，先选择项目列表，再选择"格式"下的"标题 2"，如图 2-50 所示。

图 2-50　文本的"属性"面板

（11）在标题"扬帆起航"下面一行插入水平线，宽度为 200 像素，左对齐，如图 2-51 所示。

图 2-51　水平线的"属性"面板

（12）按【Ctrl+S】组合键保存文件，按 F12 键预览网页，如图 2-52 所示。

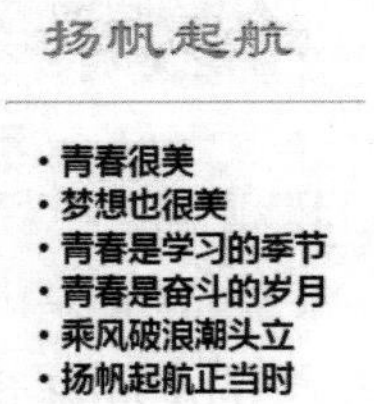

扬帆起航
────────────

· 青春很美
· 梦想也很美
· 青春是学习的季节
· 青春是奋斗的岁月
· 乘风破浪潮头立
· 扬帆起航正当时

图 2-52　yfqh.html 预览图

2.5　文本的输入

文本是网页中最基本的元素之一。用户浏览网页时，获取信息主要通过文本，并且文本的信息量大，易于浏览和下载，因此，掌握文本的输入和编辑方法至关重要。

1．在网页中添加文本

1）添加普通文本

- 直接通过键盘输入文本。
- 在其他应用程序中，选择文本，按【Ctrl+C】组合键复制文本，在 Dreamweaver 的"文档"窗口中，选择菜单"编辑"→"粘贴"命令（或者按【Ctrl+V】组合键）粘贴文本。

提示

粘贴外部文档的文本到 Dreamweaver 的"文档"窗口时，该文本不会保留原有的格式，但会保留文本的段落格式。如果想进行设置，可以选择菜单"编辑"→"选择性粘贴"命令，弹出"选择性粘贴"对话框，如图 2-53 所示，在此进行相应设置。

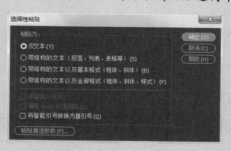

图 2-53　"选择性粘贴"对话框

2）插入空格

在默认情况下，网页文档只允许在文本或字符之间输入一个空格，若要在文档中输入多个连续空格，可执行以下操作。

- 选择"插入"面板中的"HTML"类别，在下拉菜单中选择"不换行空格" ![icon]。
- 选择菜单"插入"→"HTML"→"不换行空格"命令。
- 按【Ctrl+Shift+Space】组合键。
- 在"代码"视图窗口中，输入空格代码 " "。
- 切换中文输入法为全角状态，按空格键可以输入空格。
- 选择菜单"编辑"→"首选项"命令，弹出"首选项"对话框，如图 2-54 所示。在

"分类"列表中选择"常规"选项，勾选"允许多个连续的空格"复选框，单击"应用"按钮，可以直接按空格键输入空格。

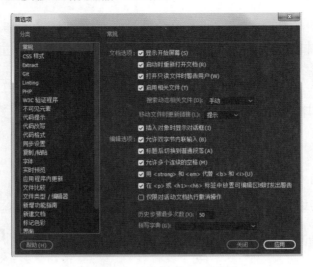

图 2-54 "首选项"对话框

提示

每个空格占一个字节的位置，一个汉字占两个字节的位置，因此，要在段首空出两个汉字的位置就需要插入四个空格。

3）插入特殊字符

有时需要一些特殊字符，可以使用以下方法输入。

● 选择菜单"插入"→"HTML"→"字符"命令，在子菜单中选择要插入的特殊字符。

● 右击输入法工具条上的"软键盘"按钮，如图 2-55 所示，从打开的列表中选择相应的符号组，如选择"特殊符号"，软键盘如图 2-56 所示，单击可插入特殊字符。

PC键盘	标点符号
希腊字母	数字序号
俄文字母	数学符号
注音符号	单位符号
拼　音	制表符
日文平假名	特殊符号
日文片假名	

图 2-55　右击"软键盘"按钮

图 2-56　"特殊符号"软键盘

4）插入日期

如果在网页中需要显示日期，可以采用以下步骤完成。

在"文档"窗口中，将插入点定位到需要插入日期的位置。选择菜单"插入"→"HTML"→"日期"命令，或单击"插入"面板"HTML"类别中的"日期"按钮，弹出"插入日期"

对话框，如图 2-57 所示，设置完成后，单击"确定"按钮。

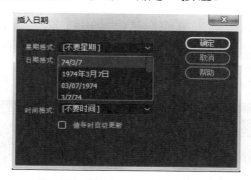

图 2-57　"插入日期"对话框

● 前三项用于设置星期、日期和时间的格式。
● "储存时自动更新"复选框设置下次保存该文档时是否自动更新日期。

2. 文本的分段和换行

在网页中，文本的换行包括自动换行和强制换行。在 Dreamweaver 中，输入的文本（数字和字母除外）到达"文档"窗口右边界时，会自动转到下一行。若想在指定位置换行，则需要强制换行。强制换行有段落换行和换行符换行两种方式。

1）段落换行

若想生成新的段落，并在两段之间出现一个空行，则可以采用以下方法换行。

● 在需要换行的位置直接按 Enter 键。
● 在"代码"视图窗口中，输入段落标记</p>和<p>。

2）换行符换行

若不想生成新的段落，两行之间不出现空行，则可以采用以下方法换行。

● 按【Shift+Enter】组合键。
● 选择菜单"插入"→"HTML"→"字符"中的"换行符"命令。
● 选择"插入"面板中的"文本"类别，在"字符"下拉菜单中选择"换行符" BR↵ 。
● 在"代码"视图窗口中，输入换行标记
，如图 2-58 所示。

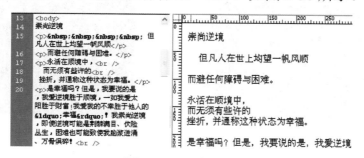

图 2-58　文字换行

3. 文本的属性设置

格式美观的文本不仅可以传递大量的信息，还可以激发浏览者的阅读兴趣。要设置文本的格式，需先选中文本，在出现的文本"属性"面板中，通过 HTML 和 CSS 界面都可以对文本的属性进行设置，如图 2-59 所示。

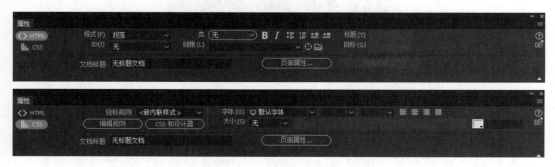

图 2-59　文本"属性"面板

1）在 CSS 界面中设置文本格式

在文本"属性"面板中单击"CSS"按钮，切换到文本的 CSS 设置界面。

设置字体时，从"字体"列表中选择合适的字体类型，系统会自动弹出"新建 CSS 规则"对话框，在"选择器名称"中输入名字，单击"确定"按钮。Dreamweaver 默认的字体是宋体，"字体"列表默认显示的是英文字体类型，若设置其他中文字体，则先将中文字体类型添加到"字体"列表中，方法如下。

- 单击文本"属性"面板中的"字体"列表按钮，选择"管理字体"列表命令，如图 2-60 所示，弹出"管理字体"对话框，如图 2-61 所示。

图 2-60　选择"管理字体"列表命令

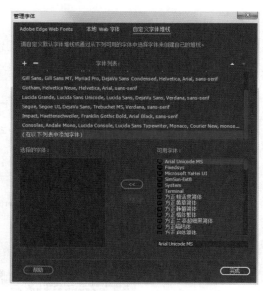

图 2-61　"管理字体"对话框

- 在"自定义字体堆栈"选项卡的"可用字体"列表中选择要添加的字体，双击鼠标或者单击⊠按钮，将其添加到"选择的字体"列表中，可以同时添加多种字体。单击⊞按钮，可在"字体列表"列表中添加字体列表项。在"字体列表"列表中选择字体列表项，单击⊟按钮，可将其删除。字体添加完毕后，单击"完成"按钮。

📖 提示

● 应尽量在网页中使用宋体或黑体，不使用特殊字体，如果计算机没有安装特殊字体，将只能以普通的默认字体显示。

● CSS（Cascading Style Sheet，层叠样式表）是一组格式设置规则，用于控制 Web 页面的外观。在"属性"面板的 CSS 界面中，对文本第一次设置格式时，会弹出"新建 CSS 规则"对话框。

● 通过"新建 CSS 规则"对话框定义的 CSS 样式会在文本"属性"面板的"目标规则"下拉框中出现，若想为其他文本设置相同的格式，选择文本后，直接从"目标规则"列表框中选择相应的样式即可。若想取消文本已经应用的 CSS 样式，可以在列表框中选择"<删除类>"命令，如图 2-62 所示。

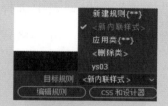

图 2-62　"目标规则"列表框

设置文字大小时，在"大小"列表框中选择相应的大小，如图 2-63 所示，可以更改选择文字的大小。

● 无：以默认字号显示。

● 9～36：8 个字号级别，数值越大，字号越大，也可以在"大小"框中直接输入数字。

● xx-small～larger：设置字符相对于默认字符大小的增减量。

设置文本颜色时，单击"属性"面板中的▇按钮，弹出颜色拾取器，如图 2-64 所示，可以直接选择颜色，或者在文本框中输入颜色的值，系统默认文本颜色是黑色。

📖 提示

● 打开颜色拾取器选择颜色时，可以移动鼠标到显示屏其他任意位置取色。

● 页面用三组十六进制数表示颜色，如"#255B9A"，从左向右，两位数为一组，分别表示 R（红）、G（绿）、B（蓝）颜色的值。当每组的两位数都相同时，有时显示为三组十六进制数，如颜色"#CC3300"显示为"#C30"。

图 2-63 "大小"列表框

图 2-64 颜色拾取器

设置文本的对齐方式时，单击"属性"面板中的对齐按钮，包括左对齐▤、居中对齐▤、右对齐▤、两端对齐▤。

2）在 HTML 界面中设置段落格式

在文本"属性"面板中单击"HTML"按钮，切换到 HTML 设置界面，可以进行以下设置。

● 设置段落标题的格式。在"格式"下拉列表中选择"标题 1"～"标题 6"即可设置段落的标题格式。若想去除已有的格式，可将格式选项设为"无"，如图 2-65 所示。

图 2-65 "格式"下拉列表

● 设置段落的缩进方式。单击"内缩区块"按钮▤，即可设置段落的缩进，如果想取消设置，则单击左侧的"删除内缩区块"按钮▤。

● 创建项目列表和编号列表。单击"项目列表"按钮▤，可对段落添加项目列表符号。将鼠标光标定位到需要更改项目列表的文字上，单击"列表项目"按钮，打开"列表属性"对话框，如图 2-66 所示，在"列表类型"下拉框中选择"项目列表"，在"样式"下拉框中选择样式，单击"确定"按钮，可以更改项目列表的样式。单击"编号列表"按钮▤，可对段落添加编号列表符号。将鼠标光标定位到需要更改编号列表的文字上，单击"列表项目"按钮，打开"列表属性"对话框，如图 2-67 所示，在"列表类型"下拉框中选择"编号列表"，在"样式"下拉框中选择样式，单击"确定"

按钮，可以更改编号列表的样式。

图 2-66　设置"项目列表"

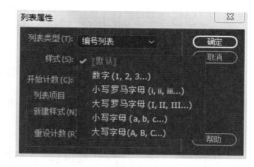

图 2-67　设置"编号列表"

4．插入水平线

网页中经常会用一条或多条水平线将不同的对象分隔，使整个页面更加整齐、美观。

1）插入水平线

将鼠标光标定位到需要插入水平线的位置，执行以下操作之一，即可插入水平线。

● 选择菜单"插入"→"HTML"→"水平线"命令。

● 单击"插入"面板"HTML"类别中的"水平线"按钮 ▦。

2）水平线的属性设置

选择水平线，出现水平线"属性"面板，如图 2-68 所示，可以设置水平线的属性。

图 2-68　水平线"属性"面板

● 宽和高：指定水平线的宽度和高度，单位可以是像素，也可以是页面大小的百分比。

● 对齐：指定水平线的对齐方式（默认、左对齐、居中对齐或右对齐）。只有水平线的宽度小于浏览器窗口的宽度时，对齐设置才有效。

● 阴影：指定水平线是否具有阴影效果。

设置水平线的颜色时，切换至"代码"视图，在水平线标记中输入"color= "颜色值""即可。

📖 **提示**

● 在"设计"视图中，水平线的颜色不会改变，但可以在"实时视图"或浏览页面时看到设置的颜色。

● 若要插入竖直线，只需设置水平线的宽度为较小值，高度为较大值。

2.6 CSS 样式的基本操作

在默认情况下，Dreamweaver 使用 CSS 设置文本格式。使用"属性"面板设置文本样式时，将自动创建 CSS 样式，这些样式被嵌入当前文档的头部，如图 2-69 所示，对选中的文本进行字体、大小和颜色属性设置后，系统自动打开"新建 CSS 规则"对话框。

图 2-69　设置文本样式

使用这种方式创建 CSS 样式，操作简单，但创建的样式只能嵌入当前文档中，且功能有限。"CSS 设计器"面板是一个比"属性"面板功能更强大的编辑器，显示为当前文档定义的所有 CSS 样式，不管这些样式是嵌入文档中还是在外部样式表中。下面主要讲解使用"CSS 设计器"面板创建 CSS 样式的方法。

1．"CSS 设计器"面板

使用"CSS 设计器"面板可以查看、创建、编辑和删除 CSS 样式，并且可以将外部样式表附加到文档中。

执行以下操作之一均可打开"CSS 设计器"面板，如图 2-70 所示。

- 选择"窗口"→"CSS 样式"命令。
- 按【Shift+F11】组合键。
- 单击"属性"面板上的"CSS 设计器"按钮。

"CSS 设计器"面板包含源、@媒体、选择器、属性四个窗口，各窗口按钮的含义及作用如下。

1）"源"窗口

- "添加 CSS 源"按钮 ：单击该按钮，弹出的列表中包括"创建新的 CSS 文件"、"附加现有的 CSS 文件"和"在页面中定义"三个选项，用来创建或附加 CSS 文件，如图 2-71 所示。
- "删除 CSS 源"按钮 ：单击该按钮可以将选中的 CSS 文件删除。

2）"@媒体"窗口

- "添加媒体查询"按钮 ：选择一个 CSS 源并单击该按钮，打开"定义媒体查询"对话框，可以定义使用的媒体查询，如图 2-72 所示。
- "删除媒体查询"按钮 ：单击该按钮可以将选中的 CSS 文件删除。

3）"选择器"窗口

● "添加选择器"按钮 ➕：选择一个 CSS 源后单击该按钮，并输入样式名称，如图 2-73 所示。

● "删除选择器"按钮 ➖：单击该按钮可以将选中的 CSS 样式删除。

图 2-70　"CSS 设计器"面板

图 2-71　"添加 CSS 源"按钮列表

图 2-72　"定义媒体查询"对话框

图 2-73　"添加选择器"窗口

4）属性

在"选择器"窗口中选择一个 CSS 样式，可以在"属性"窗口中进行以下操作。

● "添加 CSS 属性"按钮 ➕：单击该按钮，定义属性，如图 2-74 所示。

● 单击"布局"、"文本"、"边框"、"背景"和"更多"按钮，设置属性值，如图 2-75 所示。

● "删除 CSS 属性"按钮 ➖：单击该按钮可以将选中的属性删除。

● 若勾选"显示集"复选框，则仅显示已设置属性。

图 2-74　在"属性"窗口添加属性

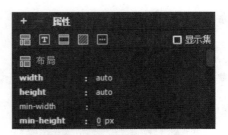

图 2-75　"属性"窗口"布局"选项

 提示

使用"CSS 设计器"面板可以跟踪影响当前所选页面元素的 CSS 规则和属性（"当前"模式），也可以跟踪文档可用的所有规则和属性（"全部"模式）。使用面板顶部的切换按钮，可以在这两种模式之间切换。使用"CSS 设计器"面板还可以在"全部"和"当前"模式下修改 CSS 属性。

2. 使用"CSS 设计器"面板创建 CSS 样式

（1）打开"CSS 设计器"面板，在"源"窗口中单击"添加 CSS 源"按钮，弹出的列表包括"创建新的 CSS 文件"、"附加现有的 CSS 文件"和"在页面中定义"选项。

● 若要创建外部样式表，选择"创建新的 CSS 文件"。

● 若要将外部 CSS 样式文件附加到文档中，选择"附加现有的 CSS 文件"。

● 若要在当前文档中嵌入样式，选择"在页面中定义"。

（2）如果选择"创建新的 CSS 文件"选项，则打开"创建新的 CSS 文件"对话框，如图 2-76 所示，单击右侧的"浏览"按钮，打开"将样式表文件另存为"对话框，如图 2-77 所示。选择样式表文件的保存位置，输入样式表文件名，单击"保存"按钮，在"创建新的 CSS 文件"对话框中选择"链接"或"导入"单选按钮，单击"确定"按钮。

图 2-76　"创建新的 CSS 文件"对话框

图 2-77　"将样式表文件另存为"对话框

　　如果选择"附加现有的 CSS 文件"选项，则打开"使用现有的 CSS 文件"对话框，单击"浏览"按钮，弹出"选择样式表文件"对话框，选择现有的 CSS 文件，单击"确定"按钮。在"使用现有的 CSS 文件"对话框中选择"链接"或"导入"，单击"确定"按钮。

　　如果选择"在页面中定义"选项，则定义的样式、属性嵌入文档中。

　　（3）在"选择器"窗口单击"添加选择器"按钮 ，输入样式名称，在"属性"窗口定义属性。

3. 定义 CSS 样式的属性

　　"CSS 设计器"面板的"属性"窗口包括"布局"、"文本"、"边框"、"背景"和"更多"选项。

　　1）定义 CSS 样式"布局"属性

　　在"CSS 设计器"面板的"属性"窗口选择"布局"选项，可对元素在页面上的放置方式、定位属性进行设置，如图 2-78 所示。

- width 和 height：设置宽度和高度。
- min-width 和 min-height：设置最小宽度和最小高度。
- max-width 和 max-height：设置最大宽度和最大高度。
- display：设置显示。
- box-sizing：设置 box-sizing。
- margin：边距，指定一个元素的边框与另一个元素之间的间距，取消选择"全部相同"选项可设置元素各个边的边距。
- padding：填充，指定元素内容与元素边框之间的间距。取消选择"全部相同"选项可设置元素各个边的填充。
- position：设置对象的位置，包括"静态（static）"、"绝对（absolute）"、"固定（fixed）"和"相对（relative）"。
- float：浮动。
- clear：清除。
- overflow-x：设置水平溢出行为。
- overflow-y：设置垂直溢出行为。
- visibility：设置对象的可见性，包括"继承（inherit）"、"可见（visible）"和"隐藏（hidden）"。
- Z-index：设置对象的堆积顺序，包括"自动"和"值"两个选项，值越大，越靠上显示。

- opacity：设置不透明度级别。

2）定义 CSS 样式"文本"属性

在"CSS 设计器"面板的"属性"窗口选择"文本"选项，可对文本的基本字体、阴影属性进行设置，如图 2-79 所示。

- color 和 font-family：为样式设置文本的颜色、字体。

- font-style：指定字体样式为正常（normal）、斜体（italic）或偏斜体（oblique），默认值为正常。

- font-variant：设置字体变形。

- font-weight：设置字体粗细。

- font-size：设置文本大小。

- line-height：设置行高。

- text-align：设置文字的对齐方式。

- text-decoration：向文本添加下画线（underline）、上画线（overline）、删除线（line-through）。正常文本的默认设置是"无（none）"。

- text-indent：文本缩进。

- h-shadow：设置水平阴影。

- v-shadow：设置垂直阴影。

- blur：设置文本阴影的模糊半径。

- color：设置文本阴影的模糊颜色。

- text-transform：设置文本大写。

- letter-spacing：设置字母间距。

- word-spacing：设置单词间距。

- white-space：空格。

- vertical-align：设置垂直对齐方式。

- list-style-position：设置列表项目标记位置。

- list-style-image：设置列表样式图像。

- list-style-type：设置列表项目标记类型。

图 2-78 "布局"属性定义窗口

图 2-79 "文本"属性定义窗口

3）定义 CSS 样式"边框"属性

在"CSS 设计器"面板的"属性"窗口中，选择"边框"选项，可以定义元素周围边框的设置，如图 2-80 所示。

- border：设置边框的速记。
- width：设置元素边框的粗细。
- style：设置边框的样式外观。样式的显示方式取决于浏览器，Dreamweaver 在"文档"窗口中将所有样式呈现为实线。
- color：设置边框的颜色，可以分别设置每条边的颜色，但显示方式取决于浏览器。
- border-radius：设置边框半径的速记，如图 2-81 所示。
- border-collapse：设置边框折叠。
- border-spading：设置边框空间。

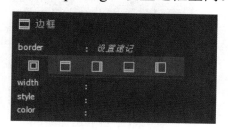

图 2-80　"边框"属性定义窗口

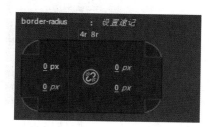

图 2-81　设置边框半径的速记

4）定义 CSS 样式"背景"属性

在"CSS 设计器"面板的"属性"窗口中选择"背景"选项，可以定义 CSS 样式的背景、向框添加阴影属性，如图 2-82 所示。

- background-color：给选定的对象添加背景颜色。
- background-image：给选定的对象添加背景图像，可以在"url"文本框中输入文件路径，也可以通过"浏览"按钮 添加图像。
- gradient：设置背景图像渐变。
- background-position：设置图像与选定对象的水平、垂直相对位置，水平相对位置包括右（right）、左（left）和居中（center），垂直相对位置包括上（top）、下（bottom）和居中（center）。
- background-size：设置背景大小。
- background-dip：设置背景剪辑。
- background-repeat：设置背景图像的重复方式，包括"重复（repeat）"、"横向重复（repeat-x）"、"纵向重复（repeat-y）"和"不重复（no repeat）"四个选项。

- background-origin：设置背景起源。
- background-attathment：设置图像滚动模式，包括"固定（fixed）在原始位置"和"随内容一起滚动（scroll）"。

向框添加阴影如图 2-83 所示，可以定义以下属性。

- h-shadow：设置水平阴影。
- v-shadow：设置垂直阴影。
- blur：设置框阴影的模糊半径。
- spread：设置框阴影的扩散半径。
- color：设置框阴影的颜色。
- inset：设置插图。

图 2-82 "背景"属性定义窗口

图 2-83 向框添加阴影

4．管理 CSS 样式

1）编辑 CSS 样式

选择"窗口"→"CSS 样式"命令，打开"CSS 设计器"面板。在"选择器"窗口选择要编辑的样式名称，在"属性"窗口编辑该规则的属性，如图 2-84 所示。

2）应用 CSS 样式

CSS 样式被定义后，可以将这些 CSS 样式应用于网页中的文本、图像等对象，若要应用类样式，执行下列操作之一。

- 选中文本后，在"属性"面板的"类"下拉列表中选择需要的样式名称。
- 选中图像、Flash 动画、表格等页面对象后，在"属性"面板的"目标规则"下拉列表中选择需要的样式名称，如图 2-85 所示。

图 2-84 在"属性"窗口修改样式

图 2-85 通过"属性"面板应用样式

3）从选定内容删除类样式

选择要删除样式的对象或文本，在"属性"面板"目标规则"列表或"类"列表中选择"无"。

4）删除 CSS 样式

在"CSS 设计器"面板中，选中要删除的样式，按 Delete 键即可将样式删除。

5）重命名 CSS 样式

在"CSS 设计器"面板中，双击要重命名的 CSS 样式，输入新样式名称，按 Enter 键。

6）链接外部 CSS 样式表

在"CSS 设计器"面板的"源"窗口中单击"添加 CSS 源"按钮➕，从列表选择"附加现有的 CSS 文件"选项，则打开"使用现有的 CSS 文件"对话框，如图 2-86 所示。单击"浏览"按钮，弹出"选择样式表文件"对话框，选择现有的 CSS 文件，单击"确定"按钮。在"使用现有的 CSS 文件"对话框中选择"链接"或"导入"单选按钮，单击"确定"按钮。样式表文件中的样式将添加到"CSS 设计器"面板中，如图 2-87 所示。

图 2-86　"使用现有的 CSS 文件"对话框

图 2-87　链接外部样式表

📖 **提示**

- 创建类和 ID 样式时，样式名称必须以句点和#开始，并且可以包含任何字母和数字组合。如果没有输入句点和#，Dreamweaver 将自动为名称添加句点和#。
- 样式被编辑修改后，将自动更新应用该样式的对象。
- 样式被删除后，应用该样式的所有对象也将去除套用的样式。

独具匠心——多媒体网页设计

任务描述

在一张设计精美的网页中，适当运用音频、视频、动画等常见媒体，会增添页面动感和生气。通过"独具匠心——多媒体网页设计"，学会在网页中插入丰富多彩的 Flash 动画，利用插件的方式加入网页音乐，丰富网页内容，使网页的浏览达到听其声、观其影的效果，使访问者在浏览网页时赏心悦目。

任务解析

在本任务中，需要完成以下操作：

● 掌握在网页中插入图像及设置图像属性的方法；

● 掌握 Dreamweaver 的"鼠标经过图像"功能；

● 掌握在网页中插入 Flash 动画及属性设置的方法；

● 掌握添加 FLV 视频文件到网页中的方法；

● 掌握给网页添加声音及属性设置的方法。

（1）编辑首页。启动 Dreamweaver CC，打开前面建立的站点"筑梦青春"，将素材 renwu5 文件夹中的所有内容复制到 zmqc 中。

（2）双击打开 index.html，在"属性"面板的"文档标题"框中输入"筑梦青春"。将鼠标光标定位到文档窗口中，设置"文件"菜单"页面属性"中的左、右、上、下边距均为 0，"背景"颜色为#999，"链接"分类选择"始终无下画线"。

（3）将鼠标光标定位在文档顶端，选择"插入"菜单"Image"命令，插入图片"images/1.jpg"，如图 2-88 所示，在图片的"属性"面板中设置"替换"为"最美青春"，如图 2-89 所示。设置图片的宽为 280px、高为 170px。

（4）按照操作步骤（3）的方法插入图片"images/2.jpg"，在图片的"属性"面板中设置图片的宽为 300px、高为 180px。

图 2-88 　"选择图像源文件"对话框

图 2-89 　替换文本

（5）选择菜单"插入"→"HTML"→"鼠标经过图像"命令，弹出"插入鼠标经过图像"对话框，如图 2-90 所示。单击"原始图像"后面的"浏览"按钮，选择图片"images/3.jpg"。单击"鼠标经过图像"后面的"浏览"按钮，选择图片"images/4.jpg"。在"替换文本"文本框中输入"精彩瞬间"，在"按下时，前往的 URL"文本框中输入"http://www.hxedu.com.cn/Resource/2022/338/01.htm"，这相当于设置图片的超链接。在图片的属性面板中设置图片的宽为 260px、高为 160px。

图 2-90 　"插入鼠标经过图像"设置（1）

（6）按照操作步骤（5）的方法插入第 2 个鼠标经过图像，如图 2-91 所示。在图片的"属性"标签中设置图片的宽为 240px、高为 150px。同时选中页面中的四张图片，在 CSS "属性"面板中设置居中对齐。

（7）换行，选择菜单"插入"→"图像"命令，插入图片"images/7.jpg"，在图片的"属性"面板中设置图片的宽为 1080px、高为 10px。换行，输入文本"筑梦青春　静待花开"，设置"字体"为华文彩云，"大小"为 36px，"文本颜色"为#0F0，如图 2-92 所示。

图 2-91 "插入鼠标经过图像"设置（2）

图 2-92 插入文字和修饰线

（8）换行，选择"插入"→"HTML"→"Flash SWF"命令，在弹出的对话框中，选择 flash 文件夹中的 wyart.swf 文件，如图 2-93 所示。"文档"窗口中出现 flash 占位符，选择该占位符，在"属性"面板设置其宽为 800px、高为 80px、背景颜色为"#999"，勾选"循环"和"自动播放"复选框，"Wmode"设置为"透明"，如图 2-94 所示。

图 2-93 插入文件

图 2-94 设置文件属性

（9）添加首页导航。换行，输入文字"首页　逐梦前行　扬帆起航　励志视频　联系我 "，设置"字体"为黑体，"大小"为 24px，"颜色"为#F00。换行，选择"插入"菜单中的"图像"命令，插入"lj.jpg"，完成首页设计。

（10）给网页添加背景声音。选择菜单"插入"→"HTML"→"插件"命令，在弹出的"选择文件"对话框中选择 music 文件夹中的"music.mp3"文件，窗口中出现插件占位符，在"属性"面板中将宽度和高度的值分别设为 0。

（11）按【Ctrl+S】组合键保存文件，按 F12 键预览网页，效果如图 2-95 所示。

图 2-95　首页效果图

（12）创建"励志视频"页面。新建空白文档，重命名为"lzsp.html"，在页面第一行输入文本"工匠精神之魂"，在"属性"面板中设置"字体"为华文琥珀，"大小"为 24 px，"文本颜色"为#F00，居中对齐。

（13）换行，选择菜单"插入"→"HTML"→"Flash Video"命令，弹出"插入 FLV"对话框，如图 2-96 所示，通过单击 URL 后的"浏览"按钮，选择 Flash 文件夹中的"jianghun.flv"，"文档"窗口中出现 FLV 文件的占位符，在下一行输入文本"[单击此处可下载]"，使其居中对齐。

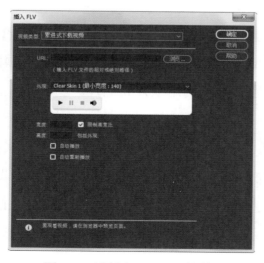

图 2-96　"插入 FLV"对话框

（14）按【Ctrl+S】组合键保存文件，按 F12 键预览网页，效果如图 2-97 所示。

图 2-97   lzsp.html 预览图

2.7   图像的插入与编辑

1. 网页图像格式

网页中通常使用 GIF、JPEG 和 PNG 三种图像格式。下面简单介绍三种图像格式的特点。

1）GIF 格式

GIF（Graphics Interchange Format，图像互换格式）允许在一个文件中存放多幅图像，当多幅相关图像连续播放时，可以产生动画效果，且支持透明背景显示。GIF 格式的文件较小，适用于网络传输，但最多只能使用 256 种颜色，多用于按钮、图标、徽标、网页背景等具有统一色彩和色调的图像。

2）JPEG 格式

JPEG（Joint Photographic Experts Group，联合图像专家组）格式是采用 JPEG 压缩标准进行压缩的图像文件格式，文件扩展名为".jpg"或".jpeg"。JPEG 格式支持 24 位真彩色，采用有损压缩的方式，可以高效地压缩图片，并能保持图像的颜色画质基本不丢失，普遍用于存储颜色丰富的图像，特别适合在网络上发布照片。

3）PNG 格式

PNG（Portable Network Graphics，可移植性网络图像）格式是一种专门为网络设计的图像文件格式。PNG 格式汲取了 GIF 格式和 JPEG 格式的优点，既支持透明背景，又提供 24 位和 48 位真彩色图像的支持。使用新型的无损压缩方案减小文件的大小，图像压缩后不会有细节上的损失。PNG 格式显示速度快，只需下载 1/64 的图像信息就可以显示低分辨率的预览图像。由于 PNG 格式非常新，所以目前并不是所有程序都支持这种格式。

2. 图像的插入

图像是网页制作过程中经常用到的元素，可以使网页更加直观和具有欣赏性。在网页中插入图像的方法如下。

（1）将鼠标光标定位到窗口中要插入图像的位置，执行以下操作之一。

● 选择菜单"插入"→"Image"命令。

● 单击"插入"面板"HTML"类别中的"Image"按钮 。

● 按【Ctrl+Alt+I】组合键。

（2）打开"选择图像源文件"对话框，选择要插入的图像文件，单击"确定"按钮。

（3）如果图像文件不在站点文件夹中，则弹出如图 2-98 所示对话框，提示用户将文件保存到站点文件夹中，单击"是"按钮，弹出"复制文件为"对话框，如图 2-99 所示，选择站点文件夹，单击"保存"按钮。

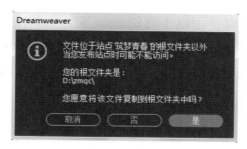

图 2-98　提示复制文件对话框

图 2-99　"复制文件为"对话框

提示

● 图像文件必须保存在站点文件夹中，否则在浏览器窗口中无法正常显示。

● 如果想更换已插入的图像，可以双击该图像，从弹出的对话框中选择替换图像。

● 可以将图像素材直接拖动到编辑窗口中，从而可以快速插入图像。

3．设置图像的属性

选择图像后，在窗口下方出现图像"属性"面板，如图 2-100 所示，可以设置图像的属性。

图 2-100　图像"属性"面板

1）设置图像大小

在"宽"和"高"文本框中输入值（单位是 px），可以设置图像的大小。宽和高设置完毕后，文本框的右侧将显示"重设大小"按钮 ⟳，单击该按钮，可恢复图像到原始大小。

2）设置源文件

要设置图像的源文件，可以使用以下方法。

● 直接输入法：在"Src"文本框中直接输入图像文件的路径和文件名。

● 浏览法：单击"Src"后的"浏览文件"按钮，弹出"选择图像源文件"对话框，选择文件后，单击"确定"按钮。

● 拖动法：用鼠标拖动"Src"后的"指向文件"按钮到"文件"面板中的一个图像文件上，松开鼠标即可。

3）链接设置

● 链接：为当前选定的图像指定一个超链接对象，当在浏览器中浏览网页时，单击该图像可将链接对象打开。

● 目标：指定链接对象后，通过该项确定打开图像链接对象所使用的框架或窗口。

● 地图和热点工具：用于在一幅图像上创建多个链接区域，分别链接到不同的对象。图像中被选择的地方称为图像地图，可以在"地图"文本框中输入地图名称。热点工具包括四种，名称和作用如下。

矩形热点工具：用于在图像中创建矩形区域的热点。

圆形热点工具：用于在图像中创建圆形区域的热点。

多边形热点工具：选择该工具后，按顺时针或逆时针方向在图像的各个顶点单击鼠标，可以在图像中创建不规则多边形区域的热点。

指针热点工具：用于选择图像中不同的热点。

4）替换设置

● 替换：当图片不能在浏览器中正常显示时，图片位置将变成"替换"文本框中的内容。

在某些浏览器中，当鼠标指针划过图像时也会显示替换文本。

● 原始：如果网页的图像较大，则浏览者需花费较多时间等待图像下载，为了节省用户浏览网页的时间，通过"原始"可以指定在加载主图像之前加载的低品质图像。

5）编辑图像

● "编辑"按钮：启用外部编辑器对选定的图像进行编辑。如果没有指定外部编辑器，则可以选择菜单"编辑→首选参数"命令，在打开的"首选参数"对话框中选择"文件类型/编辑器"类别，指定外部编辑器。

● "编辑图像设置"按钮：通常用于减少图像的容量，可更改图像的格式或降低图像的品质。

● "裁剪"按钮：可以对图像进行裁剪。

● "重新取样"按钮：对已调整大小的图像进行重新取样，提高图像在新的大小和形状下的品质。

● "亮度和对比度"按钮：单击此按钮，弹出"亮度和对比度"对话框，可以调整图像的亮度和对比度。

● "锐化"按钮：单击此按钮，弹出"锐化"对话框，可以调整图像的清晰度。锐化值在 0～10 之间变化，值越大，清晰度越高。

提示

对图像的编辑修改会永久性改变图像，可以通过菜单"编辑→撤消"命令取消所做的修改。

4. 插入鼠标经过图像

鼠标经过图像是指当鼠标指针移到一幅图像上时发生变化的图像。鼠标经过图像实际上由两幅图像组成，即初始图像和替换图像。具体的操作步骤如下。

将鼠标光标定位到要插入变换图像的位置，执行以下操作之一。

● 选择菜单"插入"→"HTML"→"鼠标经过图像"命令。

● 在"插入"面板的"HTML"类别中选择"鼠标经过图像"。

打开"插入鼠标经过图像"对话框，如图 2-101 所示。

● 图像名称：可以给图像起一个名字。

● 原始图像：选择鼠标经过前显示的图像。

● 鼠标经过图像：选择当鼠标经过原始图像时显示的图像。

● 预载鼠标经过图像：选中该项，则在下载页面时，两幅图像会同时下载到缓存中。

● 替换文本：设置鼠标移到图像时的替换文本。

● 按下时，前往的 URL：设置当单击图像时，打开的链接页面。

设置完毕后，单击"确定"按钮，效果如图 2-102 所示。

图 2-101　"插入鼠标经过图像"对话框

图 2-102　鼠标经过图像效果图

2.8　多媒体元素

通过 Dreamweaver 可以非常方便地在网页中添加动画、声音、视频等多媒体元素，使网页更加美观和具有趣味性。

1．插入 Flash 动画文件（SWF）

（1）要在文档中插入 Flash 动画文件，可以使用以下步骤完成。

将鼠标光标定位到要插入动画的位置，执行以下操作之一，打开"选择 SWF"对话框。

● 选择菜单"插入"→"HTML"→"Flash SWF"命令。

● 单击"插入"面板"HTML"类别中的"Flash SWF"按钮 。

● 按【Ctrl+Alt+F】组合键。

（2）设置 SWF 对象的属性。

选择 SWF 对象后，可以在 SWF"属性"面板中设置其属性，如图 2-103 所示。

图 2-103　SWF"属性"面板

文件：指向 Flash 源文件的路径。

编辑按钮：调用外部编辑器编辑 Flash 源文件。

循环：连续播放 SWF 文件。如果没有选择此复选框，则只播放一次。

自动播放：加载页面时自动播放 SWF 文件。

品质：用于设置影片的质量参数，在播放期间控制失真，其列表框中有四个选项。

● 低品质：更注重 SWF 文件的显示速度，然后才考虑画面质量。

- 自动低品质：开始时强调速度，在带宽允许的情况下尽量提高画面质量。
- 自动高品质：开始时强调质量，必要的时候会因为速度而影响画面质量。
- 高品质：更注重影片的画面质量，然后才考虑显示速度。

品质越高，观看效果越好，但要求电脑的 CPU 速度更快。

比例：用于设置缩放比例，列表框中包括三个选项。

- 默认（全部显示）：在指定区域保持原来的比例，并防止失真。
- 无边框：影片在显示时可以是无边框显示，并维持原始的长宽比例，但影片的某些部分可能会被裁剪掉。
- 严格匹配：影片将进行缩放，以适合指定区域，不会保持文件的比例，有可能失真。

Wmode：设置 SWF 文件的 Wmode 参数，以避免与 DHTML 元素冲突。

- 不透明：在浏览器中，DHTML 元素显示在 SWF 文件的上面。
- 透明：SWF 文件可以包括透明度，DHTML 元素显示在 SWF 文件的后面。
- 窗口：可以从代码中删除 Wmode 参数，并允许 SWF 文件显示在其他 DHTML 元素的上面。

例如：若想去除 Flash 文件在浏览器窗口中显示的背景颜色，在"属性"面板中将其"Wmode"属性设为"透明"。

"参数"按钮：单击该按钮，打开"参数"对话框，可以在其中输入传递给影片的参数。

2．插入 Flash 视频文件（FLV）

（1）将鼠标光标定位到要插入视频的位置，执行以下操作之一，弹出"插入 FLV"对话框，如图 2-104 所示。

图 2-104　"插入 FLV"对话框

- 选择菜单"插入"→"HTML"→"Flash Video"命令。
- 单击"插入"面板"HTML"类别中的"Flash Video"按钮。

（2）在对话框中完成相应设置，单击"确定"按钮，即可在文档中插入一个 FLV 文件。

- 视频类型：在下拉列表中选择"累进式下载视频"，这种视频传送方式会将 FLV 文件下载到站点访问者的硬盘上，并允许在下载完成之前播放视频文件。
- URL：可以在文本框中输入一个 FLV 文件的 URL 地址，或者单击"浏览"按钮，从弹出的对话框中选择 FLV 文件。
- 外观：从下拉列表中选择一种视频组件的外观。
- 宽度和高度：设置视频的宽度和高度。
- 自动播放：如果选中该复选框，则在浏览网页时自动播放视频。
- 自动重新播放：如果选中该复选框，则视频循环播放。

📖 **提示**

"视频类型"中的"流视频"是对视频内容进行流式处理，播放速度快，它具备累进式下载视频不具备的优点，如搜寻能力。如果在网页上启用"流视频"，就必须具有访问 Adobe Flash Media Server 的权限。

3. 插入音频文件

向网页中添加声音，可以使用不同的音频文件格式，常用的有 mp3、RealAudio、wma、和 MIDI 等格式。

（1）要在网页中插入音频，可采用以下方法。

先将鼠标光标定位到要插入音频文件的位置，然后执行以下操作之一。

- 单击"插入"面板"HTML"类别中的"插件"按钮。
- 选择菜单"插入"→"HTML"→"插件"命令。

在打开的"选择文件"对话框中选择要插入的音频文件，单击"确定"按钮。在"文档"窗口中出现占位符，表示音频文件已经插入当前网页中，如图 2-105 所示，可以在"属性"面板中设置其属性。

（2）给网页添加背景音乐。

若不想在网页中显示声音插件，可以使用以下方法添加背景音乐。

- 在网页插入音频文件后，选择插件占位符，在"属性"面板中单击"参数"按钮，打开"参数"对话框，如图 2-106 所示，在"参数"框中输入"hidden"，并设定值为"true"（或直接在"属性"面板中将其宽度和高度的值设为 0），单击"加号"按钮，在新出现的行中输入"autostart"，并设定值为"true"，单击"确定"按钮。

图 2-105　插件"属性"面板

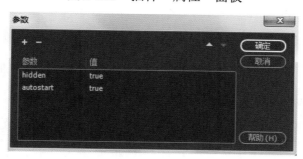

图 2-106　"参数"对话框

● 单击文档工具栏中的"代码"按钮进入"代码"视图，在<head>和</head>之间的任意位置添加以下代码：<bgsound src="文件路径/文件名"loop="-1">。

提示

除了可以在网页中插入 FLV 文件，使用添加"插件"功能，也可以插入 mov、avi 等其他视频文件。

任务 **6**

筑梦青春——创建网页链接

任务描述

各个页面间的互相访问和逻辑关系是通过超链接实现的，单击链接以后，浏览器会打开链接的页面，网页中有大量的超链接，可以通过文字、图像、按钮等内容实现链接。通过任务"筑梦青春——创建网页链接"，学会在网页中如何插入超链接，包括插入文本对象超链接、图形对象超链接，同时还要学习在 HTML 中认识及修改超链接等知识点。

任务解析

在本任务中，需要完成以下操作：

● 掌握在网页中插入超链接的方法；

● 了解并设置超链接的属性；

● 掌握超链接 HTML 标记并理解相关属性。

（1）打开"筑梦青春"站点中的文件 index.html，选择文本"逐梦前行"，在"属性"面板的 HTML 界面中单击"链接"文本框后的文件夹图标⬜，在打开的对话框中选择目标文件 zmqx.html，在"目标"列表框中选择"_blank"。以同样的方式将文本"扬帆起航"链接到文件 yfqh.html，"励志视频"链接到文件 lzsp.html，并在"目标"列表框中选择"_blank"。

（2）选中文本"首页"，在"属性"面板的链接框内输入"#"，建立空链接。选中文本"联系我"，在"属性"面板的链接框内输入"mailto:yourname@163.com"。

（3）选择友情链接图像 lj.jpg，在"属性"面板中选择矩形热点工具▢，在图像上拖动鼠标，画出一个矩形框，使其将"全国技能大赛"完全覆盖，如图 2-107 所示，在"属性"面板的链接框中输入"http://www.hxedu.com.cn/Resource/2022/338/02.htm"，在"目标"列表框中选择"_blank"；用同样的方法将"世界技能大赛"链接到"http://www.hxedu.com.cn/Resource/2022/338/03.htm"，"Web 前端工程师"链接到"http://www.hxedu.com.cn/Resource/2022/338/04.htm"，"百度百科"链接到"http://www.hxedu.com.cn/Resource/2022/338/05.htm"，在"目标"列表框中均选择"_blank"，按【Ctrl+S】组合键保存文件。

（4）打开文件 zmqx.html，将文档的最后一行文字"@版权所有"改成"[关闭窗口]"，并设置居中对齐。选中文本"关闭窗口"，在"属性"面板的链接框中输入链接代码"javascript:window.close()"，如图 2-108 所示，按【Ctrl+S】组合键保存文件。

图 2-107　创建图像热点链接

图 2-108　"关闭窗口"链接代码

（5）打开文件 lzsp.html，选中文本"单击此处可下载"，在"属性"面板的链接框中输入"flash/jianghun.flv"，按【Ctrl+S】组合键保存文件。

（6）在 index.html 文档中，按 F12 键预览网页，测试链接。

2.9　超链接

超链接是网页非常重要的特征，可以实现文档间的跳转。超链接由源端点和目标端点构成，表示出了文档间跳转的关系。源端点是用来建立超链接的对象，可以是文本、图片或其他网页元素；目标端点是单击源端点后跳转到的对象，可以是网页、图片、电子邮件地址、文件或应用程序，也可以是页面中的某个位置。

1. 链接路径

每个文件都有自己的存放位置和路径，创建正确的链接，首先要清楚文件与要链接的目标文件之间的路径关系，也就是链接路径。链接路径可以分为三种：绝对路径、相对路径和根路径。

1）绝对路径

绝对路径是指链接目标对象的完整路径。当要链接到其他网站中的文件时，或者说建立外部链接时，必须使用绝对路径，即完整的 URL。

2）相对路径

相对路径是以当前文件所在位置为起点，到被链接文件经由的路径。当要链接到同一站点文件夹中的文件时，或者说建立内部链接时，一般使用相对路径。相对路径的写法主要有以下几种。

- 若链接到同一目录下的文件，则只需输入要链接文件的名称。
- 若链接到下一级目录中的文件，则先输入目录名，然后加"/"，再输入文件名。
- 若链接到上一级目录中的文件，则先输入"../"，再输入文件名。

3）根路径

根路径是从站点的根文件夹到文档的路径。根路径也适用于创建内部链接，当处理使用多个服务器的大型 Web 站点，或者在一个服务器上放置多个站点时，可以使用这种类型的路径。根路径的写法也很简单，首先以一个"/"开头，表示站点的根文件夹，然后书写文件夹名，最后书写文件名。如果根目录要写盘符，就在盘符后使用"│"。例如：

```
/lx/images/ss.jpg
   d│/lx/images/ss.jpg
```

2. 链接类型

根据链接使用的对象不同，可以将超链接分为：文本链接、图像链接、电子邮件链接、空链接、文件下载链接、脚本链接等。

3．创建文本链接

文本链接是超链接最基本的方式，可以采用以下方法创建。

1）利用"属性"面板创建

在"文档"窗口中选择要创建超链接的文本，在"属性"面板中执行下列操作之一，指定链接到的文件。

- 在"链接"文本框中直接输入文档的路径和文件名。若要链接到站点内的文档，则可以输入文档的相对路径；若要链接到站点外的文档，则必须输入绝对路径。
- 单击"链接"文本框右侧的文件夹图标█，在打开的对话框中选择目标文件。
- 拖动"链接"文本框右侧的指向文件图标✪到"文件"面板中的相应文件上。

指定链接文件后，"属性"面板中的"目标"选项变为可用，可以设置文件的打开方式。

- _blank：将链接的文档在一个未命名的新浏览器窗口中打开，原来打开的窗口不变。
- _new：将链接的文档始终在同一个新的浏览器窗口中打开。
- _parent：将链接的文档在该链接所在框架的父级框架或父级窗口中打开。如果包含链接的框架不是嵌套框架，则所链接的文件会载入整个浏览器窗口。
- _self：将链接的文档在当前浏览器窗口中打开。该打开方式是系统默认项。
- _top：将链接的文档在整个浏览器窗口中打开，会删除所有框架。

2）通过"超链接"对话框创建

在"文档"窗口中将鼠标光标定位到想创建链接的位置，执行以下操作之一，打开"超链接"对话框，如图 2-109 所示，在此进行设置即可。

- 选择菜单"插入"→"Hyperlink"命令。
- 单击"插入"面板"HTML"类别中的"Hyperlink"按钮█。

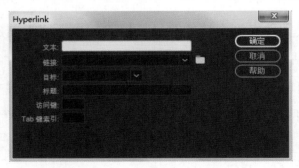

图 2-109 "超链接"对话框

- 文本：输入用于建立超链接的文本。
- 链接：指定链接目标文件的路径和名称。
- 目标：选择目标文件的打开方式。

- 标题：在浏览器窗口中，当鼠标指针指向链接文本时，鼠标指针下方会显示标题内容。
- 访问键：输入一个字母作为访问键，在浏览器窗口中，可以通过"Alt 键+访问键"选择链接文本。
- Tab 键索引：输入 Tab 顺序的编号。在浏览器窗口中，可以通过 Tab 键按指定的 Tab 顺序选择链接文本。

4．创建图像链接

网页中的图像也可以建立超链接，创建图像链接有两种情况：一是以整个图像为对象建立超链接，这种链接的建立方法和文本链接的建立方法相同。二是为图像的不同区域分别创建超链接，称为图像热点链接，创建这种链接可以使用以下方法。

（1）在"文档"窗口中选中要创建超链接的图像。

（2）在"属性"面板上选择热点工具，在图像上创建相应形状的热点。创建热点后，该区域显示为蓝色半透明状态。

（3）利用指针热点工具 选择图像热点，如果要选择多个热点，则按住 Shift 键依次单击相应热点。选中热点后，窗口下方会显示热点"属性"面板，如图 2-110 所示。

图 2-110　热点"属性"面板

（4）在热点"属性"面板中完成超链接的设置。

5．创建文件下载链接

浏览网站时，需要下载软件或程序时，会出现如图 2-111 所示"文件下载"对话框。这种资源建立的方法就是文件下载链接。创建文件下载链接的方法和文本链接的建立方法相同，只是当被链接的文件是 exe、zip、rar 等非网页类型的文件时，浏览器无法直接打开，会提示文件被下载，这就是网上下载的方法。

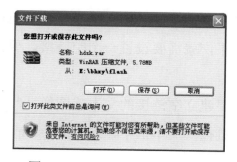

图 2-111　"文件下载"对话框

📖 **提示**

为了减少网络流量，应当将一些较大的文件压缩成压缩包或分卷压缩包，并存放于站点文件夹中。

6．创建电子邮件链接

电子邮件链接是一种特殊的超链接，单击包含该链接的网页对象时，可以启动系统默认的邮件管理程序，邮件地址自动填写到"收件人"栏中，方便浏览者给网站发送邮件。

1）利用菜单命令创建

在"文档"窗口中将鼠标光标定位到要创建邮件链接的位置，执行以下操作之一。

● 选择菜单"插入"→"HTML"→"电子邮件链接"命令。

● 单击"插入"面板"HTML"类别中的"电子邮件链接"按钮✉。

在打开的"电子邮件链接"对话框中进行设置，如图 2-112 所示，单击"确定"按钮。

● 文本：输入用于链接电子邮件的文本。

● 电子邮件：输入电子邮件地址。

图 2-112 "电子邮件链接"对话框

2）利用"属性"面板创建

在"文档"窗口中选择要创建电子邮件链接的文本或图像，在"属性"面板的"链接"文本框中输入 mailto:电子邮件地址。例如，网站管理员的邮箱地址是 wmaster@163.com，则在"链接"文本框中输入 mailto:wmaster@163.com。

7．创建空链接

空链接是没有指向任何对象的链接。例如：站点首页导航栏的"本站首页"就没有必要设置链接，但为了看到链接效果，就需要设置一个空链接。要创建空链接，可以按照下面的方法操作。

（1）在"文档"窗口选中要建立空链接的文本或图像。

（2）在"属性"面板的"链接"文本框中输入"javascript:;"（javascript 后依次接一个冒号和一个分号）或一个#号。

提示

使用#创建空链接，在一些浏览器中会出现返回网页顶端的效果，如果不想返回网页顶端，只想附加行为或动作，则建议使用 "javascript:;" 创建空链接。

8．创建脚本链接

脚本链接是一种用于执行 JavaScript 代码或调用 JavaScript 函数的链接。使用脚本链接，能够在不退出当前网页的情况下，为浏览者提供许多附加信息，操作步骤如下。

（1）在"文档"窗口中选择要创建脚本链接的文本或图像。

（2）在"属性"面板的"链接"文本框中输入"javascript:"，后跟 JavaScript 代码或函数（在冒号与代码之间不能输入空格）。

例如：在"链接"文本框中输入"javascript:alert('欢迎来到我的小站！')"，单击该链接，弹出如图 2-113 所示对话框。

在"链接"文本框中输入"javascript:window.close()"，单击该链接，弹出如图 2-114 所示对话框，单击"是"按钮，关闭当前窗口。

图 2-113　脚本链接效果图（1）

图 2-114　脚本链接效果图（2）

思考与实训

一、填空题

1．Dreamweaver CC 默认的工作区是＿＿＿＿＿＿＿＿＿＿。

2．在"文档"窗口的＿＿＿＿＿＿视图下，可以直接看到网页的编辑效果，类似于在浏览器中显示的内容。

3．在 Dreamweaver CC 中，要对文档进行预览，可以按＿＿＿＿＿＿键。

4．在浏览器的地址栏中输入网址后，网站打开的默认页面是＿＿＿＿＿＿。

5．在浏览网页时，若在不能正常显示图像的位置时出现提示信息，则可以设置图像的＿＿＿＿＿＿属性。

6．Flash 动画文件插入后，在浏览器中显示白色背景，可以利用属性面板的＿＿＿＿＿＿

属性去掉背景颜色。

7．要在网页中插入音频文件，可以选择菜单"插入"→"HTML"中的_____命令。

8．若想在网页的某位置单击时弹出内容为"你好！"的对话框，应在"链接"文本框中输入_____。

9．关于超链接，_____属性是指定链接的目标窗口。

10．在链接位置输入_____，可以制作邮件链接，设置时还可以替浏览者加入邮件的_____。

11．制作外部链接的时候，可以在"链接"文本框中直接输入该网页在 Internet 上的_____，并且包括使用的_____。

12．创建到锚点的链接过程分两步，一是创建_____锚点，二是创建_____链接。

13．放在本地磁盘上的网站称为_____，处于 Internet 上的 Web 服务器里的网站称为_____。

14．"CSS 设计器"面板的"属性"窗口包括_____、_____、_____、_____、_____。

15．在 Dreamweaver 中，可以设置超链接的对象有图像部分、_____、_____、_____。

二、上机实训

1．将素材中的 lx1 文件夹复制到 D 盘根目录下，并完成以下操作。

（1）新建一个自己命名的本地个人站点，站点文件夹为 lx1 中的 grwz，使用"文件"面板分别建立 images、flash、music 文件夹和名为 index.html 的文件，并设置网页标题为"欢迎光临个人小站"。

（2）导入 hhbk 文件夹中的站点"花卉百科.ste"，浏览其中的 index.html 文件，删除 images 中的"传统名花"文件夹。

2．新建站点"星梦空间"，站点文件夹为 lx2，执行以下操作。

（1）新建网页 baiyang.html，设置网页背景颜色为#C3F1EF。将 text 文件夹中 baiyang.txt 的内容复制到网页文件中。设置第一行大标题字体为黑体、大小为 24 像素，颜色为#0099FF，居中对齐；设置正文中的小标题字体为默认字体，大小为 16 像素；在第二行和最后一行插入水平线，宽度为 982 像素，高度为 1 像素，颜色为#000099，居中对齐；在第一条水平线下方插入图像 images/baiyang.jpg，大小为 526 像素×374 像素，居中对齐；在最后一条水平线下方输入文本"[关闭窗口]"，并正确设置链接。

（2）新建网页 laili.html，导入 text 文件夹中"来历.doc"的内容，设置标题格式同 baiyang.html 中的相应格式；在第二行插入图像 images/xing.jpg，创建锚点链接，单击相应的星座图标，能够快速显示相应内容；在最后一行插入一条水平线，在其下方输入文本"[返回首页] [返回顶端] [关闭窗口]"，并分别设置链接。

（3）打开网页 index.html，在第一幅图片上方插入 flash/5.swf，并设置大小为 977 像素×160 像素，背景透明；在下方的空白位置插入视频 flash/2.flv；"首页"创建空链接，"来历传说"链接到 laili.html，"星座物语"链接到 xingwuyu.html，"与我联系"链接到邮箱"yourname@163.com"。

（4）打开网页 xingwuyu.html，在适当位置插入声音文件 music/baiyang.mp3，并设置其大小。正确设置导航栏的链接，并将页面中的"白羊座"图片和文字分别链接到 baiyang.html。

3．新建站点"手机卖场"，站点文件夹为 lx3，执行以下操作。

（1）index.html、sjjs.html 和 wszc.html 的网页标题分别设为"手机大卖场"、"手机介绍"和"网上注册"。

（2）编辑 index.html，设置网页背景颜色为#00CCFF，设置字幕"苹果、三星、诺基亚"向左来回滚动；在右下角的文字下方插入 Flash 动画，文件路径为"flash/f1.swf"，透明背景，宽度为 400 像素，高度为 70 像素。

（3）设置超链接，首页链接为空链接，"手机介绍"链接到 sjjs.html，"网上注册"链接到 wszc.html，"联系我们"链接到 jnsjmc@163.com。

（4）编辑 sjjs.html，在字幕下方左侧的单元格内插入鼠标经过图像，原始图像为"iphone8"，鼠标经过图像为"iphone7"，设置图像宽度为 400 像素，高度为 300 像素。

（5）更改水平线的颜色为#FF6600。

模块 3
网页布局

奋扬青春——表格布局页面

任务描述

通过布局"奋扬青春"网页，学会使用表格布局页面的方法和技巧。

任务解析

在本任务中，需要完成以下操作：

● 掌握表格的创建方法和表格、单元格的属性设置；

● 掌握嵌套表格的创建方法和属性设置；

● 学会使用表格布局页面的方法和技巧。

（1）将素材中的 renwu8 文件夹复制到 D 盘根目录。运行 Dreamweaver CC，新建站点"奋扬青春"，站点文件夹为 D:\renwu8，在站点根目录下新建网页文件 index.html；打开"页面属性"对话框，在"外观（CSS）"分类选项卡中设置背景颜色为#CCC，左边距、上边距为 0；在"链接（CSS）"分类选项卡中设置链接颜色为黑色，变换图像链接颜色为红色，已访问链接颜色为绿色，始终无下画线，页面属性设置如图 3-1 所示。

图 3-1　页面属性设置

（2）选择"插入"→"表格(table)"命令，设置表格为 1 行 2 列，表格宽度为 1200 像素，其他项为 0，如图 3-2 所示，单击"确定"按钮，插入表格。

图 3-2　"表格"对话框

（3）单击表格的边框线，选中整个表格，在"表格"属性面板中设置"Align"为"居中对齐"，如图 3-3 所示。

图 3-3　表格"属性"面板

（4）将鼠标光标定位到第 1 列单元格，在"属性"面板中设置宽度为 1000 像素，选择"插入"→"图像"命令，在打开的"选择图像源文件"对话框中选择"renwu8_01.gif"文件，单击"确定"按钮，插入图像，如图 3-4 所示。

图 3-4　第 1 个表格效果

（5）将鼠标光标定位到第 2 列单元格，在"代码"视图中为单元格添加背景图像"renwu8_02.gif"；代码如图 3-5 所示。再次将鼠标光标定位到该单元格，选择"插入"→"表格"命令，设置表格大小为 4 行 1 列，表格宽度为 100%，其他项为 0，单击"确定"按钮，插入嵌套表格 tab1；分别设置嵌套单元格的第 1 行~第 4 行行高为 38 像素、40 像素、40 像素、40 像素，如图 3-6 所示。

```
<td background="images/renwu8_02.gif"> </td>
```

图 3-5　第 2 列单元格的背景图像代码

图 3-6　第 2 列单元格的嵌套表格

（6）将鼠标光标定位到嵌套表格的第 2 行单元格，选择输入法"软键盘"中的"特殊字符"选项，先在单元格中输入◆，再输入文字"设为首页"；使用同样的方法，在第 3 行和第 4 行分别输入"◆联系我们"和"◆加入收藏"，效果如图 3-7 所示。

图 3-7　表格效果（1）

（7）将鼠标光标定位到表格的后面或下一行，选择"插入"→"表格"命令，设置表格大小为 1 行 1 列，表格宽度为 1200 像素，其他项为 0，单击"确定"按钮，插入表格。在表格"属性"面板中设置对齐为居中对齐，在单元格"属性"面板中设置高为 41 像素，如图 3-8 所示。

图 3-8　表格效果（2）

（8）将鼠标光标定位到第 2 个表格，在"代码"视图中为表格添加背景图像"renwu8_03.gif"，代码如图 3-9 所示。再次将鼠标光标定位到该表格，选择"插入"→"表格"命令，设置表格大小为 1 行 9 列，表格宽度为 100%，其他项为 0，单击"确定"按钮，插入嵌套表格 tab2；设置嵌套表格的第 1 列列宽为 373 像素，第 9 列列宽为 113 像素，第 2 列～第 8 列列宽均为 102 像素，高均为 41 像素，如图 3-10 所示。

```
<table width="1200" border="0" align="center" cellpadding="0" cellspacing="0"
background="images/renwu8_03.gif">
```

图 3-9　第 2 个表格的代码

图 3-10　第 2 个表格的嵌套表格设置

（9）在第 2 个表格的嵌套表格中的第 2 列~第 8 列，分别输入文本"部门简介"、"规章制度"、"教育管理"、"资助工作"、"咨询服务"、"心理服务"和"宿舍管理"；创建 CSS 样式表 ys01，定义其字体为黑体、大小为 16 像素、颜色为白色、加粗、居中显示，分别为 7个单元格的文本内容套用 ys01 样式，如图 3-11 所示。

图 3-11　第 2 个表格效果

（10）将鼠标光标定位到第 2 个表格的后面或下一行，选择"插入"→"表格"命令，设置表格大小为 1 行 3 列，表格宽度为 1200 像素，其他项为 0，单击"确定"按钮，插入表格。在表格"属性"面板中设置对齐为居中对齐，在单元格"属性"面板中设置高度为 542 像素，第 3 个表格的布局图和参数如图 3-12 所示。

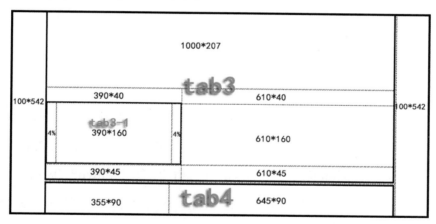

图 3-12　第 3 个表格的布局参数值

（11）分别设置第 3 个表格的第 1 列和第 3 列列宽为 100 像素，第 2 列列宽为 1000 像素。将表格切换为扩展模式，将鼠标光标定位在第 2 列单元格，插入 4 行 2 列、表格宽度为 100%、其他项为 0 的嵌套表格 tab3，分别设置第 1 行行高为 207 像素，第 2 行行高为 40 像素，第 3行行高为 160 像素，第 4 行行高为 45 像素，第 1 列列宽为 390 像素，第 2 列列宽为 610 像素，合并第 1 行单元格；将鼠标光标定位在 tab3 的第 3 行第 1 列单元格，插入 1 行 3 列、表格宽度为 100%、其他项为 0 的嵌套表格 tab3-1，设置 tab3-1 的高度为 160 像素，第 1 列和第 3 列列宽分别为 4%；在 tab3 的下方，插入 1 行 2 列、表格宽度为 100%、其他项为 0 的嵌套表格 tab4，设置 tab4 的高度为 90 像素，第 1 列单元格宽度为 355 像素；单击"插入"面板"布局"类别中的"标准"按钮，切换表格为标准模式。扩展模式如图 3-13 所示，标准模式如图 3-14 所示。

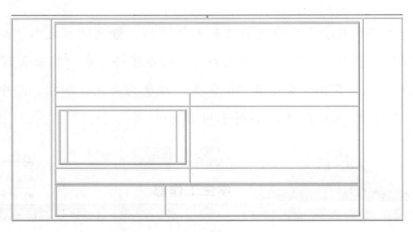

图 3-13　第 3 个表格的扩展模式

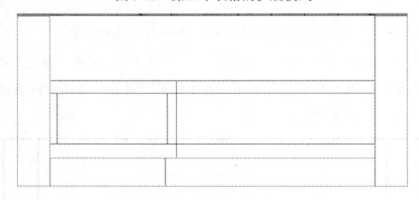

图 3-14　第 3 个表格的标准模式

（12）为第 3 个表格部分单元格插入图片。在第 3 个表格第 1 列和第 3 列插入图片"renwu8_04.gif"和"renwu8_06.gif"；在第 2 列嵌套表格tab3的第 1 行插入图片"renwu8_05.gif"，在第 2 行第 1 列和第 2 列分别插入图片"renwu8_07.gif"和"renwu8_08.gif"；在第 4 行第 1 列和第 2 列分别插入图片"renwu8_11.gif"和"renwu8_12.gif"；在第 5 列嵌套表格 tab4 的第 2 列插入图片"renwu8_14.gif"，如图 3-15 所示。

图 3-15　在第 3 个表格插入图片的效果

（13）在"代码"视图中，为第 3 个表格部分单元格设置背景图像。将 tab3 的第 3 行第 1 列单元格的背景图像设置为 renwu8_09.gif，将第 2 列单元格的背景图像设置为图片 "renwu8_10.gif"，将 tab4 的第 1 列单元格的背景图像设置为"renwu8_13.gif"，如图 3-16 所示。

图 3-16　在第 3 个表格插入图片和背景图像的效果

（14）为第 3 个表格部分单元格添加文字。将 text 文件夹下的"通知通告.doc"中的内容复制到 tab3-1 的第 2 列单元格中。创建 CSS 样式表 ys02，定义其字号为 12 像素、行高为 20 像素，将通知通告文本内容套用 ys02 样式；使用同样的方法复制和设置"学生动态"的文本内容；在"下载专区"手动输入文本内容"困难学生补助申请书"、"学生会干部竞聘申请书"和"缓交学费申请表"，按效果图进行分段和缩进，并套用 ys02 样式，效果如图 3-17 所示。

图 3-17　添加文字后的第 3 个表格效果

（15）为"学生动态"和"下载专区"文字设置空链接，创建滑动文字变色效果。选中"学生动态"中的第 1 行文字，在"属性"面板的"链接"框中输入"#"。使用同样的办法为其他各行文字创建空链接。

（16）在第 3 个表格下方插入 1 行 1 列、表格宽度为 1200 像素、其他项为 0 的表格，在

表格"属性"面板中设置对齐为居中对齐，在单元格"属性"面板中设置高度为 60 像素，水平居中对齐；在"代码"视图中为表格设置背景图像为"renwu8_15.gif"，将鼠标光标定位到单元格中，输入文本内容"@版权所有|站点地图|友情链接　建议使用 1280*800 分辨率"，并套用 ys02 样式，效果如图 3-18 所示。

图 3-18　index.html 效果图

3.1 表格布局

在网页设计中，宽度不是固定的。网页尺寸由两个因素决定：一是显示器屏幕，二是浏览器软件。网页的宽度约等于屏幕大小减去 22 像素，如 1024 像素宽度的屏幕，网页宽度不大于 1002 像素，一般设定为 950 像素或 960 像素。

为了使网页更加美观、大方，在制作网页时，需要先对网页的轮廓进行规划，将文字、图片等网页元素进行精确定位，这就需要用到网页布局。表格布局是目前最常见的网页布局方式之一，灵活方便、简单易学，熟练地使用表格布局是网页制作的基本要求。

1. 表格的组成

表格由行和列组成，每行或每列又由单元格组成，如图 3-19 所示，当将某行或某列设为标题行或标题列后，在默认情况下，标题单元格中的内容将自动加粗并居中显示。标号①所示为单元格间距，指的是单元格和单元格之间的距离。标号②所示为单元格边距（又称为填充），指的是单元格中的内容与单元格边框之间的距离。

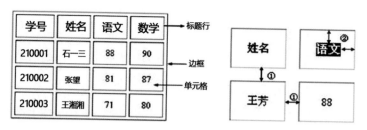

图 3-19 表格的结构

2. 创建表格

1）创建表格

① 在"文档"窗口中，将鼠标指针定位到要插入表格的位置，执行以下操作之一，打开"表格"对话框，如图 3-20 所示。

● 选择菜单"插入"→"表格（table）"命令。

● 单击"插入"面板"HTML"标签中的"表格（table）"按钮 。

● 按【Ctrl+Alt+T】组合键。

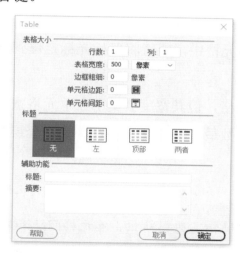

图 3-20 "表格"对话框

② 在"表格"对话框中进行相应设置，单击"确定"按钮，即可创建一个表格。

● 行数和列：设置插入表格的行数和列数。

● 表格宽度：设置表格的宽度，单位包括像素和百分比。当单位为像素时，表格的宽度是一个绝对值；当单位采用百分比时，表格的宽度则为一个相对值，大小会随父元素的改变而改变。

● 边框粗细：设置表格边框的宽度（以像素为单位）。若浏览时不显示表格边框，则将其值设置为 0。

● 单元格边距：设置单元格的内容和单元格边框之间的距离（以像素为单位）。

● 单元格间距：设置相邻单元格之间的距离（以像素为单位）。

- "标题"选项组：系统提供了四种选择，用来设置标题单元格的位置。例如，选择"顶部"，表示将表格的第一行作为标题行，其中的文字会自动加粗处理。
- 标题：用来设置整个表格的标题，标题将显示在表格外部。
- 摘要：为表格添加说明文字，但说明内容不会显示在用户的浏览器中。

2）创建嵌套表格

创建嵌套表格就是在已有表格的某个单元格中插入新的表格，如图 3-21 所示。使用表格的嵌套可以使大量的网页元素进行复杂定位，从而整齐地展示在浏览者面前，在一些综合性网站中会普遍使用。

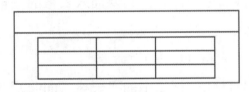

图 3-21　嵌套表格

若要在当前表格的单元格中插入嵌套表格，可以直接拖动"插入"面板"常用"类别中的"表格"按钮到相应的单元格中，或者将鼠标光标定位到该单元格中，使用前面新建表格的方法插入表格。

嵌套表格是一个单独的表格，但其宽度会受所在单元格宽度的限制。另外，在嵌套表格中可以再嵌套表格，但嵌套层数最多不超过 3 层，因为嵌套层数越多，浏览网页时所需的下载时间越长。

📖 提示

- 创建表格时，若没有明确指定边框粗细、单元格间距和单元格边距的值，大多数浏览器按边框粗细和单元格边距为 1、单元格间距为 2 来显示表格。
- 创建表格时，最外层表格的宽度单位最好采用像素，嵌套表格的宽度单位采用百分比，这样能够让其跟随所在单元格大小的改变而改变。
- 为防止浏览过程中出现水平方向的滚动条，在 1024×768 分辨率下，通常将最大宽度设置为 1002 像素；在 1280×800 分辨率下，将最大宽度设置为 1200 像素。
- 为提高浏览速度，整个网页不要放在一个表格里，表格的嵌套层次尽量要少。

3．选择表格元素

要在表格中进行操作，首先需要选择表格元素，即选择整个表格、行、列和单元格。

1）选择整个表格

- 单击表格的边框线。

- 将鼠标指针定位到表格中，在标签选择器中单击<table>标签，如图 3-22 所示。
- 将鼠标指针移到表格的左上角或边框线附近的敏感区域，当其右下角出现表格的缩略图时，如图 3-23 所示，单击鼠标左键。

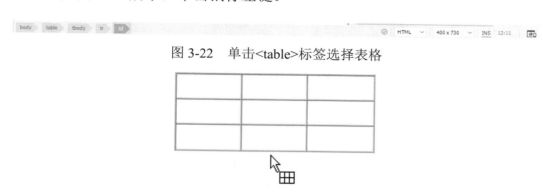

图 3-22　单击<table>标签选择表格

图 3-23　选择表格

- 将鼠标指针定位到表格中，按两次【Ctrl+A】组合键。

2）选择行

- 直接拖动鼠标选中该行中的所有单元格。
- 将鼠标指针定位到要选择行的某个单元格中，在标签选择器中单击<tr>标签。
- 将鼠标指针指向要选择行的左边缘，当其变为右箭头"→"时，如图 3-24 所示，单击鼠标左键。

3）选择列

- 直接拖动鼠标选中该列中的所有单元格。
- 将鼠标指针指向要选择列的上边缘，当其变为下箭头"↓"时，如图 3-25 所示，单击鼠标左键。
- 将鼠标指针定位到单元格中，在对应列的"列标题"菜单中选择"选择列"命令，如图 3-26 所示。

图 3-24　选择行

图 3-25　选择列

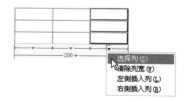

图 3-26　"列标题"菜单

 提示

　　将鼠标指针定位到行的左边缘或列的上边缘，当其变为方向箭头时，直接拖动鼠标可以选择连续的多行或多列，按住 Ctrl 键的同时单击行或列，可以选择不连续的多行或多列。

4）选择单元格

要选择单个单元格，可以采用以下方法。

- 按住 Ctrl 键，并在单元格内单击。
- 在单元格内单击，并向相邻的单元格拖动鼠标。
- 将鼠标指针定位到单元格内，单击标签选择器上的<td>标签。
- 将鼠标指针定位到单元格内，按【Ctrl+A】组合键。

要选择多个单元格，可以采用以下方法。

- 直接用鼠标从第一个单元格拖动到最后一个单元格。
- 将鼠标指针定位到第一个单元格内，按住 Shift 键，并单击最后一个单元格，可以选择矩形区域内的所有单元格，如图 3-27 所示。
- 按住 Ctrl 键，并依次单击要选择的单元格，可以选择不连续的单元格，如图 3-28 所示，再次单击可取消选择。

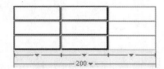

图 3-27　选择连续的单元格区域　　　　图 3-28　选择不连续的单元格

提示

　　选定表格或单元格后，可以进行复制或粘贴操作，如果同时对多个单元格进行操作，这些单元格必须是连续的矩形区域内的单元格。

4．设置表格属性

为了使创建的表格更加美观，选择表格或单元格后，可以在其"属性"面板中进行属性设置。

1）设置表格的属性

选择整个表格后，会打开表格"属性"面板，如图 3-29 所示，各选项的作用如下。

图 3-29　表格"属性"面板

- 表格：用来输入表格的名字。
- 行和列：用来指定表格中行、列的数目，还可以通过修改此值达到添加或删除表格中行或列的目的。

- 宽：指定表格宽度。
- CellPad（填充）：指的是单元格边距，即单元格中的内容和单元格边框之间的像素。
- CellSpace（间距）：指的是单元格间距，即相邻单元格之间的像素。
- Align（对齐）：用于设置表格相对于同一段落中其他元素（如文本和图像）的显示位置，包括"左对齐"、"右对齐"、"居中对齐"和"默认"四个选项。如果将"Align"设置为"默认"或"居中对齐"，则其他内容不会显示在表格旁边。
- Border（边框）：指定表格边框的宽度（单位为像素），若表格仅用于页面布局，可将该值设为0。
- "清除列宽"按钮：从表格中删除所有明确指定的列宽。
- "清除行高"按钮：从表格中删除所有明确指定的行高。
- "将表格宽度转换成像素"按钮：将表格中每列的宽度和整个表格的宽度设置为以像素为单位的当前宽度。
- "将表格宽度转换成百分比"按钮：将表格中每列的宽度和整个表格的宽度设置为按百分比表示的宽度。

2）设置单元格的属性

选中单元格，打开的"属性"面板如图3-30所示，它包括两部分，HTML标签对单元格中的文本内容进行设置，CSS标签对单元格属性进行设置。

图3-30　单元格"属性"面板

- "合并单元格"按钮：将所选的单元格、行或列合并为一个单元格。只有选择的区域为矩形时才可以合并单元格。
- "拆分单元格"按钮：将一个单元格拆分成多个单元格。一次只能拆分一个单元格，如果选择多个单元格，则该按钮禁用。
- 水平和垂直：设置单元格中的内容在水平和垂直方向上的对齐方式。通常水平方向默认为左对齐（标题单元格除外），垂直方向默认为居中对齐。
- 宽和高：用来设置所选单元格的宽度和高度，可以在文本框中输入以像素为单位的数字，也可以输入按表格宽度或高度的百分比指定的以百分号"%"结尾的数字。若让浏览器根据单元格的内容及其他行和列的宽度和高度确定适当的宽度或高度，可将此文本框设置为空白。

● 不换行：如果选中了该复选框，当单元格中的文本超过单元格的宽度时，则单元格会自动加宽以容纳所有文本；如果没有选中该复选框，当单元格内的文本超过单元格的宽度时，则自动换行。

● 标题：如果选中该复选框，则选择的单元格被设置为表格标题单元格。

● 背景颜色：设置所选单元格的背景颜色。

提示

● 选中表格，选择菜单"工具→标签库"命令，打开"标签库编辑器"对话框，如图 3-31 所示，在"table"标签中可以设置表格的背景颜色、背景图像和边框颜色。

图 3-31　"标签库编辑器"对话框

● 可以选择"属性"面板中的"快速标签编辑器"，或者切换到"代码"视图，通过输入代码为单元格、行或表格设置属性。例如，如图 3-32 所示，第 11 行处的代码 bordercolor="#FF0000" 的作用是设置表格的边框颜色为红色，代码 background="bj.jpg" 的作用是给表格添加一幅背景图像。第 13 行处的代码 background="gougou.jpg"的作用是给表格第 1 行第 1 个单元格设置背景图像。第 17 行处的代码 bordercolor="#FFFFFF"的作用是设置第 2 行第 1 个单元格的边框颜色为白色。

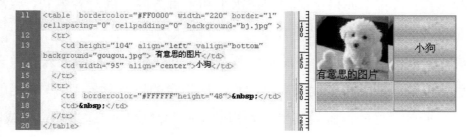

图 3-32　通过代码设置属性

5. 表格的基本操作

1）调整表格的大小

- 选中表格后，表格边框会出现三个控制柄，鼠标指向控制柄呈双向箭头时拖动鼠标，可以调整整个表格的大小。
- 选中表格后，在表格“属性”面板的“宽”文本框中输入数值，可以精确地指定表格的宽度。

当调整整个表格的大小时，表格中的所有单元格将按比例调整大小。如果表格的某个单元格指定了明确的宽度或高度，则调整表格大小时不会更改这些单元格指定的宽度或高度。

2）调整行高和列宽

- 拖动鼠标更改行或列的边框线。若改变行高，则上下拖动该行的下边框线，如图 3-33 所示；若改变列宽，则左右拖动该列的右边框线，如图 3-34 所示。

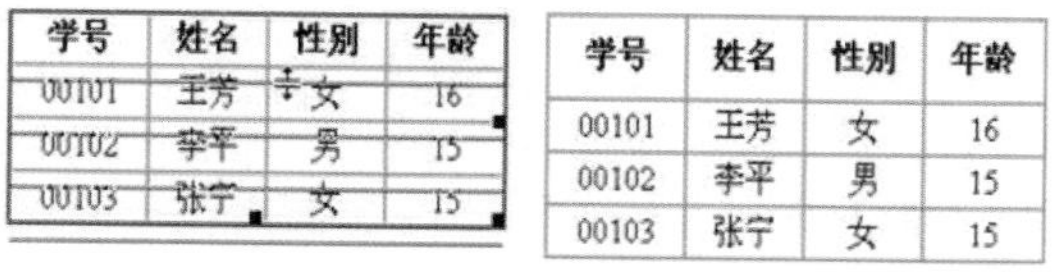

学号	姓名	性别	年龄
00101	王芳	女	16
00102	李平	男	15
00103	张宁	女	15

图 3-33 改变行高及效果图

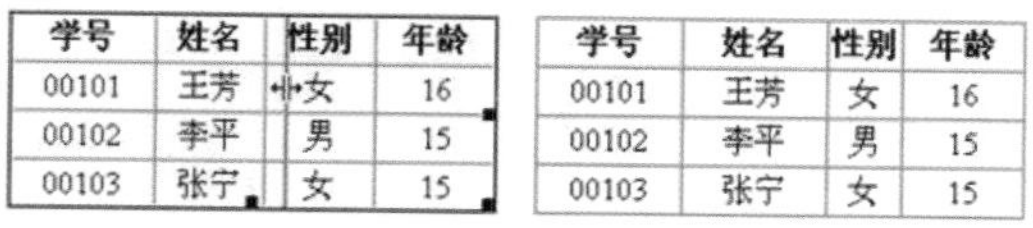

学号	姓名	性别	年龄
00101	王芳	女	16
00102	李平	男	15
00103	张宁	女	15

图 3-34 改变列宽及效果图

- 选择要设置大小的行或列，在“属性”面板中精确指定行高和列宽。

提示

- 拖动鼠标更改行的下边框线，只改变当前行的行高，其他行高度不会改变。
- 拖动鼠标更改列的右边框线，相邻列的宽度会随之更改，但整个表格的宽度不会发生改变。
- 按住 Shift 键的同时，拖动鼠标更改列的右边框线，其他列的宽度不会改变，表格的总宽度发生改变。

3）插入行或列

- 选中行或列，右击，在弹出的快捷菜单中选择“表格”→“插入行（插入列）”命令，如图 3-35 所示，可在所选行的上方插入一行或在所选列的左方插入一列。
- 选中行或列，右击，在弹出的快捷菜单中选择“表格”→“插入行或列”命令，弹出“插入行或列”对话框，如图 3-36 所示，设置插入的行（列）数及位置，单击“确定”按钮，可以插入多行或多列。
- 打开某列的“列标题”右键菜单，选择“左侧插入列”或“右侧插入列”命令，可以在当前列的左侧或右侧插入一列，如图 3-37 所示。

4）删除行或列

● 选中要删除的行或列，右击，在弹出的快捷菜单中选择"表格"→"删除行（删除列）"命令。

● 选中要删除的行或列，直接按 Delete 键。

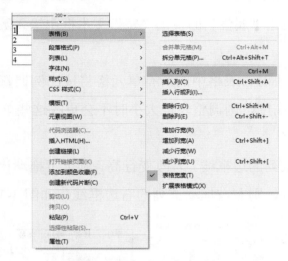

图 3-35　插入行（插入列）

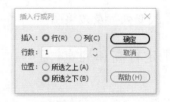

图 3-36　"插入行或列"对话框

图 3-37　"列标题"右键菜单

5）合并和拆分单元格

合并单元格是将多个连续的单元格合并为一个单元格，如果合并前单元格中有内容，则所有内容放在合并后的单元格中。合并单元格的具体操作步骤如下：

（1）选择要进行合并的单元格。

（2）执行下列操作之一，即可将单元格合并。

● 右击，在弹出的快捷菜单中选择"表格"→"合并单元格"命令。

● 单击"属性"面板上的"合并单元格"按钮 。

● 按【Ctrl+Alt+M】组合键。

拆分单元格是将一个单元格分成多个单元格，具体操作步骤如下：

（1）将鼠标指针定位到要拆分的单元格中。

（2）执行下列操作之一，可以打开"拆分单元格"对话框，如图 3-38 所示。

● 右击，在弹出的快捷菜单中选择"表格"→"拆分单元格"命令。

● 单击"属性"面板上的"拆分单元格"按钮 。

● 按【Ctrl+Alt+S】组合键。

（3）在对话框中设置要拆分的行数或列数，单击"确定"按钮。

图 3-38　"拆分单元格"对话框

 提示

（1）当选定表格或将鼠标指针定位到表格中时，在默认情况下，表格会显示总宽度和每列的列宽，如果不显示宽度，可以右击，在弹出的快捷菜单中选择"表格"→"表格宽度"命令让其显示。

（2）如果宽度出现两个数值，如图 3-39 所示，则说明"设计"视图中显示的可视宽度与 HTML 代码中指定的宽度不一致。当通过拖动的方式来调整表格的宽度，或者添加到单元格中的内容的宽度比该单元格的设置宽度大时，会出现这种情况。

图 3-39　表格宽度显示

6．使用扩展表格模式

Dreamweaver 有两种表格模式，分别为标准模式和扩展表格模式，如图 3-40 所示。标准模式是表格默认的视图模式，表格及其内容的绝大部分操作适合在该模式下进行。在扩展表格模式下，Dreamweaver 会临时向文档中的所有表格添加单元格边距和间距，并且增加表格的边框，使编辑操作更加直观。使用扩展表格模式，可以方便地选择表格中的内容或精确地定位插入点。

图 3-40　标准模式和扩展表格模式

要进入扩展表格模式，可以右键选择菜单"表格"→"扩展表格模式"命令。

在扩展表格模式下，选择内容或定位插入点后，可以使用以下方法返回标准模式。

● 直接单击"文档"窗口上方的"退出"按钮。

● 再次右键选择菜单"表格"→"表格扩展模式"命令。

任务 8

架构梦想——CSS+Div 布局页面

任务描述

通过布局"架构梦想"，学会使用 CSS+Div 布局和美化页面。

任务解析

在本任务中，需要完成以下操作：

● 学会 Div 的创建和属性设置；

● 学会使用 CSS+Div 布局和美化页面。

（1）页面布局图和各 Div（块）的关系如图 3-41 所示。

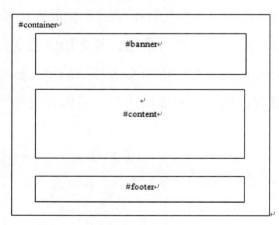

图 3-41　页面布局图和各 Div（块）的关系

（2）将素材中的 renwu9 文件夹复制到 D 盘根目录。运行 Dreamweaver CC，新建站点"架构梦想"，站点文件夹为 D:\renwu9。打开站点根目录，新建空白文档 index.html，修改标题为

"CSS+Div 布局页面"，打开"页面属性"对话框，在"外观（CSS）"分类选项卡中设置背景颜色为#CCC，"左边距"、"右边距"、"上边距"和"下边距"均为 0。

（3）创建嵌套 Div。打开 index.html，选择"插入"→"Div"命令，在 DOM 面板中输入 Div 的名字"#container"；将鼠标光标定位在"#container"层中，再次选择"插入"→"Div"命令，单击"嵌套"按钮，如图 3-42 所示，插入嵌套 Div，在 DOM 面板中输入名称"#banner"；用同样的方法创建"#content"和"#footer"嵌套 Div，DOM 面板如图 3-43 所示。

图 3-42　Div 插入模式

图 3-43　DOM 面板

（4）定义#container 层的样式。在 CSS 设计器中，创建#container 样式，并设置属性，如图 3-44 所示。

（5）在#banner 层中插入图片并编辑 CSS 样式。将鼠标光标定位在#banner 层中，选择"插入"→"图像（image）"命令，打开"选择图像源文件"对话框，选择"images"文件夹中的 01.gif，单击"确定"按钮。

在 CSS 设计器中，创建#banner 样式并设置属性，如图 3-45 所示，完善#banner 层后的拆分视图如图 3-46 所示。

图 3-44　#container 样式的属性设置

图 3-45　#banner 样式的属性设置

图 3-46　完善#banner 层后的拆分视图

（6）在#content 层中插入图片并编辑 CSS 样式表。将鼠标光标定位在#content 层中，选择"插入"→"图像（image）"命令，打开"选择图像源文件"对话框，选择"images"文件夹中的 2.gif，单击"确定"按钮。

在 CSS 设计器中，创建#content 样式并设置属性，如图 3-47 所示，完善#content 层后的拆分视图如图 3-48 所示。

图 3-47　#content 样式的属性设置

图 3-48　完善#content 层后的拆分视图

（7）在#footer 层中设置背景图像和文本并编辑 CSS 样式表。在 CSS 设计器中，创建#footer 样式并设置属性，如图 3-49 所示，完善#footer 层后的拆分视图如图 3-50 所示。

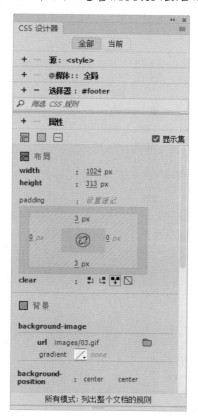

图 3-49　#footer 样式的属性设置

图 3-50　完善#footer 层后的拆分视图

（8）将鼠标光标定位在#footer 层中，将 text 文件夹下的 "精益求精.doc" 文本内容复制到#footer 层中。在 CSS 设计器中，创建#footer p 样式并设置属性，如图 3-51 所示，完善#footer p 层后的拆分视图如图 3-52 所示。

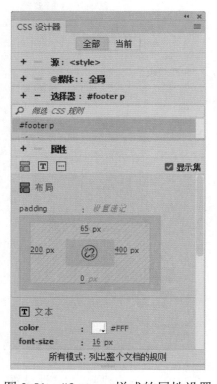

图 3-51　#footer p 样式的属性设置

图 3-52　完善#footer p 层后的拆分视图

（9）保存文件，按 F12 键预览网页，效果如图 3-53 所示。

图 3-53　index.html 效果图

3.2 Div

Div 元素是一个块级元素，也是用来插入各种网页元素并能够自由精确定位和容易控制的容器。

1. Div 的基本操作

1）创建 Div

创建 Div 有以下两种方法。

- 选择菜单"插入"→"Div"命令，弹出"插入 Div"对话框，插入位置可选择"在插入点"、"在标签结束之前"和"在标签开始之后"，如图 3-54 所示。
- 选择"插入"面板中的"html"→"Div"命令，也弹出如图 3-54 所示的插入面板。

如果不是新创建的 Div，插入面板如图 3-55 所示。

图 3-54 "插入 Div"对话框（1）

图 3-55 "插入 Div"对话框（2）

2）选择 Div 的方法

- 单击 Div 的边框线。
- 在 DOM 面板中单击 Div。
- 按 Shift 键，分别单击要选择的各个 Div 的内部或边框线，可以选中多个 Div。

在 DOM 面板中还可以为 Div 命名并调整顺序。

2．设置 Div 的属性

在 CSS 设计器的属性面板中，可以为 Div 设置布局、文本、边框和背景等属性，如图 3-56～图 3-59 所示。

图 3-56　布局属性设置

图 3-57　文本属性设置

图 3-58　边框属性设置

图 3-59　背景属性设置

3.3　CSS 定位与 Div 布局

CSS+Div 是网站标准（或简称 Web 标准）中常用的术语之一。Div 只是 HTML 中的一个标签，CSS 是可以做到网页和内容分离的一种样式语言。在 XHTML 网站设计标准中不再使用表格定位技术，而是采用 CSS+Div 的方式实现各种定位。

本节围绕 CSS 定位的几种原理方法，介绍使用 CSS+Div 对页面布局的常用方法。

1. 盒子模型

一个盒子模型由 content（内容）、border（边框）、padding（间隙）和 margin（间隔）四部分组成，如图 3-60 所示。

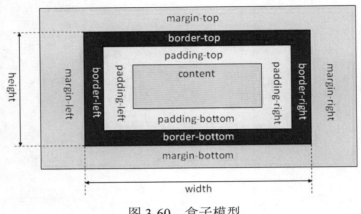

图 3-60　盒子模型

一个盒子的实际宽度（或高度）是由 content+border+padding+margin 组成的。在 CSS 中可以通过设定 width 和 height 的值来控制 content 的大小，并且对于任何一个盒子，都可以分别设定各自的 border、padding 和 margin。

2. 元素的定位

1）float 定位

float 定位是 CSS 排版中非常重要的手段。属性 float 的值很简单，可以设置为 left、right 或默认值 none。当设置了元素向左或向右浮动时，元素会向其父元素的左侧或右侧靠紧。

2）position 定位

position 从字面上看是指块的位置，即块相对于其父块的位置和相对于它自身应该在的位置。

position 属性有以下五个值。

- absolute：生成绝对定位的元素，相对于 static 定位以外的第一个父元素进行定位。元素的位置通过"left"、"top"、"right"及"bottom"属性进行规定。
- fixed：生成绝对定位的元素，相对于浏览器窗口进行定位。元素的位置通过"left"、"top"、"right"及"bottom"属性进行规定。
- relative：生成相对定位的元素，相对于其正常位置进行定位，例如，"left:20"会向元素的 LEFT 位置添加 20 像素。

- static：默认值。没有定位，元素出现在正常的流中（忽略 top、bottom、left、right 或 z-index 声明）。
- inherit：规定应该从父元素继承 position 属性的值。

3）z-index 空间位置

z-index 属性用于调整定位时重叠块的上下位置，与它的名称一样，想象页面为 x-y 轴。垂直于页面的方向为 z 轴，z-index 值大的页面位于值小的页面的上方。

提示

z-index 属性的值为整数，可以是正数也可以是负数。当块被设置了 position 属性时，该值便可以设置各块之间的重叠高低关系。默认的 z-index 值为 0，当两个块的 z-index 值一样时，将保持原有的高低覆盖关系。

3. CSS+Div 布局的常用方法

1）使用 Div 对页面进行整体规划

使用 Div 可以将页面先在整体上进行<div>标记的分块，然后对各个块进行 CSS 定位，最后在各个块中添加相应内容。这样进行<div>标记过的页面更新起来会十分容易，也可以通过修改 CSS 的属性重新定位。

CSS 布局要求设计者对页面有一个整体框架规划，包括整个页面分为哪些模块、模块之间的父子关系如何等。以最简单的框架为例，页面由 banner、主题内容（content）、菜单导航（links）和脚注（footer）等部分组成，各个部分分别用自己的 id 标识，整体规划如图 3-61 所示。

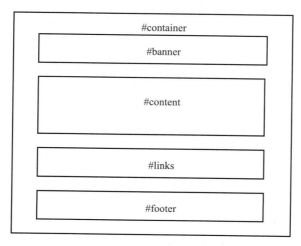

图 3-61　页面版型

图 3-61 中的每个块都是一个<div>，页面中的所有 Div 块都属于块#container，一般的 Div

布局都会在最外边加上这样一个父 Div，以便对页面的整体进行调整。对于每个 Div 块，还可以加入各种元素或行内元素。

2）设计各块的位置

当页面的内容确定后，需要根据内容考虑整体的页面版型，如单栏、双栏或左、中、右等。

任务 9

数字未来——Flex 布局

任务描述

通过布局"数字未来"页面，学会使用 Flex 布局页面的方法和技巧。

任务解析

在本任务中，需要完成以下操作：

● 巩固 CSS+Div 布局和美化页面的方法和技巧；

● 学会使用 Flex 布局和美化页面的方法和技巧。

（1）页面布局图和各 Div（块）的关系如图 3-62 所示。

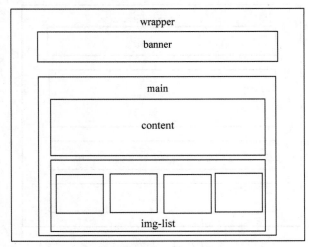

图 3-62　页面版型

（2）将素材中的 renwu10 文件夹复制到 D 盘根目录。运行 Dreamweaver CC，新建站点"数字未来"，站点文件夹为 D:\renwu10，在站点根目录下新建网页文件 index.html；打开"页面属性"对话框，在"外观（CSS）"分类选项卡中设置背景颜色为#000，文本颜色为#fff；页面属性设置如图 3-63 所示。

图 3-63　页面属性设置

（3）创建嵌套 Div。打开 index.html，执行"插入"→"Div"命令，在 DOM 面板中输入 Div 的名字"#wrapper"；将鼠标光标定位在"#wrapper"层中，再次执行"插入"→"Div"命令，分别插入嵌套 Div "#banner"和"#main"；用同样的方法创建"#content"、"#img-list"嵌套 Div，DOM 面板如图 3-64 所示。

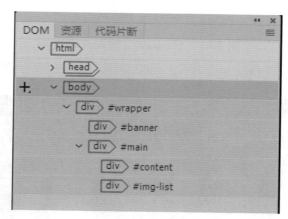

图 3-64　DOM 面板

（4）在 CSS 设计器中，分别定义#wrapper 层的样式，设置宽为 865px，左、右边界为 auto，如图 3-65 和图 3-66 所示。

（5）在 CSS 设计器中，定义#banner 层的样式，并插入"images"文件夹中的图像"1.jpg"，如图 3-67 和图 3-68 所示。

图 3-65　#wrapper 层的宽度设置

图 3-66　#wrapper 层的边界设置

图 3-67　#banner 层的属性设置

图 3-68　设置好#banner 层后的拆分视图

（6）在#content 层中输入"数字未来.doc"中的文本，并编辑 CSS 样式表，如图 3-69～图 3-72 所示。

图 3-69　#content 层的 padding 属性

图 3-70　#content 层的文本属性

图 3-71　#content 层的边框属性

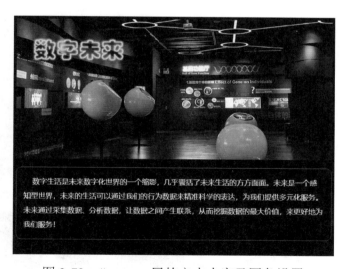

图 3-72　#content 层的文本内容及圆角设置

（7）在#img-list 层插入图像及 Flex 布局样式。将鼠标光标定位在#img-list 层中，插入"images"文件夹中的"2.jpg"、"3.jpg"、"4.png"和"5.jpg"四幅图像，并设置四个图像间隔平均分配的 Flex 布局样式，如图 3-73～图 3-76 所示。

图 3-73　#img-list 的布局属性

图 3-74　#img-list 的 padding 属性

图 3-75　#img-list 的 Flex 布局属性——两端对齐、图像之间间隔相等

图 3-76　#img-list 层的 Flex 布局样式

（8）保存文件，按 F12 键预览网页，效果如图 3-77 所示。

图 3-77　index.html 效果图

<h1>3.4　Flex 布局</h1>

布局的传统解决方案基于盒子模型，依赖 display 属性+position 属性+float 属性，但它对特殊布局非常不友好，比如，垂直居中就不容易出现。

2009 年，W3C 提出了一种新的方案——Flex 布局，可以简便、完整、响应式地实现各种页面布局。目前，Flex 布局已经得到了所有浏览器的支持，将成为布局的首选方案。

1．Flex 布局

Flex 是 Flexible Box 的缩写，译为"弹性布局"，为盒子模型提供最大的灵活性。任何一个容器都可以指定为 Flex 布局。

```
.box{
  display: flex;}
```

行内元素也可以使用 Flex 布局。

```
.box{
  display: inline-flex;}
```

📖 **注意**

设为 Flex 布局以后，子元素的 float、clear 和 vertical-align 属性将失效。

2．基本概念

采用 Flex 布局的元素，称为 Flex 容器（Flex Container），简称"容器"，如图 3-78 所示。它的所有子元素自动成为容器成员，称为 Flex 项目（Flex Item），简称"项目"。

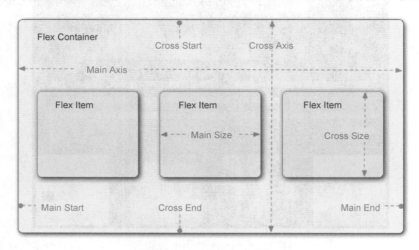

图 3-78　Flex 容器

容器默认存在两个轴：水平的主轴（Main Axis）和垂直的交叉轴（Cross Axis）。主轴的开始位置（与边框的交叉点）叫作 Main Start，结束位置叫作 Main End；交叉轴的开始位置叫作 Cross Start，结束位置叫作 Cross End。

项目默认沿主轴排列。单个项目占据的主轴空间叫作 Main Size，占据的交叉轴空间叫作 Cross Size。

3．容器的常用属性

（1）flex-direction 属性：决定主轴的方向，即项目的排列方向，如图 3-79 所示。

```
.box {
  flex-direction: column-reverse | column | row |row-reverse; }
```

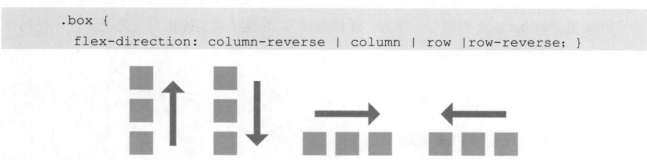

图 3-79　flex-direction 效果

- column-reverse：主轴为垂直方向，起点在下沿。
- column：主轴为垂直方向，起点在上沿。
- row（默认值）：主轴为水平方向，起点在左端。

- row-reverse：主轴为水平方向，起点在右端。

（2）flex-wrap 属性：在默认情况下，项目都排在一条线（又称"轴线"）上，如果一条轴线排不下，则 flex-wrap 属性定义如何换行。

```
.box{
  flex-wrap: nowrap | wrap | wrap-reverse;}
```

- nowrap（默认）：不换行，如图 3-80 所示。

图 3-80　nowrap

- wrap：换行，第一行在上方，如图 3-81 所示。

图 3-81　wrap

- wrap-reverse：换行，第一行在下方，如图 3-82 所示。

图 3-82　wrap-reverse

（3）justify-content 属性：定义项目在主轴上的对齐方式。

```
.box {
  justify-content: flex-start| flex-end | center | space-between |
space-around; }
```

具体对齐方式与主轴的方向有关，下面假设主轴的方向为从左到右。

- flex-start（默认）：左对齐，如图 3-83 所示。

图 3-83　flex-start

● flex-end：右对齐，如图 3-84 所示。

图 3-84　flex-end

● center：居中，如图 3-85 所示。

图 3-85　center

● space-between：两端对齐，项目之间的间隔都相等，如图 3-86 所示。

图 3-86　space-between

● space-around：每个项目两侧的间隔相等。所以，项目之间的间隔比项目与边框的间隔大一倍，如图 3-87 所示。

图 3-87　space-around

（4）align-content 属性：定义多条轴线的对齐方式。如果项目只有一条轴线，则该属性不起作用。

```
.box {
    align-content: flex-start | flex-end | center | space-between |
space-around | stretch; }
```

● flex-start：与交叉轴的起点对齐，如图 3-88 所示。

● flex-end：与交叉轴的终点对齐，如图 3-89 所示。

● center：与交叉轴的中点对齐，如图 3-90 所示。

● space-between：与交叉轴两端对齐，轴线之间的间隔平均分布，如图 3-91 所示。

● space-around：每条轴线两侧的间隔都相等。所以，轴线之间的间隔比轴线与边框的间隔大一倍，如图 3-92 所示。

● stretch（默认）：轴线占满整个交叉轴，如图 3-93 所示。

图 3-88　flex-start

图 3-89　flex-end

图 3-90　center

图 3-91　space-between

图 3-92　space-around

图 3-93　stretch（默认）

4．CSS 圆角属性

（1）常用的圆角设计案例有两种，如图 3-94 和图 3-95 所示。

图 3-94　指定背景颜色的元素圆角

图 3-95　指定边框的元素圆角

（2）使用 border-radius 属性，可以给任何元素制作"圆角"，CSS 设计器属性设置如图 3-96 所示。

在 border-radius 属性中只指定一个值，将生成四个圆角。在四个圆角上一一指定，可以使用以下规则。

- 四个值：第一个值为左上角，第二个值为右上角，第三个值为右下角，第四个值为左下角。
- 三个值：第一个值为左上角，第二个值为右上角和左下角，第三个值为右下角。
- 两个值：第一个值为左上角与右下角，第二个值为右上角与左下角。
- 一个值：四个圆角的值相同。

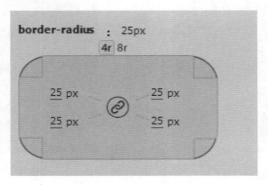

图 3-96　border-radius 属性

以下为三个实例。

① 四个值：15px、50px、30px、5px；border-radius 属性及效果如图 3-97 和图 3-98 所示。

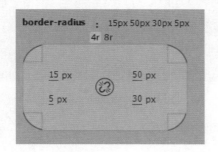

图 3-97　border-radius 属性（1）

图 3-98　圆角效果（1）

② 三个值：15px、50px、30px；border-radius 属性及效果如图 3-99 和图 3-100 所示。

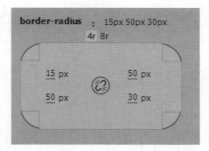

图 3-99　border-radius 属性（2）

图 3-100　圆角效果（2）

③ 两个值：15px、50px；border-radius 属性及效果如图 3-101 和图 3-102 所示。

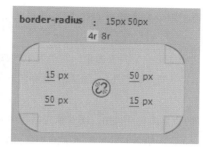

图 3-101　border-radius 属性（3）

图 3-102　圆角效果（3）

思考与实训

一、填空题

1. 选中表格，选择菜单＿＿＿＿＿＿＿＿命令，打开＿＿＿＿＿＿＿＿＿＿对话框，在"table"标签中可以设置表格的背景颜色、背景图像和边框颜色。

2. 当设置嵌套表格的宽度时，通常指定它的宽度单位是＿＿＿＿＿＿＿＿。

3. 若想选定表格中当前单元格所在的一行，可在标签选择器中单击＿＿＿＿＿＿＿＿标签。

4. 若想方便、直观地选择表格中的内容或精确地定位插入点，可切换到表格的＿＿＿＿＿＿模式。

5. 当选定表格或将鼠标光标定位到表格中时，在默认情况下，表格会显示总宽度和每列的列宽，如果不显示宽度，可以选择菜单＿＿＿＿＿＿＿＿＿＿＿＿＿＿命令让其显示。

6. 一个盒子模型由＿＿＿＿＿、＿＿＿＿＿、＿＿＿＿＿和＿＿＿＿＿四部分组成。

7. 容器的＿＿＿＿＿＿＿＿属性决定主轴的方向。

8. 进行 CSS 布局时，设计好页面整体布局后，利用＿＿＿＿＿＿＿对各个块进行定位。

9. 使用＿＿＿＿＿＿＿＿属性，可以给任何元素制作"圆角"。

10. Flex 是 Flexible Box 的缩写，译为＿＿＿＿＿＿＿，为盒子模型提供最大的灵活性。

二、上机实训

1. 创建 index.html 文件，插入一个 5 行 1 列的表格，表格宽度为 700 像素，边框、间距、填充均为 0，居中对齐，并按下表对表格进行具体设计，效果如图 3-103 所示。

第 1 行	（1）背景颜色为#063，单元格居中对齐。
	（2）输入文本"中国名胜古迹"，文本套用 CSS 样式表 t1。（t1 样式为黑体、加粗、36 像素、颜色为#fc3）
第 2 行	背景颜色为#063，高度为 10 像素，插入水平线

续表

第 3 行	（1）背景颜色为#F9F，高度为 30 像素，拆分为 5 列并平均分配列宽。 （2）输入文本"首页 个人照片 明星照片 名胜古迹 爆笑趣图"，文本套用 CSS 样式表 t2。（t2 样式为加粗、居中、颜色为#060）
第 4 行	（1）插入一个 4 行 4 列、宽度为 100%、边框为 1 像素、边距（填充）为 5 像素、间距为 10 像素、背景颜色为#060、边框颜色为#033 的嵌套表格，名称为 table4-1。（背景颜色 bgcolor 和边框颜色 bordercolor 要在代码中添加） （2）嵌套表格的第 1、3 行的背景颜色为#6f0，第 2、4 行的背景颜色为#cf0，所有单元格居中对齐。 （3）在第 1、3 行中插入 images 文件夹中的图片，在第 2、4 行中输入对应的文本并套用样式 t3。（t3 样式为 14 像素、加粗、颜色为#603）
第 5 行	（1）高度为 50 像素，背景颜色为#063，单元格居中对齐。 （2）输入文本"友情链接|联系我"，文本套用样式 t4。（t4 样式为 16 像素、黑体、颜色为#fc3）

图 3-103　lx1 效果图

2．利用 lx2 中的素材，使用 Div 制作滚动条，效果如图 3-104 所示。

图 3-104　lx2 滚动条效果

3．利用 lx3 中的素材，使用 CSS+ Div 制作如图 3-105 所示效果图。

图 3-105　1x3 效果

4. 用 Flex 布局制作导航栏，效果如图 3-106 所示。

图 3-106　1x4 效果

5. 设计如图 3-107 所示的圆角案例。

图 3-107　1x5 圆角效果

模块 4

Dreamweaver 高级应用

我的家乡——建立 jQuery Mobile 页面

任务描述

通过使用 jQuery Mobile 技术，建立一个 jQuery Mobile 页面，学会 jQuery Mobile 元素的插入方法及属性设置。

任务解析

在本任务中，需要完成以下操作：

● 创建 jQuery Mobile 页面；

● 学会 jQuery Mobile 列表视图的插入方法及属性设置；

● 学会 jQuery Mobile 滑块的插入方法及属性设置。

（1）启动 Dreamweaver CC，新建站点"我的家乡"，网站文件夹为素材库 chapter4 中的 renwu11 文件夹。

（2）新建文件 jq.html，在状态栏页面大小处选择移动端页面大小"iPhone 7 Plus"，如图 4-1 所示。

（3）创建 jQuery Mobile 页面。选择"插入"→"jQuery Mobile"→"页面"命令，插入 jQuery Mobile 页面，如图 4-2 所示。

图 4-1　选择页面大小

图 4-2　插入 jQuery Mobile 页面

（4）在弹出的"jQuery Mobile 文件"对话框中，如图 4-3 所示，选择链接类型和 CSS 类型，本任务以 Dreamweaver 自带库源为例，单击"确定"按钮，系统弹出"页面"对话框，如图 4-4 所示，单击"确定"按钮。

图 4-3　"jQuery Mobile 文件"对话框　　　　　图 4-4　"页面"对话框

（5）安装 jQuery Mobile 时，可以从"jQuery Mobile 文件"对话框中更新 jQuery Mobile 库，也可以从 CDN 中载入 jQuery Mobile。

（6）插入 jQuery Mobile 页面后的效果如图 4-5 所示。

图 4-5　jQuery Mobile 页面

（7）修改 jQuery Mobile 页面信息。

① 修改头部。单击 jQuery Mobile 头部，编辑标题内容为"我的家乡"，如图 4-6 所示。

② 修改内容。单击 jQuery Mobile 内容栏，选择"插入"→"jQuery Mobile"→"列表视图"命令，"列表视图"对话框如图 4-7 所示，对列表选项进行编辑，分别输入文本"地域文化"、"地方美食"、"过去未来"和"浓情亲人"，如图 4-8 所示。

③ 修改底部。单击 jQuery Mobile 底部，选择"插入"→"jQuery Mobile"→"滑块"命令，并编辑滑块元素，如图 4-9 所示。

图 4-6　修改 jQuery Mobile 头部

图 4-7　"列表视图"对话框

图 4-8　编辑列表视图

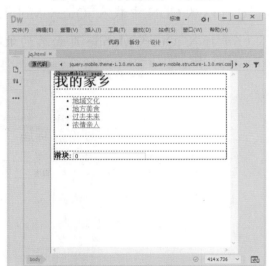

图 4-9　编辑"滑块"元素

（8）按 F12 键保存并浏览网页，在浏览器窗口显示网页 jq.html，效果如图 4-10 所示。

图 4-10　浏览网页

4.1　jQuery Mobile

jQuery 是 Dreamweaver CC 制作手机浏览界面的主力插件。Dreamweaver CC 中有两个基于 jQuery 的子项目，分别是 jQuery Mobile 和 jQuery UI。jQuery Mobile 主要用于主题设计、网页设计及换页实践等应用场景，并为所有的主流移动操作平台提供了高度统一的接口。jQuery UI 主要用于制作用户界面，如拖放、对话框、标签等功能的实现。

1. 页面

页面即移动设备屏幕上看到的画面。执行"插入"→"jQuery Mobile"→"页面"命令，弹出"页面"对话框，如图 4-11 所示。

图 4-11　"页面"对话框

对页面进行设置必须设置 ID。默认情况下页面包括三部分：头部栏、内容栏和底部栏（头部栏和底部栏为可选项）。

● 头部栏：一般包括页面标题或一两个按钮。

● 内容栏：在此定义页面的内容，如文本、图像、表单和按钮等。

● 底部栏：比头部栏灵活，样式也与头部栏不同，可以包含多个按钮。

2. 列表视图

jQuery Mobile 中的列表是标准的 HTML 列表，可以设定有序列表和无序列表。执行"插入"→"jQuery Mobile"→"列表视图"命令，弹出"列表视图"对话框，如图 4-12 所示。

① 列表类型：可以选择有序列表和无序列表。

② 项目：表示在序列中添加几个列表项。

● 凹入：表示在项目四周自动增加外边距，样式为圆角等。

● 文本说明：添加对列表内容的说明性文字，使其更加丰富，并显示在左侧。

● 文本气泡：气泡用来显示与列表项相关的数字，有计数功能，如邮箱中的邮件的个数。

- 侧边：作为主要内容的附属信息部分，显示在右上角。

- 拆分按钮：在 jQuery Mobile 的列表中，当选项内容需要支持出两种不同操作时会用到该选项，作用是对链接按钮进行分割。实现分割的方法是在<1i>元素中再增加一个<a>元素。分割后 jQuery Mobile 会自动设置第二个链接为蓝色箭头图标，图标的链接文字将在鼠标指针悬停在图标上时显示。

图 4-12 "列表视图"对话框

③ 拆分按钮图标：当"拆分按钮"复选框被选中后，"拆分按钮图标"才可选用，其作用是增加按钮的可视性。

3. 布局网格

jQuery Mobile 提供了一套样式分列布局。由于手机的屏幕宽度限制，一般不建议使用分栏分列布局。如果需将较小的元素（如按钮或导航标签）并列排序，则可以使用分列布局。

4. 可折叠块

可折叠块的作用是隐藏或显示内容，用于存储部分信息。

5. 复选框

执行"插入"→"jQuery Mobile"→"复选框"命令，弹出"复选框"对话框，如图 4-13 所示，包括"名称"、"复选框"及"布局"等选项。

6. 单选按钮

执行"插入"→"jQuery Mobile"→"单选按钮"命令，弹出"单选按钮"对话框，如图 4-14 所示。

图 4-13　"复选框"对话框

图 4-14　"单选按钮"对话框

7．按钮

执行"插入"→"jQuery Mobile"→"按钮"命令，弹出"按钮"对话框，如图 4-15 所示。

① 按钮：添加按钮的个数。

② 按钮类型：jQuery Mobile 中的按钮可以通过以下三种办法创建，如图 4-16 所示。

- 链接：<a>元素。
- 按钮：<button>元素。
- 输入：<input>元素。

jQuery Mobile 中的按钮会自动获得样式，而<input>或<button>元素用于表单提交。

③ 输入类型：当"按钮类型"为"输入"时，"输入类型"选项被激活。jQuery Mobile 提供了四种输入类型，如图 4-17 所示。

图 4-15　"按钮"对话框

图 4-16　按钮类型

图 4-17　输入类型

④ 位置：当按钮的个数大于 1 时，"位置"选项被激活。

在默认情况下，按钮以"组"的形式垂直排列，因为 jQuery Mobile 中的按钮都是块级元素，所以按钮填补了屏幕的宽度。

　　如果"位置"选择"组"，"布局"选择"水平"，则按钮会横向一个挨一个地水平排列，并且按钮的排列自动适应内容的宽度。

　　如果"位置"选择"内联"，则"布局"不可选，多个按钮并列排列在同一行。

　　⑤ 图标：为按钮添加图标。

　　⑥ 图标位置：图标在按钮中的位置。

8．滑块

　　在一定范围的数字中选取值，滑块样式如图 4-18 所示。

9．翻转切换开关

　　翻转切换开关常用于开/关或对/错按钮，样式如图 4-19 所示。

　　图 4-18　滑块样式　　　　　　　　　　　图 4-19　翻转切换开关

任务 11

美丽中国——行为的使用

▌任务描述

　　通过为"美丽中国"网站添加行为，实现网页特效，了解行为的概念、组成及作用，学会弹出信息、交换图像、打开浏览器窗口、显示—隐藏元素等行为的应用。

▌任务解析

　　在本任务中，需要完成以下操作：

● 添加"弹出信息"行为；

● 添加"交换图像"行为；

● 添加"显示"—"隐藏元素"行为。

（1）启动 Dreamweaver CC，新建站点"美丽中国"，网站文件夹为素材库 chapter4 的 renwu12 文件夹，打开网页文件 index.html，如图 4-20 所示。

图 4-20　index.html 网页文件

（2）选择"窗口"→"行为"命令或按【Shift+F4】组合键，打开"行为"面板，如图 4-21 所示。选中网页中的图像"'发现双创之星'走进上海"，单击"行为"面板上的"添加行为"按钮 +，在弹出的菜单中选择"弹出信息"命令，打开"弹出信息"对话框，输入文本"该图片不能被下载！"，如图 4-22 所示，单击"确定"按钮。

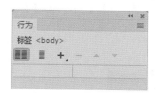

图 4-21　"行为"面板

图 4-22　"弹出信息"对话框

（3）在"事件"列表中单击默认的事件，出现按钮 ▼，单击该按钮，在弹出的"事件"列表中选择"onClick"，如图 4-23 所示。按【Ctrl+S】组合键保存文件，按 F12 键浏览网页。单击"'发现双创之星'走进上海"图片时，弹出如图 4-24 所示的消息框。

图 4-23　选择事件列表

图 4-24　弹出消息框

（4）选中图片推荐栏下的图像"美丽中国"，单击"行为"面板上的"添加行为"按钮 **+.**，在弹出的菜单中选择"交换图像"命令，在弹出的"交换图像"对话框中将 images/19.jpg 设置为交换图像，勾选"鼠标滑开时恢复图像"复选框，如图 4-25 所示，单击"确定"按钮，系统将自动生成"恢复交换图像"和"交换图像"两个行为，默认的事件分别为"onMouseOut"和"onMouseOver"，如图 4-26 所示。

图 4-25 "交换图像"对话框

图 4-26 交换图像行为面板

（5）按 F12 键保存并浏览网页，当鼠标指针指向图片"美丽中国"时，图像将改变，如图 4-27 和图 4-28 所示，鼠标指针离开时又恢复为原来的图像。

图 4-27 交换前图像效果

图 4-28　交换后图像效果

（6）选择网页上的 banner 图片，单击"行为"面板上的"添加行为"按钮 **+，**，在弹出的菜单中选择"效果"→"blind"命令，打开"Blind"对话框。如图 4-29 所示，设置"效果持续时间"为"5000ms"，"可见性"为"hide"，"方向"为"up"，单击"确定"按钮；设置"事件"为"onClick"，按 F12 键保存并浏览网页时，单击 banner 图片查看效果。

（7）选择网页上的文字"城市展播"，单击"行为"面板上的"添加行为"按钮 **+，**，在弹出的菜单中选择"效果"→"scale"命令，打开"Scale"对话框。设置"效果持续时间"为"5000ms"，"可见性"为"hide"，"方向"为"up"，其他参数设置如图 4-30 所示，单击"确定"按钮；设置"事件"为"onClick"，按 F12 键保存并浏览网页时，实现放大文字效果。

图 4-29　"Blind"对话框

图 4-30　"Scale"对话框

4.2　添加行为

行为是 Dreamweaver 预置的 JavaScript 程序库。每个行为包括一个动作和一个事件：事件是指引发动作产生的条件，即触发动态效果的原因，例如，鼠标指针移到某对象上、单击某对象等；动作是指事件发生后计算机系统执行的一个动作，即最终完成的动态效果，例如，打开浏览器窗口、弹出信息、播放声音等。

在 Dreamweaver 中可使用"行为"面板完成行为中动作和事件的设置，从而实现动态效果。

1."行为"面板

选择"窗口"→"行为"命令或按【Shift+F4】组合键，打开"行为"面板，如图 4-31 所示。

- "显示设置事件"按钮▦：仅显示附加到当前文档的事件。"显示设置事件"是默认的视图。
- "显示所有事件"按钮▤：按字母顺序显示属于特定类别的所有事件，也包括网页中已设置的事件，如图 4-32 和图 4-33 所示。

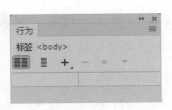

图 4-31 "行为"面板

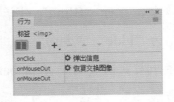

图 4-32 显示已设置事件

图 4-33 显示所有事件

- "添加行为"按钮➕：单击该按钮将打开动作菜单，其中包括可以附加到当前所选元素的所有行为，当从该菜单中选择一个动作时，将出现一个对话框，可以指定附加动作的相关参数。
- "删除事件"按钮➖：单击该按钮，可以从行为列表中删除所选事件和动作。
- "增加事件值"按钮▲和"降低事件值"按钮▼：可以将特定事件的所选动作在行为列表中向上或向下移动。

2．添加行为

要创建一个行为，首先要确定添加行为的对象，可以是图像、热点、超链接文本、多媒体文件或网页本身等，然后指定一个动作，最后确定触发该动作的事件。

（1）在页面上选择一个元素，如一个图像或一个链接。若将行为附加到整个页面，在"文档"窗口左下角的标签选择器中单击 <body> 标签，选中整个网页。

（2）选择"窗口"→"行为"命令，打开"行为"面板，单击"行为"面板上的"添加行为"按钮➕，弹出动作菜单，如图 4-34 所示，从动作菜单中选择一种动作，弹出相应的参数设置对话框，进行参数设置后，单击"确定"按钮。

（3）事件列表中显示动作的默认事件，单击事件名称旁边的按钮▼，弹出如图 4-35 所示界面，其中包含可以触发该动作的所有事件，从中选择一种事件即可。

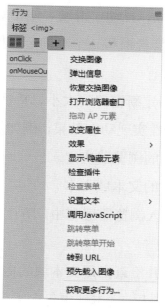

图 4-34　动作菜单

图 4-35　事件列表

3．更改或删除行为

附加行为之后，可以更改触发动作的事件、添加或删除动作，以及更改动作的参数。

（1）选择一个附加行为的对象。

（2）选择"窗口"→"行为"命令，打开"行为"面板。

（3）可以进行以下更改操作：

● 若要编辑动作的参数，双击动作名称或将动作选中后按 Enter 键，弹出参数设置对话框，进行参数设置后，单击"确定"按钮。

● 若要更改给定事件的多个动作顺序，选择动作后单击"增加事件值"按钮▲或"降低事件值"按钮▼，或者将动作剪切并粘贴到其他动作之间的合适位置。

● 若要删除某个行为，将其选中后单击"删除事件"按钮━或按 Delete 键。

4．动作名称及其作用

动作就是设定播放声音、更换图片、弹出警告消息框等特殊的 JavaScript 效果，并在设定的事件发生时运行该动作。Dreamweaver 预设了二十多种动作，下面介绍几种常用的动作。

● 交换图像：通过更改"img"标签的"src"属性，将一个图像和另一个图像交换。

● 恢复交换图像：将最后一组交换的图像恢复为以前的源文件。每次将"交换图像"动作附加到某个对象时，都会自动添加该动作；如果在附加"交换图像"时选择"恢复"选项，就不需要手动选择"恢复交换图像"动作。

- 效果：为选中的对象添加增大/收缩、挤压、显示/隐藏、晃动、滑动、遮帘等效果。
- 弹出信息：显示一个带有用户指定信息的 JavaScript 警告框和一个"确定"按钮，使用此动作只能提供信息，不能为用户提供选择。
- 打开浏览器窗口：在一个新的窗口中打开 URL，可指定新窗口的大小、特性和名称。
- 改变属性：通过改变图像、AP Div、表单等的某个属性实现动态效果，例如层的背景颜色或图像的宽、高。可以更改哪个属性由当前选用的浏览器决定。
- 设置文本：设置框架文本、状态栏文本和表单元素中的文本域文本。
- 预先载入图像：将不立即显示在网页中的图像预先载入浏览器缓存中，防止当图像显示时，因下载速度原因导致延迟。
- 检查表单：可以为表单中的各元素设置有效性规则，并检查指定文本域的内容，以确保用户输入正确的数据类型，并防止表单提交到服务器后，文本域中包含无效的数据。
- 显示一隐藏元素：显示、隐藏或恢复一个或多个 AP 元素的默认可见性。
- 调用 JavaScript：发生事件时，调用特定的 JavaScript 函数。

5. 事件名称及其作用

事件用于指定选定的行为在何种情况下发生，例如，想打开网页后立即播放音乐文件，则需要把事件指定为 onLoad。下面介绍几种常见的事件。

- onLoad：载入对象时触发。
- onClick：单击时触发。
- onDblClick：双击时触发。
- onMouseDown：按下左键时触发。
- onMouseUp：左键按下后释放时触发。
- onMouseOver：鼠标指针移到某对象时触发。
- onMouseMove：鼠标移动时触发。
- onMouseOut：鼠标指针离开某对象时触发。
- onKeyPress：当键盘上的某个键按下并放开时触发。
- onKeyDown：当键盘上的某个已按下的键按下时触发。
- onKeyUp：当键盘上的某个键松开时触发。

传工匠精神，筑职业梦想——模板的应用

任务描述

使用模板快速布局"传工匠精神，筑职业梦想"网站，了解模板的概念及作用；学会模板文件的创建；可编辑区域的创建；模板的应用、分离与更新等操作。

任务解析

在本任务中，需要完成以下操作：

● 创建模板文档；

● 在模板中插入可编辑区域；

● 使用模板新建网页文件；

● 将模板应用于已有的网页文件；

● 使用模板快速更新网站。

（1）将素材库 chapter4 中的 renwu13 文件夹复制到 D 盘根目录下。启动 Dreamweaver CC，新建站点"传工匠精神，筑职业梦想"，站点文件夹为 D:\renwu13。在"文件"面板中双击，打开站点文件夹中的 index.html 网页文件，如图 4-36 所示。

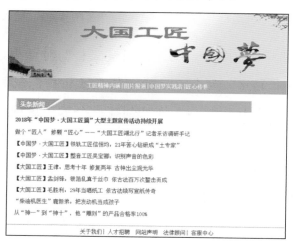

图 4-36　index.html 网页文件

（2）选择"文件"→"另存为模板"命令，弹出"另存模板"对话框，如图4-37所示，在"站点"框中选择"传工匠精神，筑职业梦想"，在"另存为"框中输入名称"index"，单击"保存"按钮。系统将在站点根目录中自动创建名为"Templates"的文件夹，并将模板文档 ymsh.dwt 保存到该文件夹中，"文件"面板如图4-38所示。

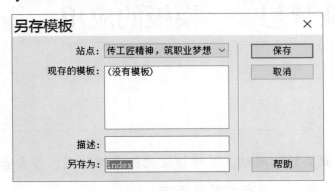

图4-37 "另存模板"对话框

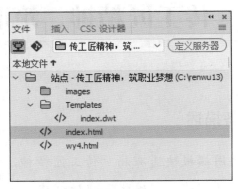

图4-38 "文件"面板

（3）打开 index.dwt 模板文档，将表格第三行中的嵌套表格删除，将鼠标光标定位在第三行单元格中，选择"插入"→"模板对象"→"可编辑区域"命令，弹出"新建可编辑区域"对话框，如图4-39所示，采用默认名称"EditRegion3"，单击"确定"按钮，即可在模板中插入一个可编辑区域，如图4-40所示，保存并关闭模板文档 index.dwt。

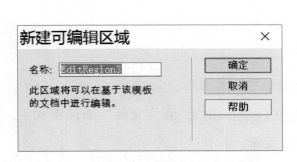

图4-39 "新建可编辑区域"对话框

图4-40 插入可编辑区域的模板

（4）选择"文件"→"新建"命令，打开"新建文档"对话框，如图4-41所示，在左边栏中选择"网站模板"，在"站点"列表中选择"传工匠精神，筑职业梦想"，在"模板"列表中选中 index 模板，单击"创建"按钮，即可创建一个基于该模板的新文档。

（5）将鼠标光标定位到可编辑区域，删除区域名称，选择"插入"→"图像"命令，在弹出的"选择图像源文件"对话框中选择 images/2.jpg，单击"确定"按钮，结果如图4-42所示，以 wy1.html 为名进行保存后关闭文档。

（6）以同样的方式创建 wy2.html 和 wy3.html 文档，在可编辑区域分别插入 images 文件夹中的 3.jpg 和 4.jpg，如图4-43和图4-44所示。

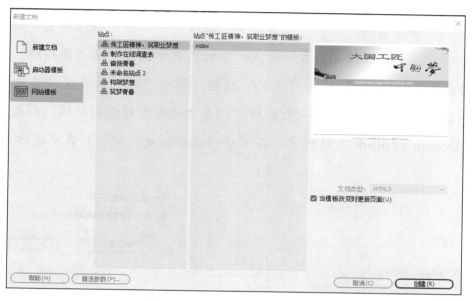

图 4-41　"新建文档"对话框

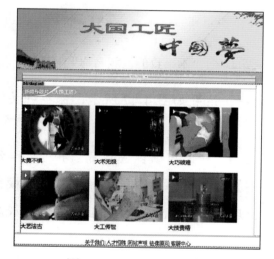

图 4-42　wy1.html 文档

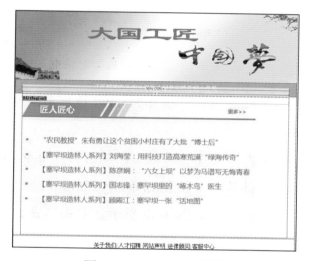

图 4-43　wy2.html 文档

图 4-44　wy3.html 文档

（7）打开 wy4.html 文档，选择"工具"→"模板"→"应用模板到页"命令，弹出"选择模板"对话框，如图 4-45 所示，在"站点"下拉列表中选择"传工匠精神，筑职业梦想"，在"模板"列表中选择 index，单击"选定"按钮，弹出"不一致的区域名称"对话框，如图 4-46 所示。选择"Document body<未解析>"，在"将内容移到新区域"列表中选择可编辑区域，选择"Document head<未解析>"，在"将内容移到新区域"列表中选择"head"，单击"确定"按钮。

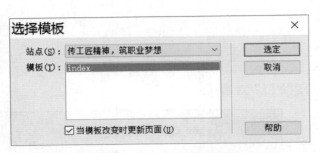

图 4-45　"选择模板"对话框

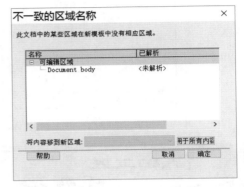

图 4-46　"不一致的区域名称"对话框

（8）此时模板文档 index.dwt 被应用于 wy4.html 文档，结果如图 4-47 所示，保存并关闭文档。

（9）在"文件"面板中，双击打开 index.dwt 模板文档，将"中国梦实践者"和"匠心传世"分别链接到 wy3.html 和 wy2.html 文档，按【Ctrl+S】组合键保存模板，弹出"更新模板文件"对话框，如图 4-48 所示，单击"更新"按钮，出现"更新页面"对话框，更新完成后单击"关闭"按钮。

图 4-47　wy4.html 文档

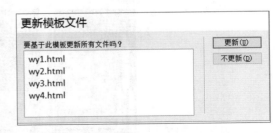

图 4-48　"更新模板文件"对话框

（10）打开站点文件夹中的 index.html 文档，按 F12 键进行预览。

4.3　模板

一个网站的大多数网页都要求风格一致、功能相似。对于这种类型的网页，如果逐一制作，不但效率低而且不便于网页的更新。在 Dreamweaver 中，模板的应用很好地解决了这一问题。

模板是一种用于设计统一风格页面的特殊类型文档，使用模板既能快速创建风格一致的各个网页，还能快速改变整个站点的布局和外观，为后期的网站维护提供方便。

1. 创建模板

1）在空白文档中创建模板

选择"文件"→"新建文档"→"HTML 模板"命令，如图 4-49 所示，单击"创建"按钮，即可创建一个空白文档模板。

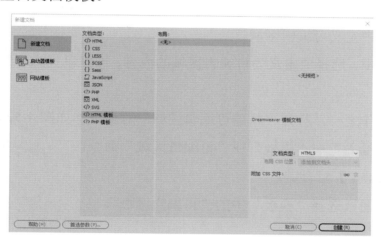

图 4-49　新建模板

2）从现有文档创建模板

① 打开要转存为模板的网页文件，执行下列操作之一，弹出"另存模板"对话框，如图 4-50 所示。

图 4-50　"另存模板"对话框

- 选择"文件"→"另存为模板"命令。
- 在"插入"面板选择"模板"中的"创建模板"，如图 4-51 所示。
- 选择菜单"插入"→"模板"→"创建模板"命令。

② 在"另存模板"对话框的"站点"下拉列表中选择一个保存模板的站点，在"另存为"文本框中为模板输入一个唯一的名称，单击"保存"按钮，即可将网页文件保存为模板。

> **提示**
>
> Dreamweaver 会自动将模板文档以.dwt 为扩展名保存在站点根目录的 Templates 文件夹中，如果 Templates 文件夹在站点中不存在，则 Dreamweaver 自动创建该文件夹。

2．建立和取消可编辑区域

保存模板时，Dreamweaver 默认把模板页面的所有内容标记为锁定，如果这时的模板被应用于文档，文档内容是不能修改的。因此，在应用文档前，需要在模板文档中指定哪些区域是可以编辑的，即创建"可编辑区域"。

1）在模板文档中定义可编辑区域

① 在模板文档中，选择要定义为可编辑区域的内容，或将鼠标光标定位到要插入可编辑区域的位置。

② 执行下列操作之一，打开"新建可编辑区域"对话框，如图 4-52 所示。

- 选择菜单"插入"→"模板"→"可编辑区域"命令。
- 按【Ctrl+Alt+V】组合键。
- 在"插入"面板选择"模板"中的"可编辑区域"。

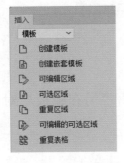

图 4-51　创建模板

图 4-52　"新建可编辑区域"对话框

③ 在"名称"文本框中输入名称，单击"确定"按钮，即可创建可编辑区域。

> **提示**
>
> - 命名一个可编辑区域时，不能使用单引号、双引号、尖括号和&等符号。
> - 不能对同一模板中的多个可编辑区域使用相同的名称。

- 可将整个表格或单个单元格标记为可编辑区域,但不能将多个单元格标记为单个可编辑区域。
- 可编辑区域不能嵌套插入。

2)取消可编辑区域

如果要将模板文档中的某个可编辑区域重新锁定,可以将该可编辑区域取消。

① 在打开的模板文档中,选择要取消的可编辑区域。

② 执行以下操作之一,可以删除可编辑区域,使该区域重新锁定。

- 右击,从弹出的快捷菜单中选择"模板"→"删除模板标记"命令。
- 选择"工具"→"模板"→"删除模板标记"命令。

3. 创建基于模板的网页

模板创建完成后,就可以将其应用到网页文件中。在 Dreamweaver CC 中,可以通过以下方法创建基于模板的网页文件。

(1)选择"文件"→"新建"→"网站模板"命令,在"站点"列表中选择站点,在"模板"列表中选择相应的模板,单击"创建"按钮,即可使用该模板创建一个网页文件。

(2)打开网页文件,选择"工具"→"模板"→"应用模板到页"命令,弹出"选择模板"对话框,如图 4-53 所示,从模板列表中选择一个模板,单击"选定"按钮。

提示

将模板应用到包含内容的文档时,Dreamweaver 会尝试将其内容与模板中的区域进行匹配。当文档中的内容不能自动指定到模板区域时,将弹出"不一致的区域名称"对话框,如图 4-54 所示。

图 4-53　"选择模板"对话框

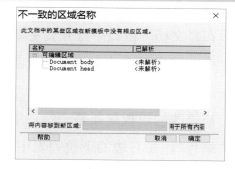

图 4-54　"不一致的区域名称"对话框

- 选择"Document body<未解析>",在"将内容移到新区域"列表中选择要移动到的可编辑区域名称。选择"Document head<未解析>",在"将内容移到新区域"列表中选择"head"。

● 若在"将内容移到新区域"列表中选择"不在任何地方"，则选定的未解析内容将被从文档中删除。若将所有未解析内容移动到选定区域，应单击"用于所有内容"按钮。

4．更新模板及基于模板的网页

（1）创建模板后，可以根据需要随时进行修改。除了可以通过"文件"面板打开模板文档进行编辑，也可以采用以下方法打开要更新的模板。

① 在"资源"面板中，单击"模板"按钮，在模板列表框中选择要更新的模板，单击右下角的"编辑"按钮 。

② 在"文档"窗口中，若已打开基于某个模板的文档，选择"工具"→"模板"→"打开附加模板"命令，可以将该文档使用的模板打开。

（2）当模板被修改后，用户可以根据提示对应用该模板的网页进行自动更新，也可以使用更新命令进行手动更新。

① 模板内容更新后，按【Ctrl+S】组合键保存模板文档，此时会弹出"更新模板文件"对话框，如图4-55所示，询问用户是否更新使用该模板的网页。单击"不更新"按钮，则不自动更新，以后可以手动更新；单击"更新"按钮，弹出"更新页面"对话框，自动更新相关的所有网页，更新完成后，单击"关闭"按钮。

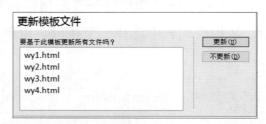

图4-55 "更新模板文件"对话框

② 如果在保存模板时没有更新基于该模板的文档，可以采用以下方法进行手动更新。

● 在"文档"窗口中打开要更新的文档，选择"工具"→"模板"→"更新当前页"命令，可只对当前文档进行更新。

● 选择"工具"→"模板"→"更新页面"命令，弹出"更新页面"对话框。若用所有被修改的模板更新整个站点中的所有相关网页，则在"查看"下拉列表中选择"整个站点"，在右边的下拉列表中选择站点名称；若只更新应用特定模板的所有网页，则在"查看"下拉列表中选择"文件使用"，在右边的下拉列表中选择模板名称，单击"开始"按钮，即可更新整个站点或应用指定模板的所有网页。

5．将网页从模板中分离

将模板应用于网页文档后，网页文档便和模板关联了，修改模板后，相关联文档的内容也会发生改变。如果想让网页文档不关联模板，可将该文档从模板中分离。分离后，模板中的内容依然会在网页文档中存在，但整个文档将可以编辑。

打开要从模板分离的网页，选择"工具"→"模板"→"从模板中分离"命令，即可将文档从模板中分离出来。

任务 13 制作在线调查表——表单的应用

任务描述

通过制作在线调查表，学会 IIS 的配置，能够正确插入表单及表单元素，掌握表单元素的属性设置方法。

任务解析

在本任务中，需要完成以下操作：

● 安装与配置 IIS；

● 在 Dreamweaver 中创建动态站点；

● 插入表单及表单对象。

（1）在 D 盘根目录创建 renwu14 文件夹，选择"开始"→"Windows 系统"→"控制面板"命令，在打开的"控制面板"窗口中单击"程序"，在打开的"控制面板/程序"窗口中选择"启用和关闭 Windows 功能"，弹出"Windows 功能"对话框，如图 4-56 所示，勾选"Internet Information Services"复选框，单击"确定"按钮，系统开始安装 IIS 和 Web 服务组件。

图 4-56 "Windows 功能"对话框

（2）选择"开始"→"Windows管理工具"→"Internet Information Services（IIS）管理器"命令，打开"Internet Information Services（IIS）管理器"窗口，在左侧窗格中展开"网站"→"Default Web Site"选项，右击，在弹出的快捷菜单中选择"管理网站"→"高级设置"命令，如图4-57所示，打开"高级设置"对话框，设置物理路径为"D:\renwu14"，如图4-58所示，单击"确定"按钮。再次右击，在弹出的快捷菜单中选择"编辑绑定"命令，如图4-59所示，在IP地址列表中输入本机IP地址（本机IP地址可以通过ipconfig命令查看），如图4-60所示。

图4-57 "高级设置"菜单

图4-58 "高级设置"对话框

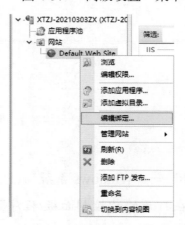

图4-59 "编辑绑定"菜单

图4-60 "网站绑定"对话框

（3）启动Dreamweaver CC，选择"站点"→"新建站点"命令，设置站点名称为"制作在线调查表"，站点文件夹为D:\renwu14。单击"服务器"按钮，分别在"基本"和"高级"选项卡中完成如图4-61和图4-62所示设置。

（4）选择"文件"→"新建文档"→"HTML"命令，创建一个网页，单击文档工具栏上的"设计"按钮，切换到设计视图，在"标题"框中输入"在线调查"。

（5）选择"插入"→"表单"→"表单"命令，插入一个表单，插入的表单在设计窗口中呈红色虚线显示。

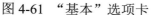

图 4-61　"基本"选项卡

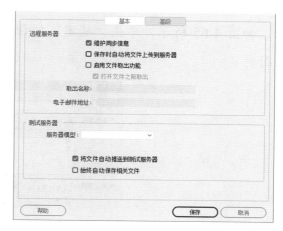

图 4-62　"高级"选项卡

（6）将鼠标光标定位到表单中，选择"插入"→"表格"命令，插入一个 9 行 2 列且宽度为 600 像素的表格，设置边距、间距、边框均为 0。

（7）选中表格的第 1 行单元格，单击"属性"面板上的"合并单元格"按钮，在合并后的单元格中输入文本"在线调查表"，居中显示。用同样的方法，将第 9 行单元格合并。

（8）在表格第 2 行～第 8 行的第 1 列单元格依次输入"姓名""性别""电子邮件"等，如图 4-63 所示。

图 4-63　在线调查表

（9）将鼠标光标定位在表单第 2 行第 2 列单元格中，选择"插入"→"表单"→"文本"命令，插入一个文本字段，选中该文本字段，在"属性"面板设置字符宽度为"20"，文本域名称为"xm"，如图 4-64 所示。

图 4-64　文本"属性"面板

（10）将鼠标光标定位在表单第 3 行第 2 列单元格中，选择"插入"→"表单"→"单选按钮组"命令，弹出"单选按钮组"对话框，在"名称"文本框中输入"xb"，在"标签"及"值"下面分别输入"男"和"女"，在"布局，使用"项中勾选"换行符（
标签）"单选按钮，如图4-65所示，单击"确定"按钮。将鼠标光标移动到"男"的后面，按Delete键删除换行符。

图4-65 "单选按钮组"对话框

（11）将鼠标光标定位在表单第4行第2列单元格中，选择"插入"→"表单"→"电子邮件"命令，选择刚插入的文本字段，在"属性"面板设置其名称为"email"。

（12）将鼠标光标定位在表单第5行第2列单元格中，选择"插入"→"表单"→"复选框组"命令，弹出"复选框组"对话框，在"名称"文本框中输入"ah"，在"标签"及"值"下面输入"体育"等选项，如图4-66所示，在"布局，使用"项中勾选"换行符（
标签）"单选按钮，单击"确定"按钮。将鼠标光标移动到各个标签的后面，按Delete键删除换行符。

（13）将鼠标光标定位在表单第6行第2列单元格中，选择"插入"→"表单"→"选择"命令，插入一个列表。选中刚插入的列表，在"属性"面板中设置名称为"zy"，单击"列表值"按钮，打开"列表值"对话框，输入如图4-67所示的项目标签及值，单击"确定"按钮。

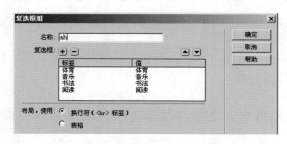

图4-66 "复选框组"对话框

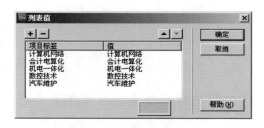

图4-67 "列表值"对话框

（14）将鼠标光标定位在表单第7行第2列单元格中，选择"插入"→"表单"→"文件"命令，插入一个文件域，选中该文件域，在"属性"面板中设置文件域名称为"photo"。

（15）将鼠标光标定位在表单第8行第2列单元格中，选择"插入"→"表单"→"文本区域"命令，插入一个文本区域，选中该文本区域，在"属性"面板中设置文本域名称为"jianli"，行数为"6"，初始值为"请填写你的简历及荣誉:"，如图4-68所示。

（16）将鼠标光标定位在表单第9行的单元格中，选择"插入"→"表单"→"按钮"命令，插入一个按钮，选中该按钮，在"属性"面板设置其值为"完成"，动作为"提交表单"。再插入一个按钮，设置其动作为"重设表单"。

图 4-68　文本区域"属性"面板

（17）选择"文件"→"保存"命令，输入文件名"index"，单击"保存"按钮。

（18）打开 IE 浏览器，在地址栏中输入本机 IP 地址，按 Enter 键浏览本网页，如图 4-69 所示。

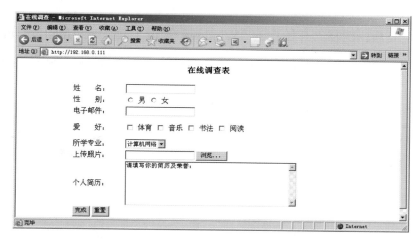

图 4-69　index.html 网页文件

4.4　Web 服务器的安装与配置

要将本地计算机设置为 Web 服务器，必须在计算机上安装能够提供 Web 服务的应用程序，对于网站开发者来讲，安装 IIS 是最好的选择之一。

IIS（Internet Information Server，互联网信息服务）是一种网页服务组件，包括 Web 服务器、FTP 服务器和 SMTP 服务器等，分别提供网页浏览、文件传输和邮件发送等服务。

1．安装 IIS

IIS 的作用是将客户端与服务器端连接，当访问者在浏览器中发出一个请求时，这个请求通过网络发送到服务器，服务器再将它交给 IIS，IIS 根据请求的文件进行相应处理。安装 IIS 的具体操作步骤如下。

（1）选择"开始"→"Windows 系统"→"控制面板"命令，单击"程序"，弹出"程序"窗口，如图 4-70 所示。

（2）单击"程序和功能"，打开"Windows 功能"对话框，如图 4-71 所示，勾选"Internet Information Services"复选框，单击"确定"按钮，系统开始安装 IIS 和 Web 服务组件。

图 4-70 "程序"窗口

图 4-71 "Windows 功能"对话框

（3）IIS 安装完成后，选择"开始"→"Windows 管理工具"→"Internet Information Services（IIS）管理器"命令，将会在打开的窗口中看到 IIS 管理器的工具，如图 4-72 所示。

图 4-72 "Internet Information Services（IIS）管理器"窗口

2. 配置 IIS

IIS 安装完成后，必须进行配置才能正常使用。具体操作步骤如下。

（1）选择"开始"→"Windows 管理工具"→"Internet Information Services（IIS）管理器"命令，弹出"Internet Information Services（IIS）管理器"窗口，在左侧窗格中展开"网站"选项，便可以显示默认网站。

（2）右击"Default Web Site"，弹出的快捷菜单如图 4-73 所示。

（3）选择"编辑绑定"命令，弹出如图 4-74 所示对话框，在此可以设置网站 IP 地址。IP 地址可以设置为本机地址（本机 IP 地址可以通过 ipconfig 命令查看），若只希望进行本机的调试，可以将 IP 地址设置为 127.0.0.1。

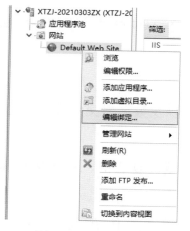

图 4-73　快捷菜单

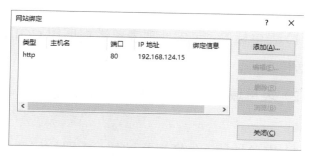

图 4-74　"网站绑定"对话框

（4）选择"管理网站"→"高级设置"命令，如图 4-75 所示，打开"高级设置"对话框，可以设置站点的物理路径，如图 4-76 所示。

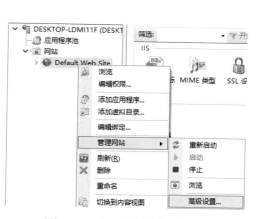

图 4-75　"高级设置"命令

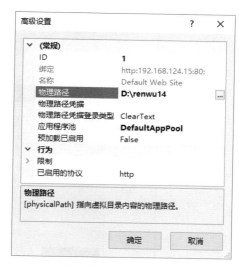

图 4-76　"高级设置"对话框

（5）在浏览器中输入本机 IP 地址，可以预览网站首页。

4.5　插入表单

表单是 Internet 用户和服务器之间进行信息交流的一种重要工具，它将用户信息收集起来，并提交给 Web 服务器上特定的程序进行处理。表单的应用非常广泛，如制作网络调查、博客论坛、留言板等。

1．表单的组成

一个完整的表单由两部分组成：表单对象和应用程序。表单对象就是 HTML 源代码，起描述作用；应用程序负责服务器和客户端的交互，实现对用户信息的处理，不使用处理脚本或应用程序就不能收集表单数据。

一个完整的表单对象有三个基本组成部分。

（1）表单标签：包含处理表单数据所用 CGI 程序的 URL，以及数据提交到服务器的方法。在多数情况下，通常将表单标签称为表单。

（2）表单域：包含文本字段、密码字段、隐藏域、文本域、复选框、单选按钮和文件域等。

（3）表单按钮：包括提交按钮、重置按钮和普通按钮，用于将数据传送到服务器上的 CGI 脚本，或者取消输入，还可以用表单按钮控制其他定义了处理脚本的处理工作。

图 4-77 所示是某网页使用的表单。

图 4-77　表单

2．插入表单

创建一个表单对象前应先插入一个表单，用于确定表单的范围，所有的表单对象都应建立在表单中。要插入表单，首先将鼠标光标定位到要插入表单的位置，然后进行以下操作之一。

● 选择"插入"→"表单"→"表单"命令，如图 4-78 所示。

● 单击"插入"面板"表单"类别中的"表单"按钮，如图 4-79 所示。

插入的表单在文档窗口中以红色虚线表示，如图 4-80 所示。如果没有看到创建的表单边框，选择"查看"→"可视化助理"→"不可见元素"命令，将边框线显示出来。

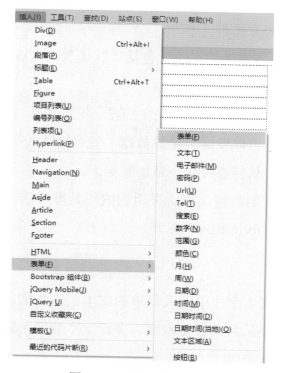

图 4-78　插入表单菜单

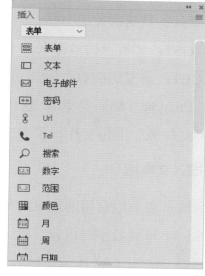

图 4-79　插入栏表单列表

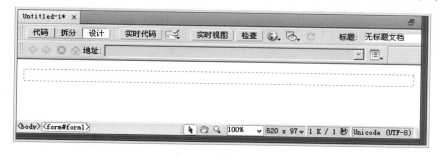

图 4-80　插入表单

3. 表单属性设置

单击表单轮廓线，或者从文档窗口左下角的标签选择器中选择"<form#form1>"标签，选中表单标签，对应的表单"属性"面板如图 4-81 所示。

图 4-81　表单"属性"面板

（1）ID：标识表单的唯一名称，该名称可以在脚本语言中引用。在默认情况下，系统自动为表单命名为 form+N。

（2）Action（动作）：设置用于处理表单内提交信息的后台处理文件，常见的是 ASP 或 PHP 文件等。

（3）Target（目标）：选择打开返回信息网页的方式。

（4）Method（方法）：选择表单中数据向服务器发送的方法，包括"默认"、"POST"和"GET"选项。

● 默认：默认的发送方法。一般情况下，浏览器采用的是 GET 方法。

● POST：将发送的数据嵌入 HTTP 请求中，可以发送大量的数据，安全性比较高。

● GET：将发送的数据附加到 URL 地址中，只能够发送少量的数据。

（5）Enctype（编码类型）：选择向服务器提交的数据类型所采用的编码处理方法，如果要通过"文件域"上传文件，需要选择"multipart/form-data"类型。

4．插入文本域

文本域是表单中常用的表单对象，可用于在文本字段中输入简单的文本。文本字段可以接受文本、字母或数字等内容，输入的内容可以显示为单行文本域、多行文本域或密码文本域三种类型，如图 4-82 所示。插入文本域的具体操作步骤如下。

图 4-82　文本字段

（1）将鼠标光标定位到要插入文本字段的位置，选择"插入"→"表单"→"文本"命令，或者单击"插入"面板"表单"类别中的"文本"按钮 ▣ 。

（2）选中文本字段，显示文本字段"属性"面板，如图 4-83 所示。

图 4-83　文本字段"属性"面板

● Name：文本域的名称，通过它可以在脚本中引用该文本域。

● Size：设置该文本字段可以显示的字符数量。

● Max Length：最多字符数，通过此项可以限制文本域的长度。

● Value：初始值，表单首次被载入时出现在文本字段中的值。

- Disabled：使浏览器禁用元素。
- Required：如果想要浏览器检查是否已选定值，则选择此项。
- Auto Focus：如果想要浏览器被打开时自动获得焦点，则选择此项。
- Auto Complete：自动完成，允许浏览器预测字段的输入内容。
- Read Only：使浏览器无法更改文本区域。

 注意

"文本区域"表单对象和"文本"表单对象的使用方法相似。

5．插入隐藏域

若要在表单结果中包含不让站点访问者看见的信息，可以在表单中添加隐藏域。当提交表单时，隐藏域会将非浏览者输入的信息发送到服务器上，为制作数据接口做准备。

（1）将鼠标光标定位到要插入隐藏域的位置，选择"插入"→"表单"→"隐藏"命令，或者单击"插入"面板"表单"类别中的"隐藏"按钮 ▭ 。

（2）选中隐藏域，显示隐藏域"属性"面板，如图 4-85 所示。

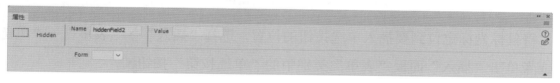

图 4-84　隐藏域"属性"面板

- Name：隐藏域的名称。
- Value（值）：设置要为隐藏域指定的值，该值将在提交表单时传递给服务器。

6．插入复选框

复选框为用户提供一组选项，允许用户从中选择一个或多个选项，如图 4-85 所示。

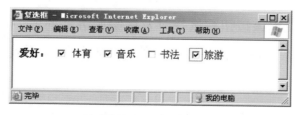

图 4-85　复选框

（1）将鼠标光标定位到要插入复选框的位置，选择"插入"→"表单"→"复选框"命令，或者单击"插入"面板"表单"类别中的"复选框"按钮 ☑

（2）选中复选框，出现复选框"属性"面板，如图 4-86 所示。

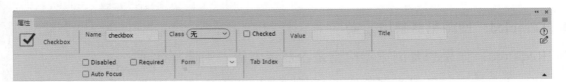

图 4-86　复选框"属性"面板

- Name：复选框名称，可以给复选框命名，通过它可以在脚本中引用该复选框。
- Value：选定值，设置复选框被选择时发送给服务器的值。
- Checked：初始状态，设置首次载入表单时复选框是否被选中。

7．插入单选按钮

单选按钮通常成组出现，由两个或多个共享同一名称的按钮组成，用户只能从一组单选按钮中选择一个按钮，如图 4-87 所示。

图 4-87　单选按钮

（1）将鼠标光标定位到要插入单选按钮的位置，选择"插入"→"表单"→"单选按钮"命令，或者单击"插入"面板"表单"类别中的"单选按钮"按钮 。

（2）选中单选按钮，出现单选按钮"属性"面板，如图 4-88 所示。

图 4-88　单选按钮"属性"面板

- Name：单选按钮名称，同一组单选按钮的名称必须相同。
- Value：选定值，设置该按钮被选择时发送给服务器的值。
- Checked：初始状态，设置首次载入表单时单选按钮是否被选中。

 注意

在一组单选按钮中只能设置一个单选按钮为已勾选状态。

8．插入列表

插入列表时，使用"选择"对象，可以让访问者从中选择选项。在存在较多选项并且网页空间比较有限的情况下，"选择"按钮将发挥较大的作用。

（1）将鼠标光标定位到要插入列表的位置，选择"插入"→"表单"→"选择"命令，或者单击"插入"面板"表单"类别中的"选择"按钮▤。

（2）选择刚插入的列表，在"属性"面板中单击 列表值... 按钮，弹出"列表值"对话框，如图 4-89 所示。

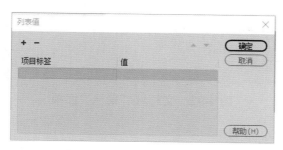

图 4-89　"列表值"对话框

（3）单击"添加"按钮+，在列表框中添加一个选项，在"项目标签"和"值"对应的行中输入标签文本及提交值，再用同样的操作添加其他选项，设置完毕后单击"确定"按钮。

选中列表，打开选择"属性"面板，如图 4-90 所示。

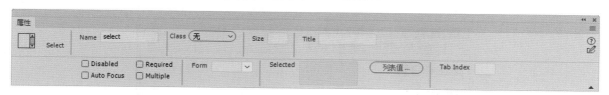

图 4-90　选择"属性"面板

● Name：指定列表的名称。

● Title：当浏览器无法正常显示列表时，用来替换列表的文档标签。

● Size：指定列表框的高度，用来设置列表菜单中的项目数。

● Selected：可以设置一个项目作为列表中默认选项的菜单项。

● 列表值：指定各个列表的值。

● Multiple：允许浏览时从列表中选择多个项目。

9．插入文件域

通过文件域，用户可将本地计算机中的文件作为表单数据上传到服务器，如提交照片、上传资料等，如图 4-91 所示。

插入文件域的具体操作步骤如下：

（1）将鼠标光标定位到表单域中要插入文件域的位置，选择"插入"→"表单"→"文件"命令，或者单击"插入"面板"表单"类别中的"文件"按钮▤。

（2）选中文件域，打开文件域"属性"面板，如图 4-92 所示。

图 4-91　文件域

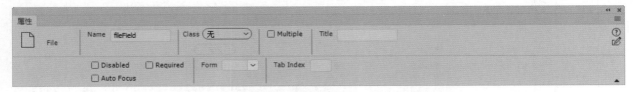

图 4-92　文件域"属性"面板

- Name：指定文件域的名称。
- Title：当浏览器无法正常显示时，用来替换文件域的标签。

10．插入按钮

使用按钮可将表单数据提交到服务器或重置表单，也可以执行其他已在脚本中定义的处理任务，如图 4-93 所示。

图 4-93　按钮

插入按钮的具体操作步骤如下。

（1）将鼠标光标定位到要插入按钮的位置，选择"插入"→"表单"→"按钮"命令，或者单击"插入"面板"表单"类别中的"按钮"按钮🔘。

（2）选中按钮，打开按钮"属性"面板，如图 4-94 所示。

图 4-94　按钮"属性"面板

- Name：指定按钮的名称。
- Value（值）：设置显示在按钮上的文本。

📖 **注意**

　　表单实际包含的表单对象还有很多种，如"单选按钮组""图像按钮""标签"等，它们的属性设置和使用方法与前面详细介绍的几种表单对象类似。

11．检查表单

　　Dreamweaver CC 提供了检查表单元素内容正确性的功能，此功能是通过 JavaScript 脚本完成的。"行为"面板中存放着一组自带的 JavaScript 脚本，可以帮助检查表单元素内容的正确性。

　　"检查表单"功能可以检查文本域的内容，以确保用户输入有效的数据。若表单包含无效数据，则会自动给出提示，并要求用户重新填写数据，直到输入的数据有效。下面以图 4-95 所示的表单为例，介绍检查表单的基本操作。

　　（1）选择"窗口"→"行为"命令，打开"行为"面板。

　　（2）选择表单中的"确定"按钮，单击"行为"面板中的"添加行为"按钮 ➕▾，在弹出的菜单中选择"检查表单"命令，打开"检查表单"对话框，如图 4-96 所示。

图 4-95　表单

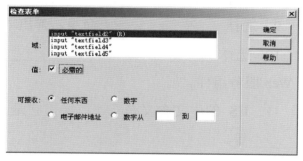

图 4-96　"检查表单"对话框

　　（3）在"域"列表中选择学生姓名对应的文本字段"textfield2"，勾选"必需的"复选框。

　　（4）在"域"列表中选择学业成绩对应的文本字段"textfield3"，在"可接收"区域中勾选"数字从…到…"单选按钮，设置数字范围为 0～100。

图 4-97　出错信息

　　（5）在"域"列表中选择电子邮箱对应的文本字段"textfield4"，在"可接收"区域中勾选"电子邮件地址"单选按钮，单击"确定"按钮。

　　（6）按 F12 键保存并预览网页，如果提交表单时，"学生姓名"项为空，则弹出出错信息，如图 4-97 所示，单击"确定"按钮，重新输入正确的内容即可。

思考与实训

一、填空题

1. _____是 Dreamweaver CC 制作手机浏览界面的主力插件。

2. _____主要用于主题的设计、网页的设计及换页实践等功能的设计，并为所有的主流移动操作平台提供了高度统一的接口。_____主要用于制作用户界面，如拖放、对话框、标签等功能的实现。

3. 在添加行为时，_____是指引发动作产生的条件。

4. 添加行为时，要选中整个网页内容，可在标签选择器中单击_____标签。

5. 选择事件时，单击时触发的对应选项是_____。

6. 模板被创建后，文件将被自动存储在网站根目录的_____文件夹中。

7. 模板要应用于网页文件，必须在模板中插入_____。

8. 若想彻底取消网页文档和所使用模板的关联关系，可以_____。

9. 选择_____命令，弹出"更新页面"对话框。

10. 选择_____命令，系统开始安装 IIS 和 Web 服务组件。

11. IIS 的中文含义是_____，它是一种网页服务组件，包括_____、_____和_____等。

12. 在表单"属性"面板中，_____设置用于处理表单内提交信息的后台处理文件。

13. 使用_____方法提交表单时，将发送的数据附加到 URL 地址中，且只能够发送少量的数据。

14. 在表单对象中，_____只能让用户在一组选项中选择一个按钮。

15. 在拥有较多选项且网页空间比较有限的情况下，_____按钮将发挥最大的作用。

二、上机实训

1. 使用 jQuery Mobile 技术，设计如图 4-98 所示的 jQuery Mobile 页面 lx1.html。

2. 打开素材库 chapter4 中 sx 文件夹中的 lx2.html，添加以下行为。

（1）打开页面自动弹出信息"欢迎参加此次活动！"。

（2）鼠标指针指向"超值精品"区域时，显示图片 czjp.jpg；鼠标指针离开后，图片隐藏。

鼠标指针指向"特价超市"区域时，显示图片 tjcs.jpg；鼠标指针离开后，图片隐藏。

（3）设置状态栏文本为"欢迎光临 CC 的小店！"。

图 4-98　通讯录页面

3．新建站点"CC 的小屋"，网站文件夹为素材库 chapter4 中的 lx3.html 文件夹，完成以下操作。

（1）使用 index.html 创建模板文件，并在表格第三行创建可编辑区域。

（2）使用模板创建网页文件 wy.html，在可编辑区域中插入图像 tx.jpg。

（3）将模板应用于网页文件 wy1.html 和 wy2.html。

4．创建表单文件 sjsx.html，如图 4-99 所示，并设置在本机 IP 地址下浏览。

图 4-99　表单文件

模块 5
网站的测试与发布

在完成本地站点所有页面的设计之后，需要对本地站点进行完整测试，确保发布的网站能够正常浏览，并将站点上传到远程 Web 服务器上，做好相应的宣传及推广工作，使之有更高的访问量。

欢迎光临"科技点亮梦想"
——网站发布与维护

任务描述

通过"科技点亮梦想"站点的创建与测试，学会将网页上传至远程 Web 服务器，完成网站的发布与推广工作。

任务解析

在本任务中，需要完成以下操作：

● 学会网站的检查及测试；

● 学会网站的发布及维护。

（1）启动 Dreamweaver，选择"站点"→"管理站点"命令，打开"管理站点"对话框，如图 5-1 所示，单击"导入站点"按钮，选择 chapter5 素材文件夹中的"科技点亮梦想.ste"，单击"打开"按钮。

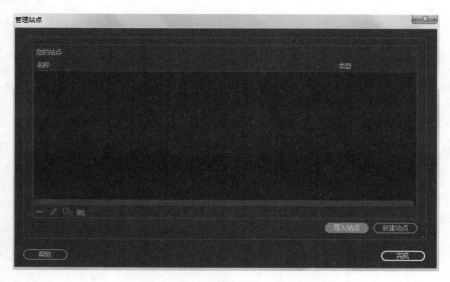

图 5-1 "管理站点"对话框

（2）打开 index.html 文件，选择"窗口"→"结果"命令，打开"链接检查器"面板，单击左侧的▶按钮，在打开的菜单中选择"检查整个当前本地站点的链接"命令，开始对整个站点进行链接检查，如图 5-2 所示。

图 5-2　链接检查器

（3）链接检查结束后，在"显示"列表中选择"孤立文件"，查看站点内存在的孤立文件。选中孤立文件，按 Delete 键将其删除。

（4）在"显示"列表中选择"断掉的链接"，查看站点内有无断掉的链接。如果有断掉的链接，则单击右侧"断掉的链接"，重新输入链接地址，或者单击右侧的"浏览"按钮，在打开的"选择文件"对话框中重新选择链接对象。

（5）选择"站点"→"管理站点"命令，弹出"管理站点"对话框，选择"科技点亮梦想"，单击"编辑"按钮，打开"站点设置对象"对话框。选择"服务器"分类项，单击"添加新服务器"按钮➕，打开服务器的"基本"类别设置窗口，如图 5-3 所示。

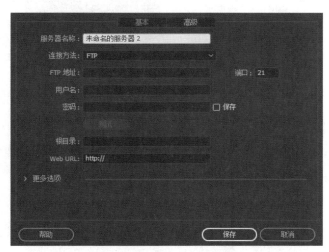

图 5-3　"基本"类别设置窗口

（6）在"连接方法"列表中选择"FTP"，输入已申请空间的 FTP 地址、用户名、密码等，单击"测试"按钮，查看是否能正常连接到远程服务器，单击"保存"按钮。

（7）在"文件"面板中，单击"连接到远端主机"按钮🔌，成功连接远程服务器后，在"本地站点"窗口中选择整个站点，单击"上传文件"按钮⬆，开始上传网站。

（8）网站成功上传后，打开 IE 浏览器，在地址栏输入网站的域名，按 Enter 键浏览"科技点亮梦想"网站。

5.1 网站测试

网站制作完成后，将网站上传远程服务器供浏览者浏览之前，最好先在本地计算机对其进行一些测试，以保证网页外观、效果和自己希望的相同，并且没有被中断的链接及孤立文件等。网站测试内容主要是检查链接。

在网页制作过程中，经常需要对网页进行反复的编辑和调试，这样难免会出现超链接错误的问题。检查链接功能可以快速地在当前文档、被选中的部分文档或整个站点的所有文档中搜索断开的链接和孤立文件，从而大大提高检查的速度及质量。

（1）打开或选中要检查链接的文档。

（2）选择"文件"→"检查页"→"链接"命令，或者选择"窗口"→"结果"→"链接检查器"命令，单击"链接检查器"面板左侧的按钮▶，在打开的菜单中选择要检查的对象，开始检查链接，如图 5-4 所示。

图 5-4　链接检查器

（3）检查结束后，在"显示"列表中选择"断掉的链接"，即显示断掉的链接，如图 5-5 所示。要修复这些链接，可单击右侧的"断掉的链接"，重新输入链接地址，或者单击右侧的"浏览"按钮，在打开的"选择文件"对话框中重新选择链接对象。

图 5-5　断掉的链接

（4）在"显示"列表中选择"外部链接"，即显示所有外部链接，如图 5-6 所示。对于外部链接，检查器不能判断其正确与否，应自行核对。如果要修改一个外部链接，可以在面板窗口中选择该外部链接，并在右侧"外部链接"处输入一个新的链接。

图 5-6　外部链接

（5）在"显示"列表中选择"孤立文件"，即显示站点内所有孤立存在的文件。对于这些文件，通常应该把它们清除。选中孤立文件，按 Delete 键即可将其删除。该选项只在检查整个站点链接的操作中有效。

5.2　申请网站的空间和域名

1．申请网站空间

网站制作完成后，必须将其上传到 Internet 的 Web 服务器上，浏览者才能通过网络访问。要完成网站的发布，首先要在 Internet 上申请网站空间。获得网站空间的方法包括以下几种。

1）申请免费空间

一些网络服务机构提供了免费空间，用户可以登录这些网站免费获取网站空间。但免费空间的大小和运行条件会有一定的限制，通常只支持静态网页，不支持 ASP、PHP、JSP 等动态网页，而且稳定性欠佳，有的还有广告条，影响网页的显示效果。

2）申请收费空间

收费空间的大小及支持条件可根据用户需要进行选择，稳定性好，数据一般不会丢失，包括主机托管、主机租用和租用主机空间三种方式。

● 主机托管：用户将自己购置的服务器放置在网络服务机构的数据中心机房，从而享用高速网络带宽。

● 主机租用：用户租用网络服务机构提供的服务器，并安装相关软件。

● 租用主机空间：用户租用网络服务机构服务器上的部分空间。服务器采用特殊软硬件技术，将一台服务器虚拟成若干台主机，每台虚拟主机都具有独立的域名或 IP 地址，以及完整的服务器（如 WWW、FTP、E-MAIL 等）功能。

3）自己架设服务器

自己架设服务器必须向网络服务机构申请固定 IP 地址，搭建一台 Web 服务器，而且服务器必须保证长时间不关机和具有足够的带宽，安全性也要有保障。

中小型企业及个人用户通常采用向网络服务机构租用空间的方法，把要发布的网站上传到租用的空间上，并发布到互联网。

2．申请域名

要想拥有自己的网站，首先要拥有域名。在网络上申请网站空间时，系统一般会自动分配一个默认的域名。域名是识别和定位互联网上的计算机的层次结构式字符标识，一般由英文字母、数字组成，有的也由汉字组成，例如，华信教育资源网的域名是 www.hxedu.com.cn。

互联网上的每台计算机都有一个专门的地址作为标识，称为 IP 地址（Internet Protocol Address）。一个 IP 地址的长度为 32 位，分 4 段，每段 8 位，常用十进制数表示，段与段之间用圆点分隔，如 76.73.20.86。

为了便于用户记忆，Internet 引进了域名服务系统（DNS，Domain Name System）。当用户输入某个域名的时候，这个信息首先传到提供此域名解析的服务器上，再将此域名解析为相应网站的 IP 地址，完成这一任务的过程称为"域名解析"。

域名可以分为不同级别，包括顶级域名、一级域名、二级域名等，结构如图 5-7 所示。

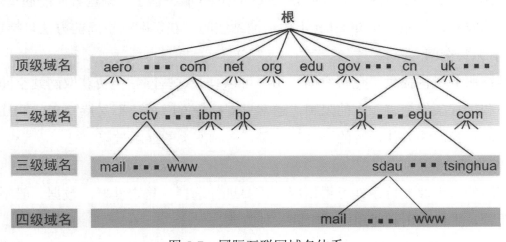

图 5-7　国际互联网域名体系

1）顶级域名

顶级域名分为国际顶级域名和国家顶级域名。一般，国际顶级域名的最后一个后缀是诸如".com"".net"".gov"".edu"的国际通用域，这些后缀分别代表不同的机构性质，".com"表示商业机构，".net"表示网络服务机构，".gov"表示政府机构，".edu"表示教育机构。国家顶级域名又称为国内顶级域名，即按照国家分配后缀。目前，200 多个国家和地区都按照 ISO 3166 国家代码分配顶级域名，例如，中国是"cn"、美国是"us"、日本是"jp"等。

2）二级域名

二级域名是顶级域名之下的域名。在国际顶级域名下，它是指域名注册人的网上名称；在国家顶级域名下，它表示注册企业类别的符号。我国在国际互联网络信息中心（Inter NIC）正式注册并运行的顶级域名是 cn，这也是我国的一级域名。在顶级域名之下，我国的二级域名又分为类别域名和行政区域名两类，类别域名共 6 个，包括用于科研机构的 ac，用于工商金融企业的 com，用于教育机构的 edu，用于政府部门的 gov，用于互联网络信息中心和运行中心的 net，用于非营利组织的 org；行政区域名有 34 个，分别对应我国各省、自治区和直辖市。

在申请域名时，要根据网站内容和主题特点，尽量用有一定意义和内涵的词或词组，这样不但可记忆性好，而且有助于实现企业的营销目标。例如，企业名称、产品名称、商标名、品牌名等都是不错的选择，这样能够使企业的网络营销目标和非网络营销目标达成一致。域名选择好后，上网查询此域名是否被注册。如果该域名已被注册，则需另行定义；如果该域名没有被注册，则需向域名注册服务商申请注册。

5.3　网站发布及维护

申请了网站空间和域名后，就可以将网站内容上传到空间中。网站上传可以使用 Dreamweaver，也可以使用专门上传下载的工具软件，如 CuteFTP、FlashFXP 等。

1．配置远程服务器

（1）启动 Dreamweaver，选择"站点"→"管理站点"命令，弹出"管理站点"对话框，选择要编辑的站点名称，单击"编辑"按钮，打开"站点设置对象"对话框。

（2）选择"服务器"分类项，单击"添加新服务器"按钮，打开服务器的"基本"类别设置窗口，如图 5-8 所示。

（3）在"连接方法"列表中选择"FTP"，设置服务器名称、FTP 地址、用户名、密码等，单击"测试"按钮，查看是否能正常连接到远程服务器，单击"保存"按钮。

2．发布网站

远程服务器配置完毕后，可以将本地站点的内容上传到远程服务器中。

（1）在"文件"面板中，单击"连接到远端主机"按钮，显示连接进程。

（2）连接成功后，开始上传网站。

（3）网站上传成功后，打开 IE 浏览器，在地址栏输入该网站的域名，按 Enter 键浏览网站。

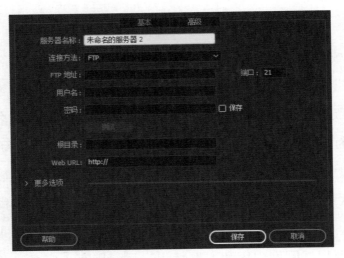

图 5-8　远程服务器设置

 说明

　　不同的 Web 服务器对网站首页的文件名有不同的要求。网站上传成功后，输入域名后不能浏览网站，首先要检查网站的首页文件名是否符合要求。

3．下载网站

　　完成了远程服务器的设置后，也可以将远程服务器上的网站下载到本地站点。

　　（1）在"文件"面板中，单击"连接到远端主机"按钮 。

　　（2）连接成功后，在"文件"面板的"视图"列表中选择"远程视图"，切换到远程站点列表，选择整个站点或文件，单击"获取文件"按钮 。若要下载整个站点，则弹出"你确定要下载整个站点吗？"信息框，单击"确定"按钮。

4．更新维护网站

　　将本地站点内容上传到远程服务器后，可以在本地站点和远程站点之间设置同步功能，保证站点始终处于最新状态，更加方便站点的维护。

　　同步可以是整个站点的同步，也可以是站点中某些文件的同步。

　　（1）在"文件"面板中选择要同步的站点，单击"文件"面板中的"同步"按钮 ，打开"与远程服务器同步"对话框，如图 5-9 所示。

图 5-9　"与远程服务器同步"对话框

（2）在"同步"下拉列表中选择"整个……站点"或"仅选中的本地文件"。

（3）在"方向"下拉列表中选择同步时复制文件的方向，包括以下三个选项。

- 放置较新的文件到远程：上传远程服务器上不存在或自上次上传以来已更改的所有本地文件。

- 从远程获得较新的文件：下载本地不存在或自从上次下载以来已更改的所有远程文件。

- 获得和放置较新的文件：将所有文件的最新版本放置在本地和远程站点上。

（4）单击"预览"按钮，系统开始对每个文件进行检查，检查完毕后出现"同步"对话框，显示需要上传或下载的文件，单击"确定"按钮，开始文件同步。

5.4　网站推广

将网站上传到互联网后，下一步就是推广网站。常见的网站推广方案包括以下几种。

1. 搜索引擎推广

搜索引擎注册是最经典、最常用的网站推广手段。当一个网站发布到互联网之后，如果希望别人通过搜索引擎找到网站，就需要进行搜索引擎注册。简单来说，搜索引擎注册就是将网站的基本信息提交给搜索引擎的过程。

搜索引擎有两种基本类型：一类是纯技术型的全文检索搜索引擎，另一类是分类目录型搜索引擎。技术型搜索引擎（如百度、Google 等）常常不需要自己注册，只要一个网站与其他被搜索引擎收录的网站链接，搜索引擎就可以发现并收录该网站。但如果网站没有被链接，或者希望网站尽快被搜索引擎收录，就需要提交网站，在搜索引擎提供的"提交网站"页面输入网址并提交即可。

对于分类目录型搜索引擎，只有自己将网站信息提交，才有可能获得被收录的机会，并且分类目录注册有一定的要求，需要事先准备好相关资料，如网站名称、网站简介、关键词等。

2. 电子邮件推广

该方案以电子邮件为主要的网站推广手段，常用的方法包括电子刊物、会员通信、专业服务商的电子邮件广告等。

3. 资源合作推广

该方案通过网站交换链接、交换广告、内容合作、用户资源合作等方式，在类似目标网站之间实现互相推广的目的，最常用的资源合作方式为网站链接策略，利用合作企业之间网站访问量资源合作互为推广。

4．信息发布推广

该方案将有关的网站推广信息发布在其他潜在用户可能访问的网站上，利用用户在这些网站获取信息的机会实现网站推广的目的，适用于信息发布的网站包括在线黄页、分类广告、论坛、博客、供求信息平台、行业网站等。信息发布是免费网站推广的常用方法之一。

5．网络广告推广

网络广告是常用的网络营销策略之一，是利用网站上的广告横幅、文本链接、多媒体等，在互联网刊登或发布广告，并通过网络传递到互联网用户的一种高科技广告运作方式，在网络品牌、产品促销、网站推广等方面均有明显作用。网络广告的常见形式包括：BANNER 广告、关键词广告、分类广告、赞助式广告等。

思考与实训

一、填空题

1．网站测试主要包括_____、_____和_____等。

2．浏览器兼容性检查可提供三个级别的潜在问题的信息：_____、_____和_____。

3．检查链接时，对于检查到的_____，可以按 Delete 键将其删除。

4．在 Dreamweaver 中，可以使用_____检查 HTML 标签。

5．收费空间包括_____、_____和_____三种方式。

6．中小型企业及个人用户通常采用向网络服务机构_____的方法将网站发布到互联网。

7．_____是识别和定位互联网上的计算机的层次结构式字符标识。

8．将域名解析为相应网站的 IP 地址的过程称为_____。

9．顶级域名分为国际顶级域名和国家顶级域名，.com 表示_____，我国的国家顶级域名是_____。

10．在顶级域名之下，我国的二级域名又分为_____域名和_____域名两类。

11．在本地站点和远程站点之间设置_____功能，保证站点始终处于最新状态，更便于站点的维护。

12.＿＿＿＿＿＿是最经典、最常用的网站推广手段。

13．百度、Google 属于＿＿＿＿＿型搜索引擎。

14．＿＿＿＿＿是常用的网络营销策略之一，利用网站上的广告横幅、多媒体，在互联网刊登或发布广告。

15．在搜索引擎中，对于＿＿＿＿＿搜索引擎，只有自己将网站信息提交，才有可能获得被收录的机会。

二、上机实训

1．在网站申请一个免费的网站空间和域名。

2．将自己制作的网站上传到远程服务器，实现在浏览器中浏览。

3．在本地更新网站内容，使用同步功能更新远程服务器。

模块 6

综合应用

完美新娘

任务描述

通过"完美新娘"网站的创建与设计，巩固使用表格布局网页、模板创建和更新网页的方法和技巧。

任务解析

在本任务中，需要完成以下操作：

● 熟悉使用表格布局网页的方法和技巧；

● 熟悉模板的创建和应用；

● 熟悉使用模板快速更新网站。

（1）将素材中的 renwu16 文件夹复制到 D 盘根目录。运行 Dreamweaver CC，新建站点"完美新娘"，站点文件夹为 D:\renwu16，在站点根目录下新建网页文件 index.html；打开"页面属性"对话框，在"外观（CSS）"分类选项卡中设置背景颜色为#CCC，左边距、上边距为 0；在"链接（CSS）"分类选项卡中设置链接颜色为黑色，变换图像链接颜色为红色，已访问链接颜色为绿色，始终无下画线，页面属性设置如图 6-1 所示。

图 6-1　页面属性设置

（2）将鼠标光标定位在网页顶端，插入 1 行 1 列、宽度为 1000px、其他项为 0 的表格。

在表格"属性"面板中设置"对齐"为"居中对齐"，并插入 images 文件夹中的"1.gif"，如图 6-2 所示。

图 6-2　第 1 个表格效果

（3）将鼠标光标定位到表格的后面或下一行，插入 1 行 1 列、宽度为 1000px、其他项为 0 的表格。在表格"属性"面板中设置"对齐"为"居中对齐"，并为表格设置背景图像为 images 文件夹中的 2.gif。将鼠标光标定位在单元格内，插入 1 行 8 列、宽度为 100%、其他项为 0 的嵌套表格，分别设置嵌套表格的第 1 列列宽为 51px，第 8 列列宽为 109px，第 2 列~第 8 列列宽均为 140px，高均为 34px；在嵌套表格中的第 2 列~第 7 列，分别输入文本"首页"、"主题样片"、"最新客片"、"全球航拍"、"精彩好评"和"品牌中心"；创建 CSS 样式表 ys01，定义 ys01 样式的字体为黑体、大小为 18px、颜色为黑色，居中显示，分别为文本内容套用 ys01 样式，如图 6-3 所示。

图 6-3　第 2 个表格效果

（4）换行，插入 1 行 1 列、宽度为 1000px、其他项为 0 的表格。在表格"属性"面板中设置"对齐"为"居中对齐"，并插入 images 文件夹中的 3.gif，如图 6-4 所示。

图 6-4　第 3 个表格效果

（5）换行，插入1行1列、宽度为1000px、其他项为0的表格。在表格"属性"面板中设置"对齐"为"居中对齐"，并插入images文件夹中的4.gif，保存文件，完成首页设计，如图6-5所示。

图6-5　第4个表格效果

（6）创建模板文档。打开index.html，选择"文件"→"另存为模板"命令，创建模板文件muban.dwt；打开模板文件muban.dwt，删除第3个表格的图片，在第3个表格内插入可编辑区域，命名为content。

（7）使用模板新建网页ztyp.html。选择"文件"→"新建文档"→"网站模板"→"模板"命令，创建一个新网页，删除其中的区域名称content，插入2行4列、宽度为1000px、填充为20px、间距为5px的表格，并设置单元格背景颜色为#999；分别在第1行的第1个～第4个单元格中插入图像yp1.png、yp2.png、yp3.png和yp4.png，设置图像宽度为200px，高度为320px；在第2行的第1个～第4个单元格中插入图像yp5.png、yp6.png、yp7.png和yp8.png，设置图像宽度为200px，高度为320px，保存文件为ztyp.html，如图6-6所示。

（8）使用模板创建网页zxkp.html。选择"文件"→"新建文档"→"网站模板"→"模板"命令，创建一个新网页，删除其中的区域名称content，插入1行1列、宽度为1000px的表格，并设置单元格背景颜色为#999；插入图像zxkp.png，设置图像宽度为200px，高度为320px，保存文件为zxkp.html，如图6-7所示。

（9）使用同样的方法创建网页qqhp.html、jchp.html和ppzx.html，如图6-8～图6-10所示。

图 6-6　ztyp.html 效果图

图 6-7　zxkp.html 效果图

图 6-8　qqhp.html 效果图

图 6-9　jchp.html 效果图

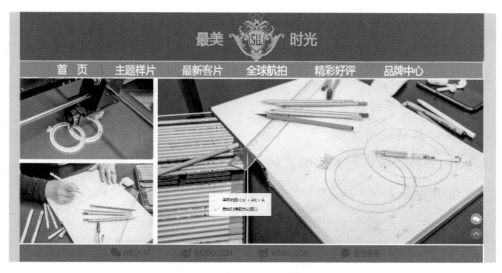

图 6-10　ppzx.html 效果图

（10）为 index.html 导航文字创建超链接，打开方式均为_blank。选择文本"首页"，在"属性"面板"HTML"界面的"链接"文本框后输入#；选择文本"主题样片"，选择目标文件 ztyp.html，在"目标"列表框中选择"_blank"。以同样的方式将文本"最新客片"链接到 zxkp.html，"全球航拍"链接到 qqhp.html，"精彩好评"链接到 jchp.html，"品牌中心"链接到 ppzx.html，并在"目标"列表框中选择"_blank"。

（11）为 index.html 套用模板文件。删除 index.html 中的第 1、2、4 个表格，选择"工具"→"模板"→"应用模板到页"命令，选定模板 muban.dwt，打开"不一致的区域名称"对话框，选择"Document head<未解析>"选项，在"将内容移到新区域"列表框中选择"head"，选择"Document body<未解析>"选项，在"将内容移到新区域"列表框中选择"content"，单击"确定"按钮，此时模板文档 muban.dwt 被应用于 index.html。

（12）保存文件并预览网页，测试超链接。

任务 **16**

环保科技网站

▎任务描述

通过布局"环保科技网站"网页，巩固使用 CSS+Div 布局和美化网页的方法和技巧。

任务解析

在本任务中，需要完成以下操作：

● 熟悉 Div 的创建和属性设置；

● 熟悉 CSS 设计器的使用方法；

● 巩固使用 CSS+Div 布局和美化网页的方法。

（1）页面布局图和各 Div（块）的关系如图 6-11 所示。

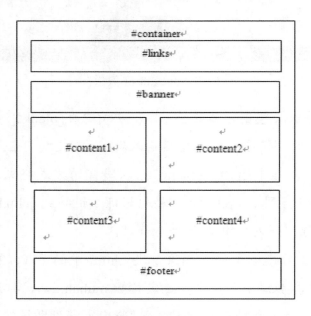

图 6-11　页面布局图和各 Div（块）的关系

（2）将素材中的 renwu17 文件夹复制到 D 盘根目录。运行 Dreamweaver，新建站点"环保科技网站"，站点文件夹为 D:\renwu17。打开站点根目录，新建空白文档 index.html，修改标题为"环保科技网站"，打开"页面属性"对话框，在"外观（CSS）"分类选项卡中设置背景颜色为#CCC，左边距、右边距、上边距、下边距均为 0。

（3）创建嵌套 Div。打开 index.html，选择"插入"→"Div"命令，在 DOM 面板中输入 Div 的名称"#container"；将鼠标光标定位在"#container"层中，再次选择"插入"→"Div"命令，选择"嵌套"，插入嵌套 Div，在 DOM 面板中输入名称"#links"。使用同样的方法创建"#banner"、"#content1"、"#content2"、"#content3"、"#content4"和"#footer"嵌套 Div，DOM 面板如图 6-12 所示，CSS 设计器如图 6-13 所示。

（4）定义#container 层的 CSS 样式。在 CSS 设计器中，双击样式表#container，弹出"属性"面板，参数设置如图 6-14 所示。

（5）在#links 层中插入图片，并编辑 CSS 样式表。将鼠标光标定位在#links 层中，选择

"插入"→"图像"命令，打开"选择图像源文件"对话框，选择 images 文件夹中的 1.gif，单击"确定"按钮。

在 CSS 设计器中，双击样式表#links，弹出"属性"面板，参数设置如图 6-15 所示。完善#links 层后的拆分视图如图 6-16 所示。

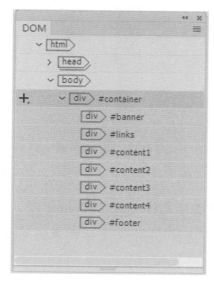

图 6-12　DOM 面板

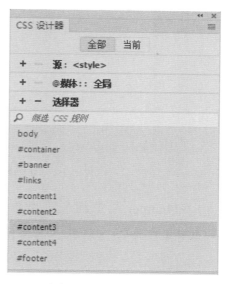

图 6-13　CSS 设计器

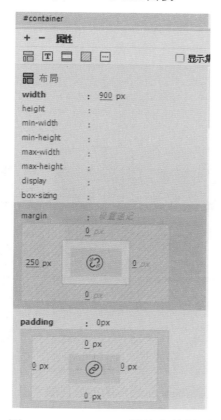

图 6-14　#container 层的参数设置

图 6-15　#links 层的布局参数

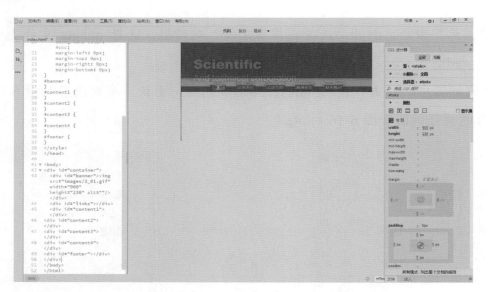

图 6-16　完善#links 层后的拆分视图

（6）在#banner 层中插入图片并编辑 CSS 样式表。将鼠标光标定位在#banner 层，选择"插入"→"图像"命令，打开"选择图像源文件"对话框，选择 images 文件夹中的 2.gif，单击"确定"按钮。

在 CSS 设计器中，双击样式表#banner，在"属性"面板中设置如图 6-17 所示参数。完善#banner 层后的拆分视图如图 6-18 所示。

图 6-17　#banner 层的参数设置

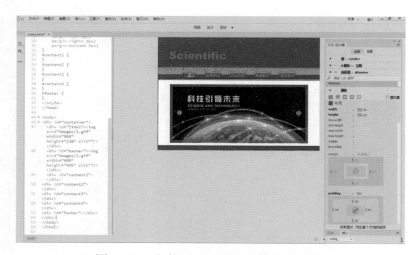

图 6-18　完善#banner 层后的拆分视图

（7）在#content1 层中设置背景图像并编辑 CSS 样式表。在 CSS 设计器中，双击样式表#content1，在"属性"面板中设置如图 6-19 和图 6-20 所示参数。

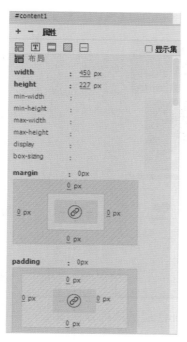

图 6-19　#content1 层和#content3 层的布局参数

图 6-20　#content1 层的背景参数

（8）使用同样的方法，分别在#content2 层和#content3 层设置背景图像并编辑 CSS 样式表。在 CSS 设计器中，双击样式表#content2，在"属性"面板中设置如图 6-21 所示布局参数，#content3 层的布局参数如图 6-19 所示。#content2 层和#content3 层的背景参数如图 6-20 所示，背景图片分别修改为 4.gif 和 5.gif。各层完善后的拆分视图如图 6-22 所示。

图 6-21　#content2 层的布局参数

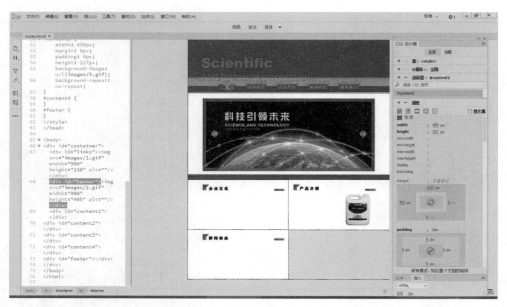

图 6-22　完善#content1 层、#content2 层和#content3 层后的拆分视图

（9）在#content4 层中插入图片，并编辑 CSS 样式表。将鼠标光标定位在#content4 层中，选择“插入”→“图像”命令，打开“选择图像源文件”对话框，选择 images 文件夹中的 6.gif，单击“确定”按钮。

在 CSS 设计器中，双击样式表#content4，在“属性”面板中设置如图 6-23 所示参数。完善#content4 层后的拆分视图如图 6-24 所示。

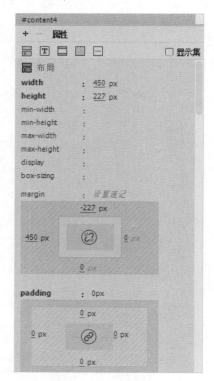

图 6-23　#content4 层的布局参数

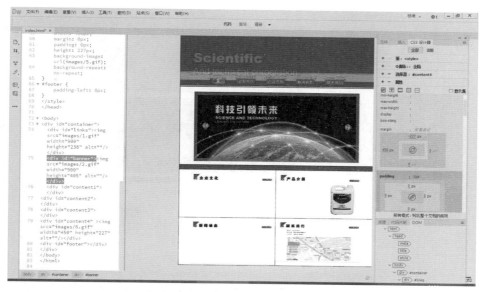

图 6-24　完善#content4 层后的拆分视图

（10）在#footer 层中插入图片，并编辑 CSS 样式表。将鼠标光标定位在#footer 层，选择"插入"→"图像"命令，打开"选择图像源文件"对话框，选择 images 文件夹中的 7.gif，单击"确定"按钮。

在 CSS 设计器中，双击样式表#footer，在"属性"面板中设置如图 6-25 所示参数。完善#footer 层后的拆分视图如图 6-26 所示。

图 6-25　# footer 层的布局参数

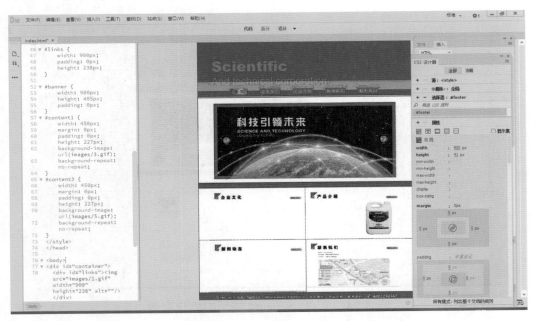

图 6-26　完善#footer 层后的拆分视图

（11）将 text 文件夹下"企业文化.doc"文档中的文字复制到#content1 层中。在 CSS 设计器中，新建复合内容样式表#content1 p，在"属性"面板中设置如图 6-27 和图 6-28 所示参数，效果如图 6-29 所示。

图 6-27　# content1 p 层的布局参数

图 6-28　# content1 p 层的文本参数

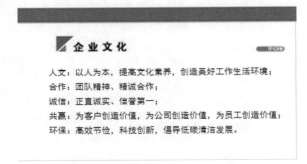

图 6-29　#content1 层的效果图

（12）使用同样的方法设置#content2 层和#content3 层中的文本，效果如图 6-30 和图 6-31 所示。

图 6-30　#content2 层的效果图　　　　　图 6-31　#content3 层的效果图

（13）保存文件，按 F12 键预览网页效果，如图 6-32 所示。

图 6-32　index.html 效果图

 综合实训

根据提供的 lx 文件夹中的素材，制作以下网站，网页效果如图 6-33～图 6-36 所示。

图 6-33　index.html

图 6-34　ynfg.html

图 6-35　shyf.html

图 6-36　lxwm.html

要求：

1．布局方法自定。

2．使用模板制作如图所示统一风格的页面。

3．网页实现灵活跳转。

4．网页文本内容格式统一。

5．设置超链接颜色变化，并实现滑动鼠标颜色变换效果。

6．shyf.html 页面实现交换图像。

7．配置 IIS，在本机 IP 地址中可以打开 lxwm.html 页面。

"职业素养+能力提升"系列教材

塑料模具维修与维护

主　编　谢　全

副主编　陈娟凤　冯兴瀚

参　编　陶克全　马福东

主　审　黄达辉　巫志华

电子工业出版社.

Publishing House of Electronics Industry

北京 · BEIJING

内 容 简 介

本书依据《国家职业技能标准 模具工》，按照"校企融合，工学结合"的课程改革要求，以工作过程为导向，采用任务驱动的教学方法编写而成。

本书以企业真实生产任务——线轮塑料模具为载体，包含"线轮塑料模具维修""线轮塑料模具维护保养"两个项目，共有"维修前工作准备""故障诊断""模具维修""维修后模具装配和调试""模具维护保养工作准备和实施""模具验收入库"6 个学习任务。

本书图文并茂，以工作页问题为引导，由浅入深、通俗易懂。本书面向需要掌握模具制造技术的人员与职业院校模具制造专业的师生，以及从事塑料模具维修与保养工作的相关人员。

图书在版编目（CIP）数据

塑料模具维修与维护 / 谢全主编. —北京：电子工业出版社，2024.3
ISBN 978-7-121-47343-2

Ⅰ．①塑⋯　Ⅱ．①谢⋯　Ⅲ．①塑料模具－维修－职业教育－教材　Ⅳ．①TQ320.5

中国国家版本馆 CIP 数据核字（2024）第 043505 号

责任编辑：张　凌
印　　刷：大厂回族自治县聚鑫印刷有限责任公司
装　　订：大厂回族自治县聚鑫印刷有限责任公司
出版发行：电子工业出版社
　　　　　北京市海淀区万寿路 173 信箱　　　邮编：100036
开　　本：880×1230　1/16　　印张：9.75　　字数：238 千字
版　　次：2024 年 3 月第 1 版
印　　次：2024 年 3 月第 1 次印刷
定　　价：30.00 元

前　言

　　本书是根据《模具制造专业国家技能人才培养工学一体化课程标准（试用)》、《模具制造专业国家技能人才培养工学一体化课程设置方案（试用)》及《国家职业技能标准　模具工》，按照"校企融合，工学结合"的课程改革要求，以工作过程为导向，采用任务驱动的教学方法编写而成的。

　　本书旨在培养面向模具制造专业的高技能人才，学生应掌握机械加工常识，能够识读机械工程图，具备钳工的基本技能，能够操作车床、铣床、磨床完成简单零件的加工。本书的学习任务以企业真实生产任务——线轮塑料模具为载体，以模具工职业岗位能力为培养目标，满足企业对模具维修与维护技能人才的要求。

　　本书图文并茂、由浅入深、通俗易懂。全书分为"线轮塑料模具维修"和"线轮塑料模具维护保养"两个项目共 6 个学习任务，是在一体化课程教学改革实践的基础上，汇集一线教师多年的教学经验和企业实践专家的智慧编写而成的。

　　在本书编写过程中得到了罗予、梁伟光、杨杰忠老师的悉心指导，以及杨慧玲、农晴晴老师的协助与支持，在此表示衷心的感谢！同时也非常感谢柳州福臻车体实业有限公司、深圳天麟精密模具有限公司对本书编写所提供的帮助与支持。

　　本书由广西机电技师学院的谢全担任主编，陈娟凤、冯兴瀚担任副主编。

　　由于编者水平有限，书中难免有不足之处，恳请广大读者批评指正。

编　者

目　录

项目一

线轮塑料模具维修

【工作情境描述】

XX 塑料厂注塑制品车间线轮塑料模具生产制品时出现飞边，操作员暂停生产重新调整注塑成型工艺参数，仍未消除飞边，故向模具维修车间报修，希望在 5 个工作日内完成修复验收。

【学习任务分析】

模具工在接到维修任务后，首先要做好维修前的准备工作，制订维修计划，收集线轮塑料模具相关的工艺文件，分析模具结构，进行不良品检测，查找出现飞边模具零件的部位，初步判断模具故障原因，编写维修方案；然后进行项目点检，检查并更换损坏的模具易损件，检查模具成型零件，检查侧向分型抽芯机构，检查分型面合模精度，找出具体模具故障零件并维修，恢复模具技术状态；最后进行装配调试，生产出合格塑料制品。交付验收，确认排除故障。

【建议学时】

44 学时

【工作过程】

学习任务一 维修前工作准备（8 学时）
学习活动 1 制订线轮塑料模具维修工作计划（4 学时）
学习活动 2 收集线轮塑料模具相关工艺文件，分析模具结构和原理（4 学时）
学习任务二 故障诊断（12 学时）
学习活动 1 不良品质量检查与分析（2 学时）
学习活动 2 易损件精度检查及更换已损件（2 学时）
学习活动 3 成型零件精度检查（2 学时）
学习活动 4 侧向分型抽芯机构配合精度检查（2 学时）
学习活动 5 分型面合模精度检查（4 学时）
学习任务三 模具维修（12 学时）

学习活动 1 分析模具故障，确定模具维修方法（8 学时）

学习活动 2 制定维修方案，维修模具（4 学时）

学习任务四 维修后模具装配和调试（12 学时）

学习活动 1 维修后模具装配（4 学时）

学习活动 2 维修后模具调试（4 学时）

学习活动 3 成果展示，评价总结（4 学时）

学习任务一　维修前工作准备

学习活动 1　制订线轮塑料模具维修工作计划

 【学习任务描述】

模具工在接到维修任务后，首先要做维修前的准备工作：常用设备、工具、量具和辅件的检查，制作维修计划时间安排表等。

 【建议学时】

4 学时

 【学习资源】

教材《模具维护与保养》、模具维修申请单、线轮塑料模具装配图和零件图、教学课件、"学习通"平台、网络资源等。

 【学习目标】

1. 能叙述塑料模具技术鉴定方法。
2. 能通过小组合作学习的方式，制订线轮塑料模具维修工作计划。

线轮塑料模具使用记录表如表 1-1-1 所示。

表 1-1-1　线轮塑料模具使用记录表

客户名称	XX 塑料厂		零件号		零件名称		线轮
使用部门	注射车间		模具编号		模具名称		线轮塑料模具
出库日期	领用人	入库日期	注射机	生产数量	模具状态	经办人	备注
新模具	XXX	2021.02.21				XXX	
2021.02.23	XXX	2022.06.12		1 万		XXX	
2022.07.18	XXX	2022.12.12		5 万		XXX	

续表

出库日期	领用人	入库日期	注射机	生产数量	模具状态	经办人	备注
2023.01.10	XXX				不正常		准备报修

模具维修申请单如表 1-1-2 所示。

表 1-1-2　模具维修申请单

模具名称	线轮塑料模具	维修场地	模具维修车间
报修部门	注射车间	报修人员	李 XX
报修时间	2023 年 1 月 10 日 10 时	主管确认	王 XX
交付时间	2023.01.25	承接人	

故障描述（报修部门填写）：

制品出现飞边

简图或附不良品（报修部门提供）：

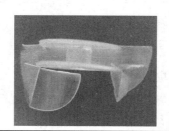

维修内容（维修部门填写）：

模具维修后需确认项目			
成型面是否清洁、镜面有无划伤及气痕		滑块动作是否正常，失效弹簧是否更换	
分型面、碰穿面有无压伤和倒扣		顶针有无装错或转动	
镜面有无喷涂规定的防锈油		定位标识是否明确	
热流道的通电性能和加热系统是否正常		水道是否通畅	
顶出系统的润滑油是否符合要求		行程保护开关是否有效	

通过验收：√　　未通过验收：×　　项目以外：/

模具维修部门填写		报修部门填写	
维修人员		结果确认	
接受时间		签名	
预估工作时间		未通过验收的	
实际工作时间		原因	

【知识储备】

一、模具的维修形式和步骤

模具维修包括磨损和损坏后的维修，一般称为检修。模具使用过程中的维护性维修，也称为临时维修。

1．模具检修

1）检修前提

模具在使用过程中，如果发现主要部件损坏或者失去精度，应进行全面检修。

2）检修原则

（1）模具零件的更换，一定要符合原图样规定的材料牌号和各项技术要求的规定。

（2）检修后的模具一定要重新试模和调整，直至生产出合格的制品，方可交付使用。

3）模具检修步骤

（1）模具检修前要用汽油（煤油）或清洗剂清洗干净。

（2）将清洗后的模具，按原图样的技术要求检查损坏部位的损坏情况。

（3）根据检查结果制定维修方案，方案应记录如下内容：模具名称、模具编号、使用时间、模具检修原因及检修前的制品质量、检查结果及主要损坏部位、确定维修方法及维修后能达到的性能要求、预防措施。

（4）按照维修方案上确定的维修方法拆卸损坏部位。拆卸时，可以不拆的部件尽量不拆，以减少重新装配时的调整、研配工作量。

（5）拆下损坏零部件，按维修方案对其进行维修或更换。

（6）配装和调整维修好的或新的零部件。

（7）将重新调整后的模具进行试模，检查故障是否完全排除，制品质量是否合格，只有故障完全排除并试制出合格制品的模具，才能交付使用。

2．模具临时维修

模具在使用中会发生一些小故障，维修时不必将模具从注射机上拆卸下来，可以切断电源后直接在注射机上进行维修。这样维修模具既省工时又不耽误生产，即临时维修。模具的临时维修主要包括以下内容。

（1）利用储备的易损件更换已损坏的零件。储备的易损件包括两种：一种是通用的标准件，如内六角螺钉、销钉、弹簧等；另一种是模具的导向零件，如导柱、导套，顶出零部件，如顶杆、顶针、复位杆等。这些易损件应记录在模具易损件点检表中，以便查用。

（2）紧固松动的螺钉和更换失效的顶出弹簧。

（3）紧固松动的模具零件。

（4）更换新的顶杆、复位杆等。

二、模具技术状态的鉴定方法

一般说来，新模具和维修后模具的技术状态是通过试模来鉴定的。而使用中模具的技术状态是通过检查制品的质量状态和模具工作性能来鉴定的。

1．制品质量检查

由于模具精度的直接表现为制品质量，因此，制品质量检查是模具技术状态鉴定的重要环节，一般检查的内容如下。

（1）制品尺寸精度是否符合图样要求。

（2）制品形状及表面质量有无缺陷。

（3）制品飞边是否超过规定要求。

制品的检查分为三个阶段。

第一阶段是首件检查：完成模具安装调整后才能开始作业，先检查最初得到的几个制品是否符合图样各项要求。再将检查结果与模具前一次或试模时检查的测定值做比较，观察是否发生变化，以确定模具是否安装正确。

第二阶段是模具使用中的检查，进行中间抽样检查：进行制品尺寸和飞边测量。将检查结果与首件检查对比，以此来掌握模具的磨损状况和使用性能。

第三阶段是工作完毕末件检查：模具在使用后，检查最后生产的几个制品质量状况。根据末件的质量和生产数量来判断模具的磨损状况及有无修复的必要。

2．模具工作性能检查

模具工作性能检查方法如下。

（1）检查工作零件状况。在模具使用后，应结合制品质量情况检查模具工作零件，如型芯、型腔是否有裂纹、破碎或严重磨损，型腔表面是否有划痕。

（2）检查各工作系统。检查模具各工作系统能否协调动作，能否正常进行工作。

（3）检查导向系统。检查导向装置是否有磨损现象，导柱、导套的间隙是否正常，相对位置是否正确，固定部位是否松动。

（4）检查推件及卸料装置。检查推件及卸料装置动作是否灵活平稳，有无磨损及变形状况。

（5）检查定位装置。检查模具的定位装置是否可靠，有无松动、位置偏移和严重磨损状况。

（6）检查模具安全防护装置。检查模具的安全防护装置是否完好无损、安全可靠。

通过上述对模具性能的全面检查，确定模具的技术状态，以提出维修、保存处理方案。模具技术状态的检查，是保证制品质量和确保生产顺利进行的关键，是生产过程经营管理的一项重要内容，因此，必须认真做好这项工作。

三、模具维修作业指导书

为预防模具在维修过程中出现安全事故、减少模具维修时间、确保模具正常生产，模具维修技术人员在模具维修过程中必须按照规范标准作业。每个企业编制的作业规范会根据自己企业的实际情况有所不同，但基本要求是一致的。表 1-1-3 所示为 XXX 模具公司模具维修作业规范。

表 1-1-3　XXX模具公司模具维修作业规范

文件名称	模具维修作业规范	文件编号	MJBYWX001	页数：
一、普通模具维修作业指导书				
1．目的：预防模具在维修过程中出现安全事故，减少模具维修时间，确保模具正常生产。				
2．适用范围：模具维修过程。				

续表

3. 模具维修技术人员的职责：按照规范标准作业。

4. 程序。

（1）不良品分析，标识。

模具维修技术人员在接到模具维修申请单后，有问题的单穴或多穴制品应按照整模穴制品在显微镜下分析问题，初步分析问题所在位置，将不良样品标记后，附在维修单上，并制定维修方案。

（2）明确拆模前注意事项。

① 拆模前必须看清楚模坯上的对应标识，根据维修方案，拆卸定模、动模、滑块。若没有标识则要做好标识，方可将其拆下，将水吹干。

② 拆模前要检查模具表面和分型面有无异物，如果发现有异物应拍照保存，便于修模过程中的问题分析。热流道模具在拆模时要注意检查有无压线、杂物，主流道喷嘴封胶位有无残胶。

（3）拆成型零件。

拆型芯与滑块零件时，要把工作台面清理干净，确保拆模时，如果有物体掉出能及时发现。在显微镜下分析问题点，根据问题点拆下零件，按照原来位置做好标识并摆放整齐。注意保护型芯、型腔等精密零件，镜面抛光的要做好防护措施，以防他人不小心碰伤，引起二次损坏。螺钉、弹簧、胶圈等应用胶盒装好并做好标识。

（4）拆其他零件。

① 标识：当模具维修技术人员拆下模脚、顶针板、顶针、镶件、压块等零配件时，特别是有方向要求的，一定要看清在模板上的对应标识，以便在装模时能对号入座。在此过程中，须留意两点：一是标识必须唯一，不得重复；二是未有标识的模具镶件，必须打上标识。

② 防错：对于易装错的零部件要做好防错工作，以保证在装反的情况下装不进去。

③ 摆放：拆出的零部件须摆放整齐。

（5）分析、检查。

① 需要更换零件时要先分析和检查。

② 分析为什么要换，是什么原因造成的，后续应怎样预防。

③ 检查制品缺陷原因，如果是错位造成的，需要检查精定位配合间隙是否在 0.02mm 以内，导柱和导套有没有按要求每生产 3 万模更换一次。零件之间的配合有没有修配到位，零件有没有变形。

④ 如果是零件腐蚀造成的，需要检查零件的排气、引气状况，确认是不是材质的问题，是不是防锈措施做得不到位。

⑤ 在修配新零件时，要确认是否到位、有无干涉现象。零件有无漏加工、碰伤、裂纹等。

⑥ 对于易损件要特别检查零件的状态，确认库存量，并将零件确认的时间及结果等信息登记到模具易损件点检表中。

（6）新零件修配刻字标识。

① 在给新零件去毛刺、倒角、抛光时注意选用合适的工具。在使用锉刀倒角时，注意不能伤到成型部位。在使用油石时要与零件平推，去毛刺时注意不能伤到棱角。

② 在使用打磨机抛光时，零件要用虎钳固定，控制好打磨机的转速，防止零件因滑动而被磨伤。在零件底部依据模具装配图对应序号进行刻字标识（注：当数字为 0、1、6、8、9 时，应在数字下方标识下画线以显示上下方向，即 0、1、6、9；英文字母 "O" "I" "X" 不用，小写英文字母 "q" 底部须加下画线，即 q）。

（7）超声波保养。

用抹布或超声波清理成型零件底部的脏物。用超声波清洗时，按照超声波清洗操作流程作业，避免在清理过程中损坏零件。

（8）成型零件合模检查。

① 在显微镜下自检零件后，对照模具设计装配图装入模芯，装完后与装配图对比对应序号，按顺序进行确认，检查模芯有无间隙，有无装错，确认后通知领班再次确认。

② 确认好成型零件后，先手动合模，再拉出检查，确认无误后方可装入模框。注意手动合模时要在平板上操作，模芯两侧要放两块平铁，贴住轻轻合模。

（9）成型零件装模前防错检查。

① 将模芯装入模框前，先用抹布清理模框内的脏物，再检查模框边缘有无损伤，以免影响基准面的尺寸，检查精定位、导柱、导套有无磨损，检查无误后将模芯对应好模框上的标识将模芯装入。

续表

② 检查模框有无导柱错位，可用模芯基准、限位机构及刻字等方法防错，确认好模具内有线路的电线是否准确地装入槽内，并装好防夹板。

（10）装入成型零件。

① 零件全部检查及修配完成后，对照图纸按原来的标识装入模芯，用铜棒将模芯敲平。

② 在敲打过程中会产生铜屑，一定要用气枪将模芯内的铜屑吹干净，检查顶针是否有高低不平的现象，当有断顶针时，不可堵顶针生产。模芯装好后要用水压机试模运水，观察其是否漏水。

③ 当装模芯、模框及锁螺钉时检查螺钉有无抵牙、滑头、断裂问题，并在锁螺钉时要注意锁到底，螺钉头不能高出零件平面。检查螺钉有无抵住其他部位，锁紧时注意对角锁紧，力度要适合，不能太紧也不能太松，太松会造成长期生产时螺钉脱落。

（11）检查滑块。

成型零件均装入模框后，检查模框、模芯标识是否对应。装入滑块后，先用两手按平在导滑槽内滑动，检查滑块滑动时是否顺畅，是否滑动到位，再将定模合上，用滑块与定模配合检查，进行定、动模手动合模。

（12）修模完成，做记录。

定、动模手动合模后，检查吊环、吊绳是否受侧力影响及有无裂痕。为了防止安全事故，要将定、动模拉出检查无误后通知领班再次确认，确认完成后通知技术员上模。扳手、铜棒等工具使用后及时归位摆放整齐。将制品的问题点、零件损坏的原因、问题的改善对策记录在模具保养维修申请单中。

（13）上机试模确认。

修模完成后修模技术人员需第一时间上机试模，确认模制品和浇注系统凝料有无异常，检查机台运行时模具有无异响，制品有无脱落等异常现象，如有异常要及时寻找到原因并解决。修模技术人员需要将检查结果记录在模具保养维修申请单的维修/保养结果确认栏中并签名。

5. 模具维修中的注意事项。

（1）使用吊环、吊绳时必须先检查，确保完好无损再使用。

（2）使用设备，特别是有飞屑、粉尘产生的设备，一定要戴防护眼镜操作。

（3）烧焊时必须穿防护衣，戴防护头盔。

（4）严禁在模具底下作业。

（5）机台作业时，须保证顶针处于复位状态，注射机马达处于关闭状态且射台退出后才可进入机台进行维修作业。

二、镜面模具维修作业指导书

1. 目的：规范镜面模具维护保养的操作，防止镜面损坏，保证产品质量。

2. 范围：适用于镜面模具维修的生产操作。

3. 内容。

（1）在推运模具时要小心，特别是需要机动叉车操作的一定要做好防滑措施，以防模具滑落导致模具型腔碰坏。

（2）镜面模具在维修完成或需要暂停维修时，禁止将型腔面朝上，以防物品掉入型腔碰坏模具。

（3）镜面模具在维修完成或需要暂停维修时，要立即做好防锈措施，喷上防锈油，以免模具生锈。

（4）在维修保养操作时，型腔内进水后，需要立即将水清理干净，并喷上防锈油，以免模具生锈。

（5）在镜面模具型腔内作业（特别是在型腔内进行氩弧焊操作）时，需要对镜面部位做好足够的防护措施后才能进行作业。例如：①将模具生产的不合格产品放入模具；②在找不到制品的情况下，用透明胶带将抹布贴在模具内，以防异物落入型腔。

（6）使用行车开、合模具时要缓慢，确认好模具开、合方向后才可操作。大型模具需要两人一起协作完成。

（7）模具在保养或维修完成后，要擦拭干净分型面上的锈污、油污、异物，处理干净金属屑，并用抹布给分型面涂抹一层薄薄的高温油，以提高制品良品率及制品质量。

（8）模具零部件拆除后，要对主要模具工件，如凸凹模型芯、型腔、内抽芯、滑块（特别是带贵重镶件的型腔，如反射器等）做好防护措施，用抹布或其他较软的物品将工件包好，放置在安装不易碰伤的位置，以防他人作业时不小心将其碰伤。

（9）在镜面模具的周边进行其他作业时，要注意避免碰伤镜面模具，在条件允许的情况下尽量远离镜面模具作业。

四、塑料模具维修一般流程

我们在接到模具维修任务时,可以参照图 1-1-1 塑料模具维修流程图开展模具的维修工作。

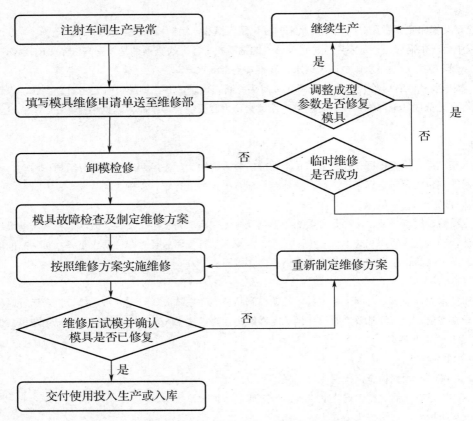

图 1-1-1　塑料模具维修流程图

 【信息收集】

分析学习任务描述和模具维修申请单,找出并填写本次任务中的关键信息。

(1) 模具名称:_____。

(2) 报修部门:_____。

(3) 报修时间:_____。

(4) 故障描述:_____。

(5) 交付时间:_____。

【知识探究】

1. 分析表 1-1-2 所示的模具维修申请单,回答下列问题。

故障描述由_____填写,维修内容由_____填写。

2. 按要求回答下列问题。

(1) 图 1-1-2 中的制品缺陷为_____。

A. 飞边　　　　　　　B. 充填不满　　　　　　　C. 翘曲

图 1-1-2　制品缺陷示意图

（2）下列_____故障会导致图 1-1-2 中的制品缺陷。

A．分型面合不严，有间隙

B．型腔或型芯部分滑动间隙过大

C．型腔表面粗糙

D．模具各承接面平行度差

E．模具温度太低或模具受热不均匀

F．模具单向受力或安装时没有压紧

（3）线轮塑料模具在使用过程中出现了_____问题申请维修。

3．使用中的模具技术状态是通过_____和_____来鉴定的。

4．制品的检查分为三个阶段，首先是_____检查，其次是模具使用一段时间后，进行_____制品抽样检查。最后是工作完毕_____检查。其主要目的是保证模具精度，使模具在工作中始终处于良好的技术状态，最大限度地延长模具的寿命及防止出现制品缺陷。

5．模具维修的形式有_____、_____。线轮塑料模具预计采用_____维修方法。

6．制品质量检查一般包括：制品尺寸精度是否符合_____、制品形状及表面质量_____、制品飞边是否_____。

7．模具维修作业指导书编制的目的是预防模具在维修过程中出现_____，减少模具_____，确保模具_____。

8．模具维修作业指导书的适用范围：_____的工作过程。

9．模具维修技术人员的职责：按照_____作业。

【计划与决策】

结合模具维修作业规范，将下面的内容进行正确排序。

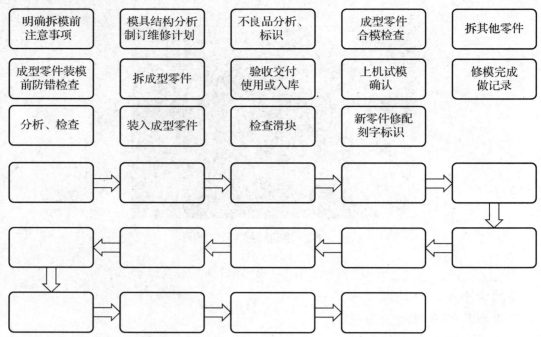

明确拆模前注意事项	模具结构分析制订维修计划	不良品分析、标识	成型零件合模检查	拆其他零件
成型零件装模前防错检查	拆成型零件	验收交付使用或入库	上机试模确认	修模完成做记录
分析、检查	装入成型零件	检查滑块	新零件修配刻字标识	

通过小组合作的方式，结合模具维修作业规范，制订线轮塑料模具维修工作计划，如表 1-1-4 所示。

表 1-1-4　线轮塑料模具维修工作计划

编制：		提交时间：			部门负责人：		审核人：
工作任务内容							
计划及目标明细							
制订计划					执行计划		
序号	工作内容	责任人	计划用时	工具、量具、辅件准备	完成情况说明	实际用时	审核人
1							
2							
3							
4							
5							
6							
7							
8							
9							
10							
11							
12							
13							

说明：

1. 完成情况说明：只填"按时完成"或"未按时完成"。

2. 未按时完成的重要工作：必须及时说明原因，并在周例会和月度工作总结中进行总结，重新确定完成时间及责任人。

如重新确定时间后仍未按时完成，必须制定未完成重要工作计划跟踪表，进行专项安排。

【评价与反馈】

线轮塑料模具维修计划评价表如表 1-1-5 所示。

表 1-1-5　线轮塑料模具维修计划评价表

班级：	姓名：		学号：	日期：		
评价项目	考核内容及要求	配分/分	评分标准		得分/分	备注
维修工作流程	正确叙述模具维修工作流程	20	错一项，扣 5 分			
工作计划制订	责任人是否明确	10	责任人不明确，或无负责人，不得分			
	工作进度（是否有时间限制）	10	每项工作无明确的进度时间，扣 5 分			
	工作计划条理清楚、明了，思路清晰、简洁，具有较强的操作性	30	工作计划条理、思路不清，每错一处扣 5 分			
团队协作	团队合作情况	10	没有全员参与制订工作计划，扣 10 分			
	代表展示计划	10	展示工作计划时是否条理清晰、语言流畅			
质量意识	遵循《8S 现场管理制度》保持环境卫生干净整洁	10	违反一项，扣 2 分			
总计/分			100			

学习活动 2　收集线轮塑料模具相关工艺文件，分析模具结构和原理

【学习任务描述】

前期模具维修人员已按要求制订了模具维修计划，并做好常用设备、工具、量具和辅件的准备工作。本次任务按工作计划需要收集线轮塑料模具相关工艺文件，对照模具图分析模具结构和工作原理，结合不良品缺陷，初步判断模具故障原因。

【建议学时】

4 学时

【学习资源】

教材《模具维护与保养》、教材《模具结构》、线轮塑料模具装配图、零件图、教学课件、"学习通"平台、网络资源等。

【学习目标】

1. 能叙述线轮塑料模具的零件名称和作用。

塑料模具维修与维护

2．能叙述线轮塑料模具的结构组成和工作原理。

3．能根据零件在模具中的作用对线轮塑料模具零件进行分类。

4．能识读模具零件图和装配图，结合不良品，初步判断模具故障原因。

 【图纸资料】

线轮塑料模具装配图如图 1-1-3 所示。

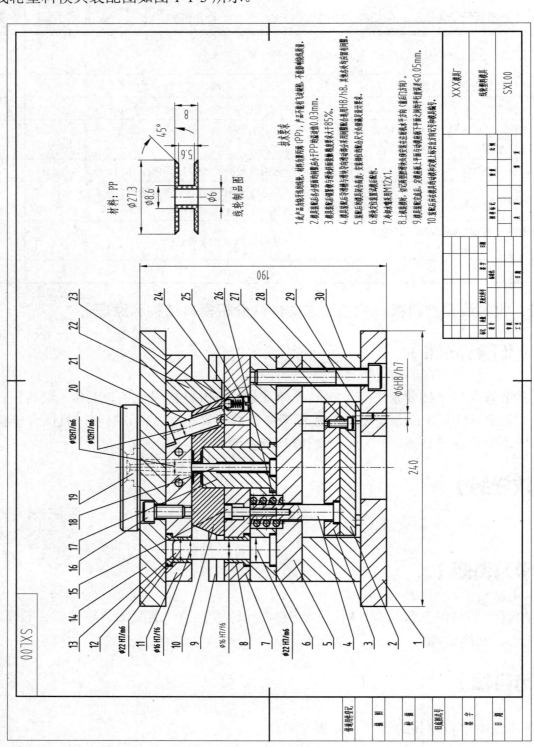

图 1-1-3　线轮塑料模具装配图

项目一 线轮塑料模具维修

标题栏与明细表如图 1-1-4 所示。

序号	图 号	名 称	数量	材 料	重量 单件	重量 总计	备 注
1	SXL01	动模座板	1	45			
2	SXL02	顶出板	1	45			
3	SXL03	顶杆固定板	1	45			
4	SXL04	顶杆	4	45			
5	SXL05	动模垫板	1	45			
6	SXL06	型芯固定板	1	45			
7	SXL07	推板	1	45			
8		导套Ⅰ	4	T8A			
9	SXL09	T形导滑槽	4	45			
10	SXL10	型腔滑块	2	45			
11	SXL11	定模板	1	45			
12		导套Ⅱ	4	T8A			
13		导柱	4	T8A			
14	SXL14	定模座板	1	45			
15	SXL15	限位钉Ⅰ	4	45			
16		内六角螺钉	4	Q235			GB/T73—2017
17	SXL17	型芯	4	45			
18	SXL18	小型芯	4	45			
19		浇口套	1	T8A			
20		定位圈	1	45			
21		斜导柱	4	T8A			
22	SXL22	锁紧楔	2	45			
23		钢球	1	GCr15			
24		限位弹簧	2	65Mn			
25		开槽平端紧定螺钉	2	Q235			GB/T73—2017
26		圆柱螺旋压缩弹簧	4	65Mn			
27		内六角螺钉	4	Q235			GB/T70—2008
28		内六角螺钉	4	Q235			GB/T70—2008
29		限位钉Ⅱ	4	45			
30	SXL30	模脚	2	45			

图 1-1-4 标题栏与明细表

动模座板零件图如图 1-1-5 所示。

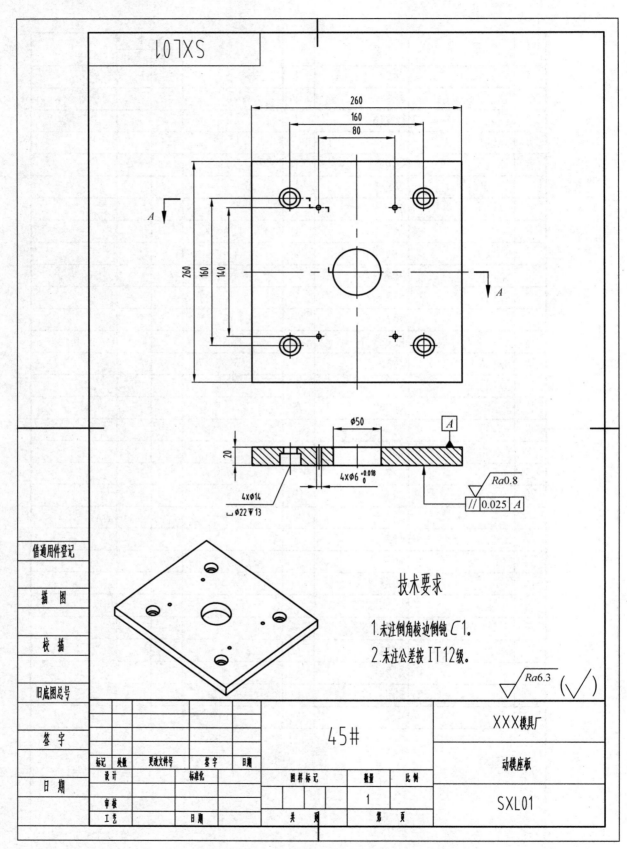

图 1-1-5　动模座板零件图

顶出板零件图如图 1-1-6 所示。

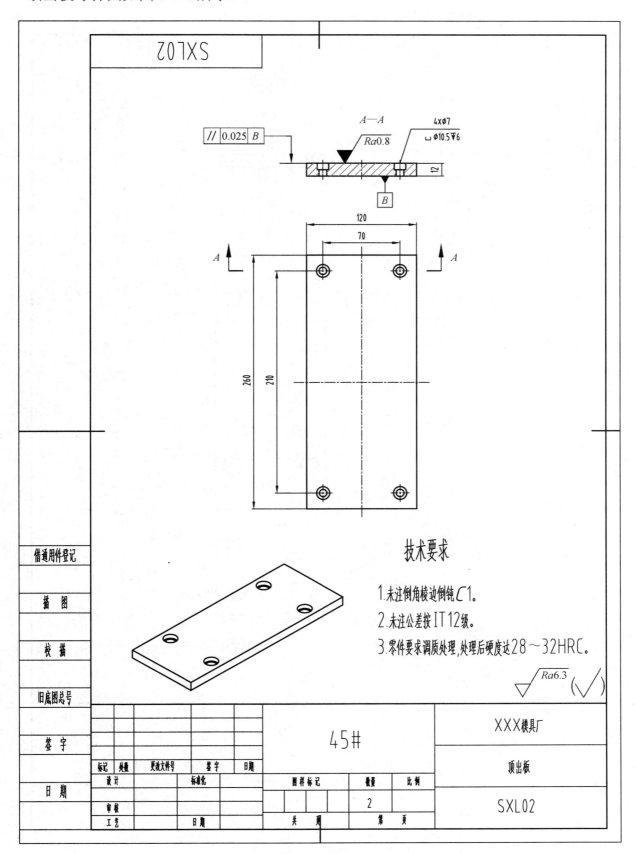

图 1-1-6　顶出板零件图

顶杆固定板零件图如图 1-1-7 所示。

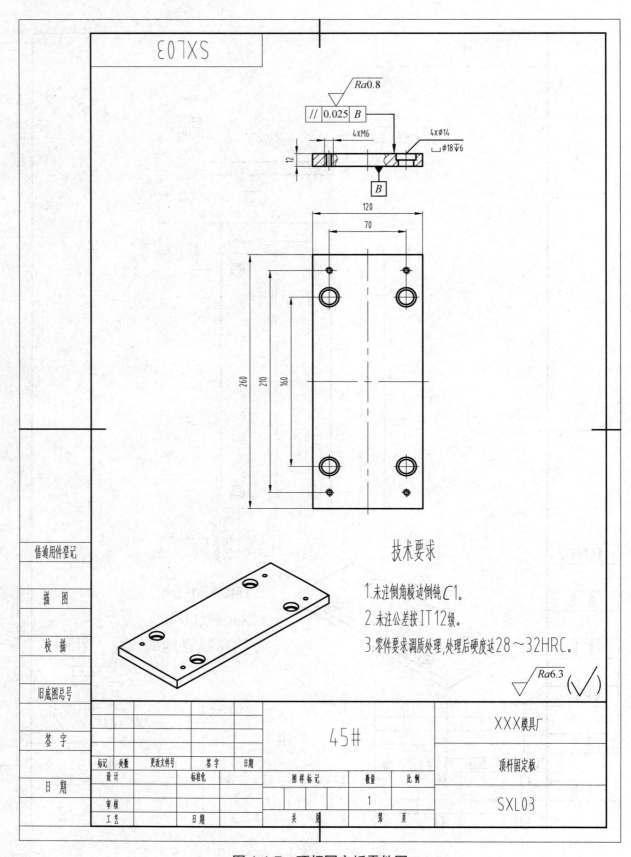

图 1-1-7　顶杆固定板零件图

顶杆零件图如图 1-1-8 所示。

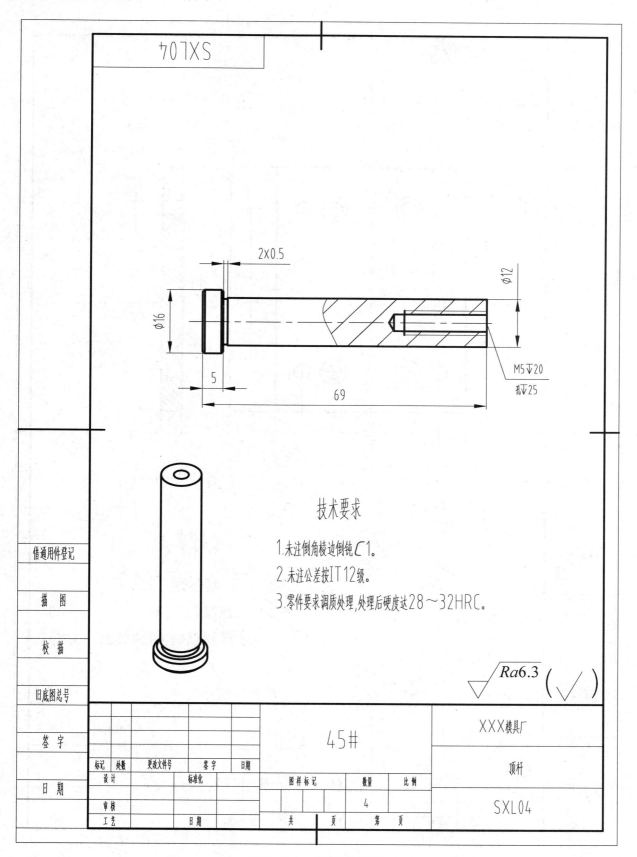

图 1-1-8 顶杆零件图

动模垫板零件图如图 1-1-9 所示。

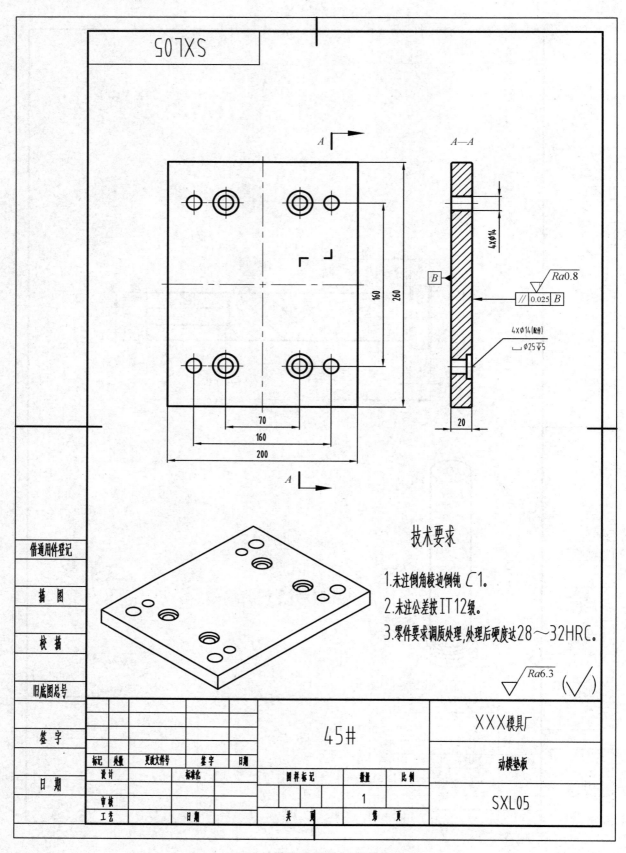

图 1-1-9　动模垫板零件图

型芯固定板零件图如图 1-1-10 所示。

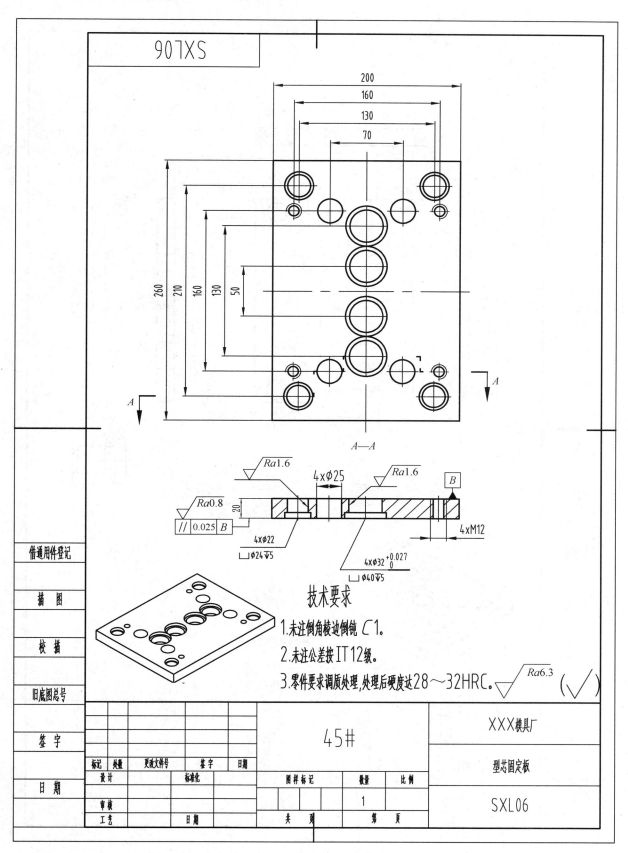

图 1-1-10 型芯固定板零件图

推板零件图如图 1-1-11 所示。

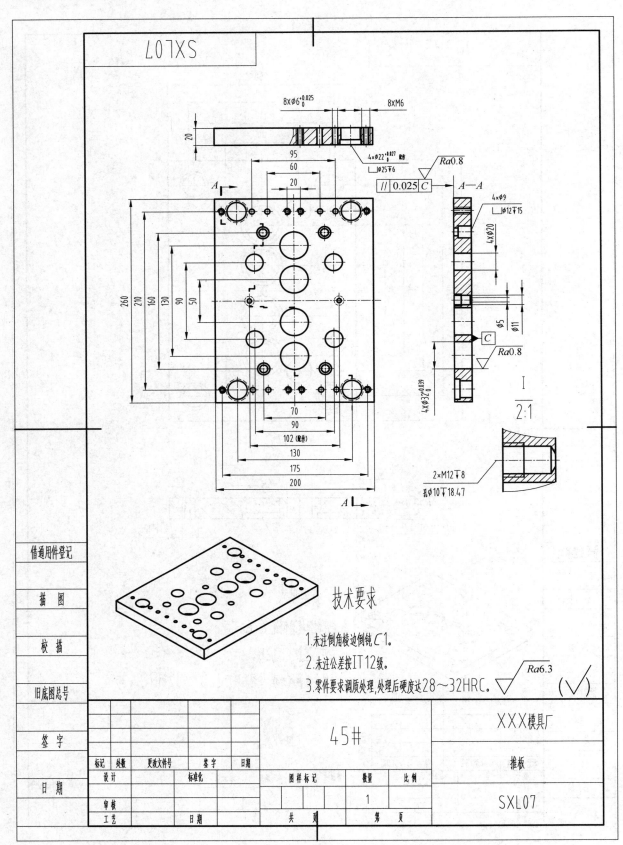

图 1-1-11　推板零件图

T 形导滑槽零件图如图 1-1-12 所示。

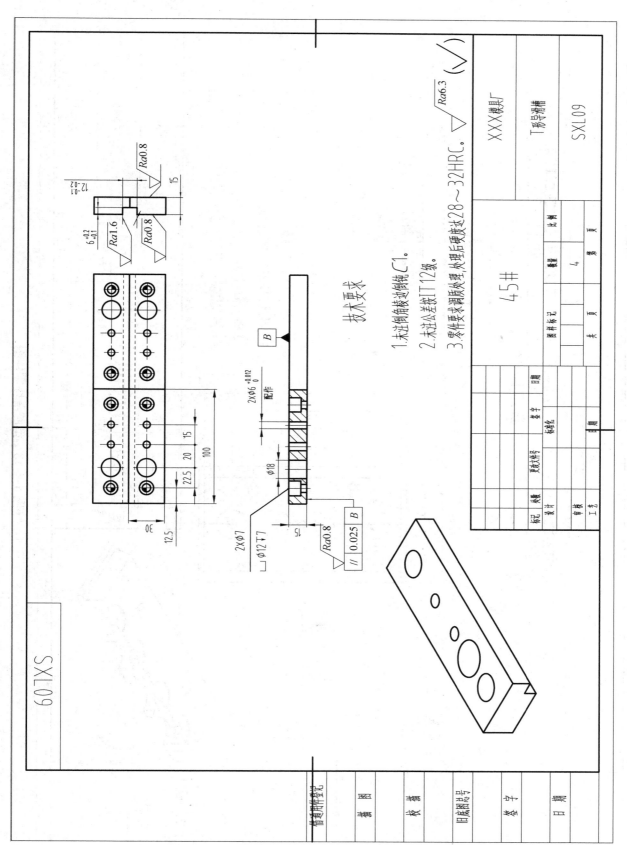

图 1-1-12　T 形导滑槽零件图

技术要求

1. 未注倒角按边棱过倒钝 C1。
2. 未注公差按 IT12 级。
3. 零件要求调质热处理，热处理后硬度达 28～32HRC。

45 钢

T 形导滑槽

SXL09

XXXX模具厂

型腔滑块零件图如图 1-1-13 所示。

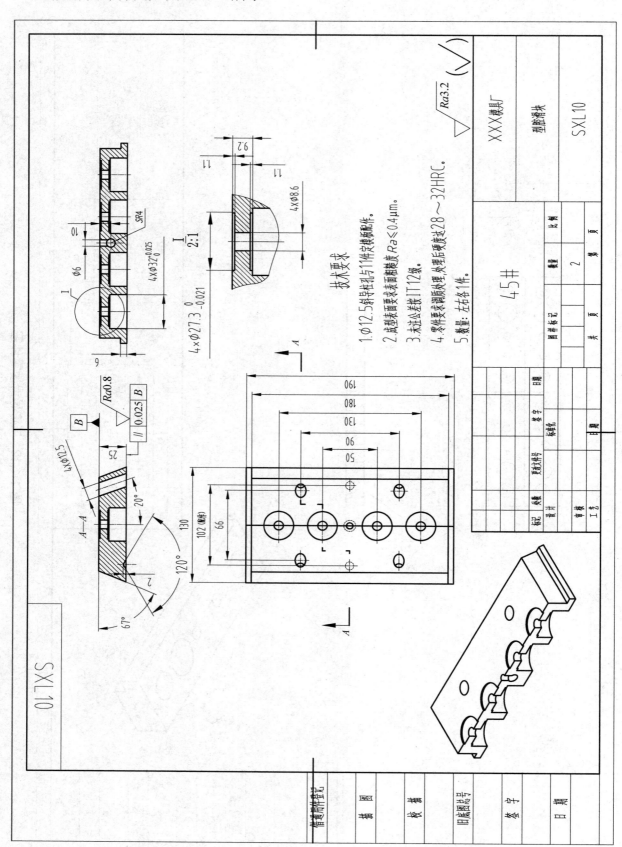

图 1-1-13 型腔滑块零件图

定模板零件图如图 1-1-14 所示。

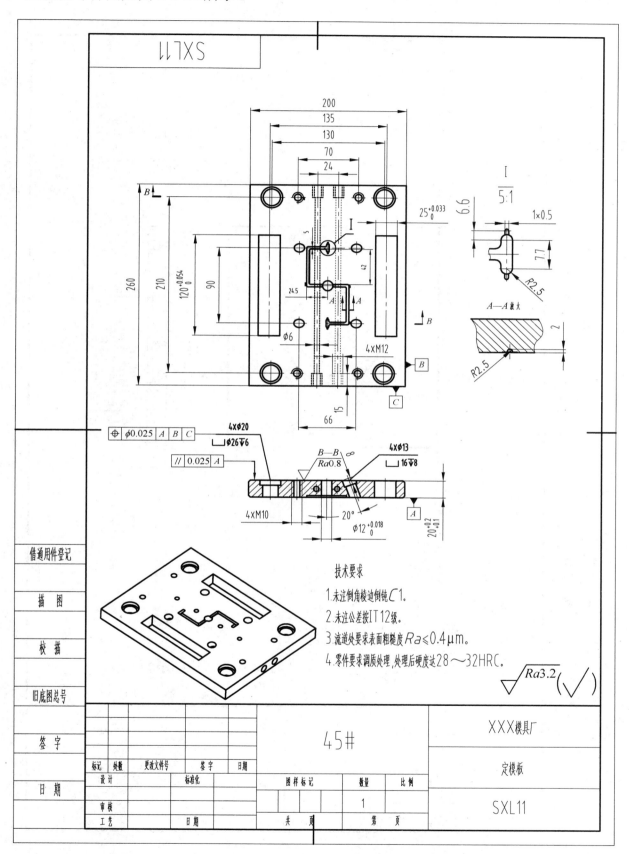

技术要求

1. 未注倒角棱边倒钝C1。

2. 未注公差按IT12级。

3. 流道处要求表面粗糙度 $Ra \leqslant 0.4 \mu m$。

4. 零件要求调质处理,处理后硬度达28～32HRC。

图 1-1-14　定模板零件图

定模座板零件图如图 1-1-15 所示。

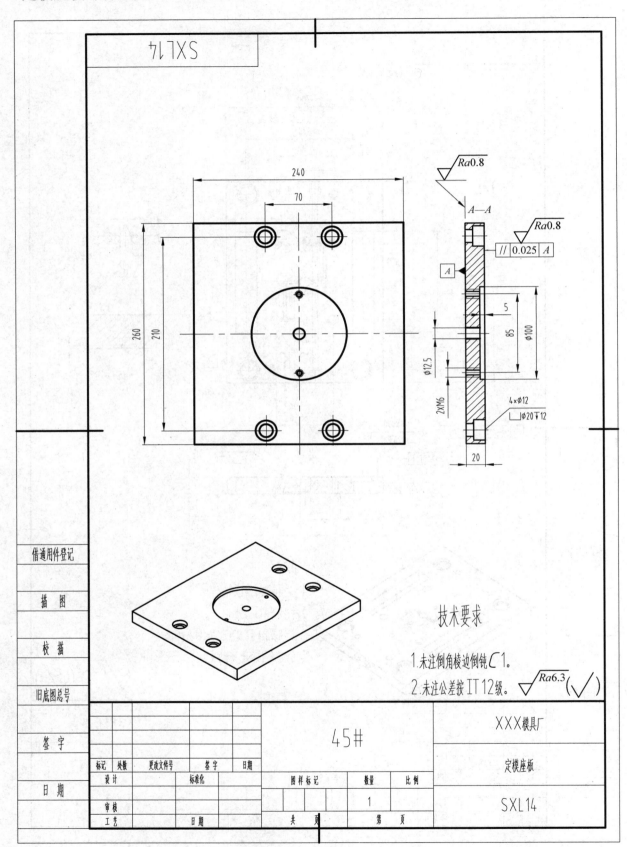

图 1-1-15 定模座板零件图

限位钉 I 零件图如图 1-1-16 所示。

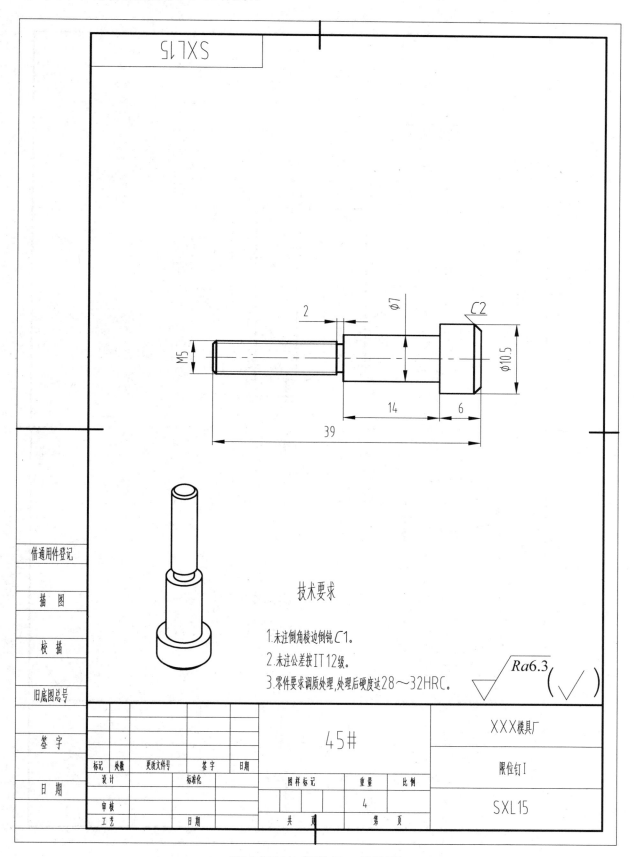

图 1-1-16 限位钉 I 零件图

型芯零件图如图 1-1-17 所示。

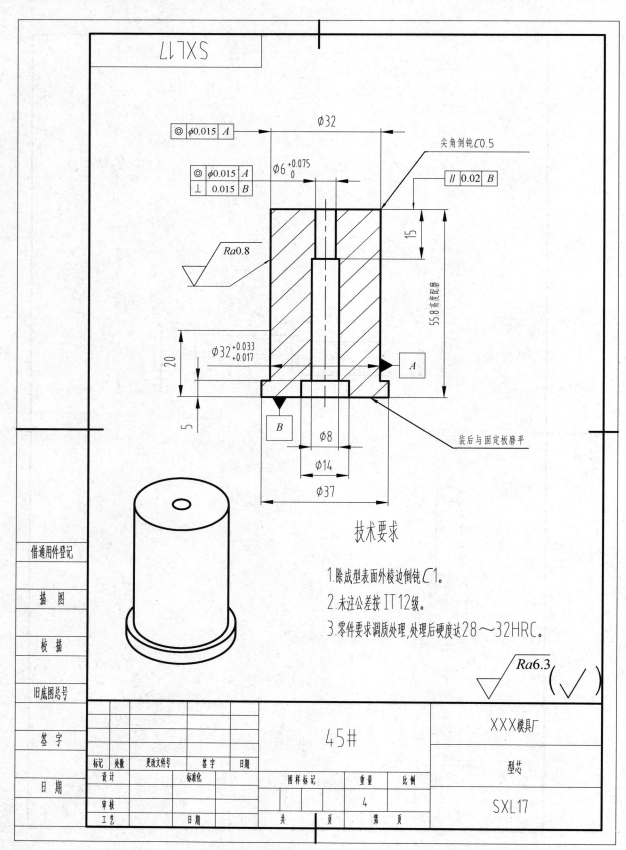

图 1-1-17　型芯零件图

小型芯零件图如图 1-1-18 所示。

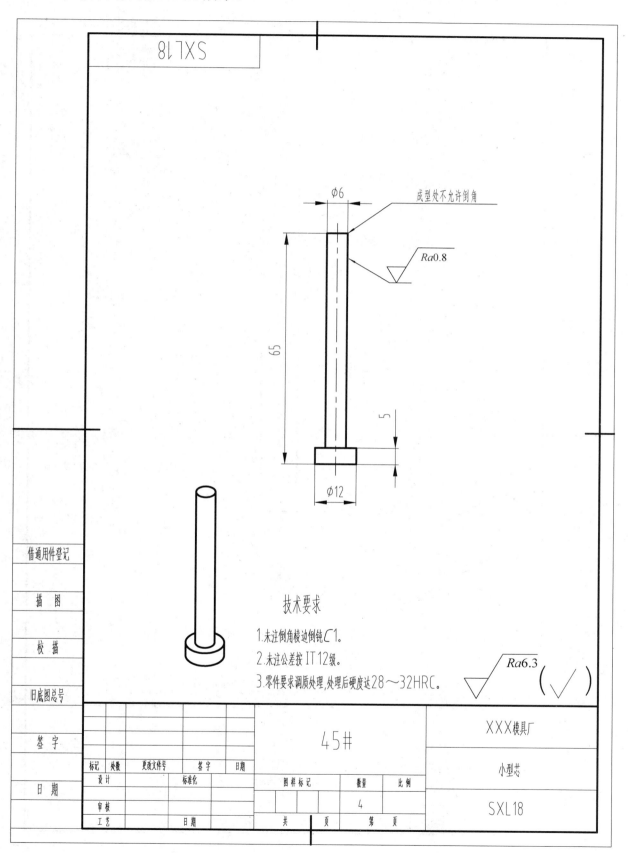

技术要求

1. 未注倒角棱边倒钝 C1。
2. 未注公差按 IT12 级。
3. 零件要求调质处理, 处理后硬度达 28～32HRC。

图 1-1-18　小型芯零件图

锁紧楔零件图如图 1-1-19 所示。

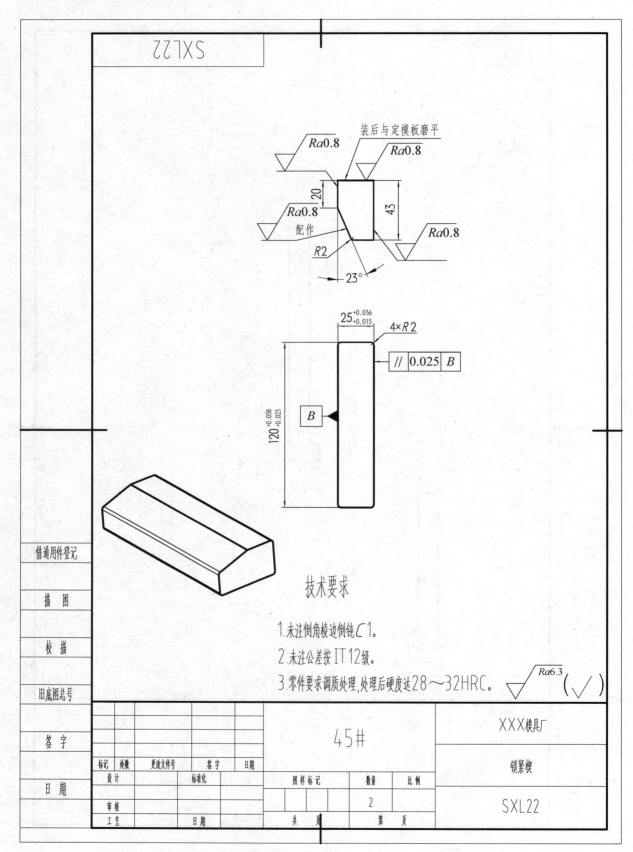

图 1-1-19　锁紧楔零件图

模脚零件图如图 1-1-20 所示。

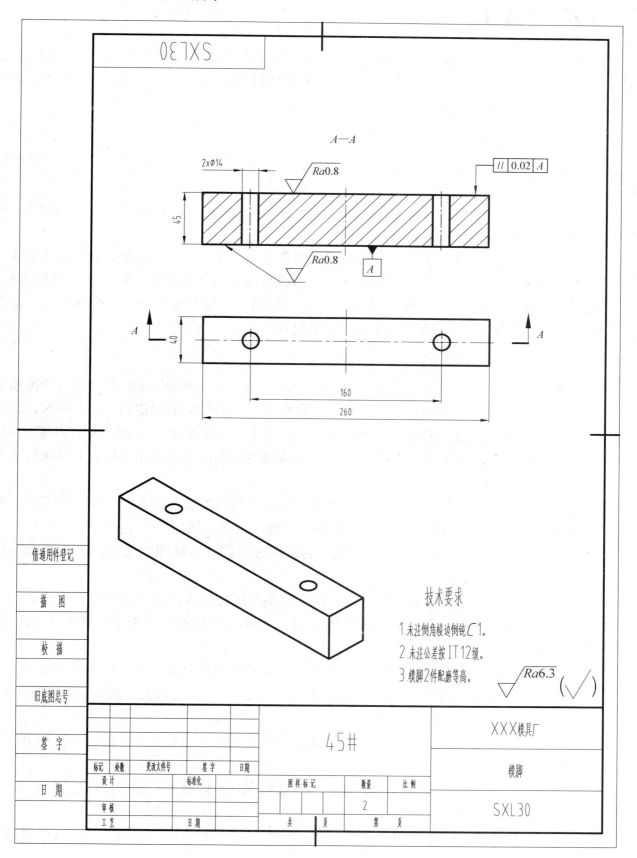

图 1-1-20　模脚零件图

![苹果图标] **【知识储备】**

塑料模具是塑料加工工业中和塑料成型机配套、赋予塑料制品完整构型和精确尺寸的工艺装备。由于塑料品种、加工方法繁多，塑料成型机和塑料制品的结构又繁简不一。所以，塑料模具的种类和结构也是多种多样的。

一、塑料注射模具的分类

（1）按成型塑料的材料不同，塑料注射模具可分为热塑性塑料注射模具和热固性塑料注射模具。

（2）按注射机的类型不同，塑料注射模具可分为卧式注射机用注射模具、立式注射机用注射模具、角式注射机用注射模具。

（3）按其采用的流道形式不同，塑料注射模具可分为冷流道注射模具和热流道注射模具。

（4）按注射模具总体结构特征不同，塑料注射模具可分为单分型面注射模具（两板式）、双分型面注射模具（三板式）、侧向分型抽芯机构注射模具、带有活动镶件的注射模具、定模带有推出装置的注射模具、自动卸螺纹机构注射模具等。

二、典型塑料注射模具的结构

塑料注射模具的结构由注射机的类型和塑料制品的结构特点决定，每副模具均由动模和定模两部分组成。动模安装在注射机的移动板上，定模安装在注射机的固定板上。注射时，动模与定模闭合后构成浇注系统及型腔，当模具分开后，塑料制品或浇注系统凝料留在动模一边，再由设置在动模内的脱模机构顶出塑料制品。根据模具中各个部件的作用不同，一套注射模具可以分成以下几个部分。

（1）成型零件：成型零件是直接与塑料接触，并决定塑料制品形状和尺寸精度的零件，即构成型腔的零件，通常由型芯（凸模）、凹模型腔及螺纹型芯、镶块等构成。

（2）浇注系统：浇注系统是将熔融塑料由注射机喷嘴引向闭合模腔的通道，通常由主流道、分流道、浇口和冷料井组成。

（3）合模导向系统：合模导向系统是为了保证动模与定模闭合时能够精确对准而设置的导向部件，起导向定位作用，它是由导柱和导套组成的，有的模具还在顶出板上设置了导向部件，以保证脱模机构运动平稳可靠。

（4）推出机构：推出机构是实现塑料制品和浇注系统脱模的装置，其结构形式有很多，最常用的有顶针、顶管、顶板及气动顶出等脱模机构，一般由顶杆、复位杆、弹簧、顶杆固定板、顶板（顶环）及顶板导柱、导套等组成。

（5）模温调节系统：模温调节系统是为了满足注射成型工艺对模具温度的要求，利用加热棒对模具温度进行调节的装置。

（6）排气系统：排气系统是为了将模腔内的气体顺利排出的装置，常在模具分型面及镶套与镶件的配合处开设排气槽。

（7）侧向分型与抽芯机构：侧向分型与抽芯机构是用来在开模推出制品前抽出成型制品上侧孔或侧凹的零部件。

（8）其他结构零件：支承与固定零件主要起装配、定位和连接的作用，如固定板、动模板、定模板、支承柱、支承板及连接螺钉等。

 【信息收集】

分析学习任务描述，找出学习任务描述中的关键信息，填写下列空格。

前期模具维修人员已按要求制订了模具维修计划，并做好常用_____、_____、_____和辅件的准备工作。本次任务按计划需要收集_____，对照模具图分析_____和_____，结合不良品缺陷，初步判断_____原因。

【知识探究】

按照不同的分类方式对塑料注射模具进行分类，将模具类型填入方框（单分型面注射模具、热塑性塑料注射模具、双分型面注射模具、侧向分型抽芯机构注射模具、热固性塑料注射模具、自动卸螺纹机构注射模具、冷流道注射模具、立式注射机用注射模具、热流道注射模具、卧式注射机用注射模具、角式注射机用注射模具、带有活动镶件的注射模具、定模带有推出装置的注射模具）。

按注射模具总体结构特征分类

按注射机的类型分类

按成型塑料的材料分类　　按采用的流道形式分类

【任务实施】

1. 识读线轮塑料模具装配图（见图1-1-3）和各零件图，回答下列问题。

（1）一幅完整的模具装配图一般包括：一组视图（零件装配关系图）、必要的尺寸、_____、_____、_____。

（2）该制品名称是_____，材料是_____。

（3）锁紧楔与滑块斜面的接触精度要求_____85%。

A．大于　　　　　　　　B．小于　　　　　　　　C．等于

塑料模具维修与维护

（4）模具的合模高度是_____mm，定模与动模分型面合模间隙是_____mm。

（5）一幅完整的零件图一般包括_____、_____、技术要求、标题栏。

（6）识读零件图的常用步骤。

一看_____：了解零件名称、_____、_____等信息。

二看视图：分析各视图之间的_____及所采用的表达方式。

三看尺寸标注：弄清零件各部分的定型尺寸、定位尺寸。

四看技术要求：分析技术要求，了解零件的质量指标。

（7）分析图 1-1-13 所示的型腔滑块零件图，从图中可以看出零件的主要信息：零件外表面粗糙度是_____，成型表面粗糙度要求是_____，零件材料是_____，热处理采用的方法是_____，热处理后的硬度是_____。

（8）分析图 1-1-21 所示的型腔滑块 3D 模型图和平面示意图及图 1-1-22 所示的线轮不良品示意图，回顾学习活动 1 中的表 1-1-2 模具维修申请单中故障描述的不良品出现的质量问题是_____（填缺陷名称），初步判断应在_____。

A．两滑块之间的分型面　　　　　　　　B．定模板与滑块之间分型面

C．型芯与滑块之间分型面

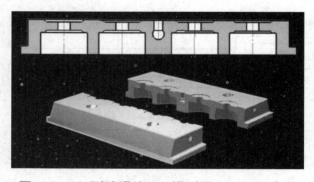

图 1-1-21　型腔滑块 3D 模型图和平面示意图

图 1-1-22　线轮不良品示意图

2．根据各零件在模具中的作用不同，可将模具零件细分为（　　　　）各个部分。

A．侧向分型抽芯机构　B．工作零件　　　　C．模温调节系统　　D．推出机构

E．工艺零件　　　　　F．成型零件　　　　G．其他结构零件　　H．排气系统

I．合模导向系统　　　K．浇注系统

32

3．分析图 1-1-23 所示的线轮塑料模具结构示意图，在方框中写出构成成型零件和侧向分型抽芯机构的各部分零件名称。

成型零件

侧向分型抽芯机构

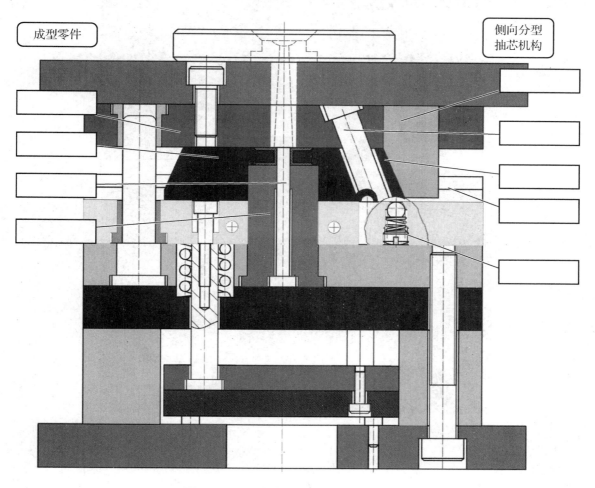

图 1-1-23　线轮塑料模具结构示意图

4．在图 1-1-24 的方框中写出构成浇注系统的各部分零件名称。

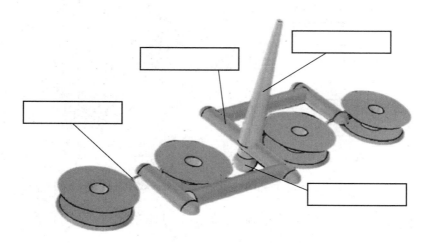

图 1-1-24　线轮塑料模具浇注系统 3D 模型示意图

5．在图 1-1-25 的方框中写出构成合模导向系统的各部分零件名称。

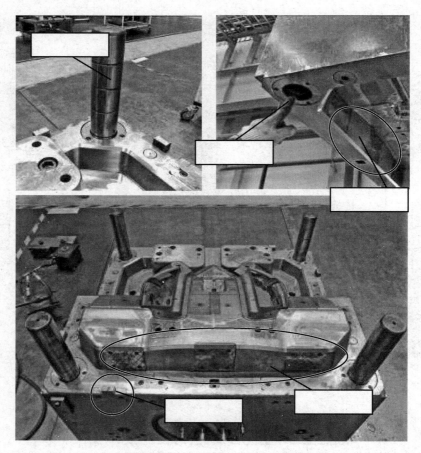

图 1-1-25　合模导向系统示意图

6．在图 1-1-26 的方框中写出构成推出机构的各部分零件名称。

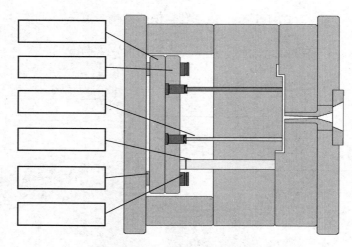

图 1-1-26　推出机构示意图

7．在图 1-1-27 的方框中写出构成模温调节系统的各系统的名称（填"冷却系统"或"加热系统"）。

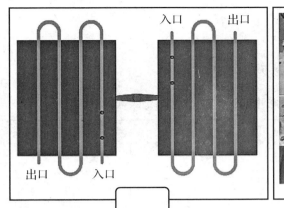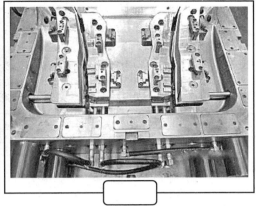

图 1-1-27　模温调节系统示意图

8. 分析图 1-1-28 所示的排气槽属于＿＿＿＿＿＿系统。

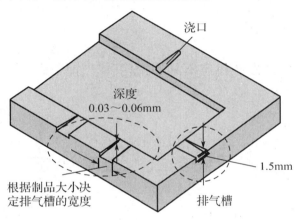

图 1-1-28　排气槽示意图

9. 扫二维码观看模具开模动画，分析图 1-1-29 所示的线轮塑料模具开模示意图，在方框中写出开模顺序（填"一次分模面"或"二次分型面"）。

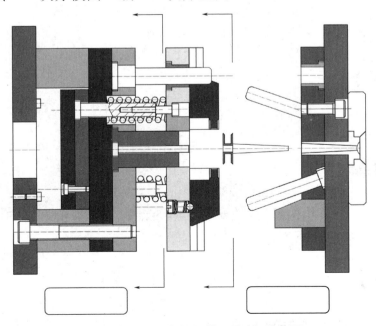

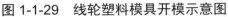

图 1-1-29　线轮塑料模具开模示意图

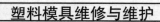
 【任务总结】

归纳总结学习任务一的收获与不足，填入表 1-1-6。

表 1-1-6　学习任务一维修前工作准备总结记录表

学习活动名称	计划和完成情况	收获提升	问题和建议
学习活动 1			
学习活动 2			

 【拓展训练】

请根据以上学习的内容分析塑料盖模具的结构和工作原理。

学习任务二　故障诊断

学习活动 1　不良品质量检查与分析

 【学习任务描述】

前期已完成维修前工作准备，本次学习任务要进行线轮塑料模具维修故障诊断，根据不良品情况，分析问题所在模具部位，初步判断模具的故障原因。

 【建议学时】

2 学时

 【学习资源】

教材《模塑工艺与模具结构》、线轮塑料模具装配图、任务书、教学课件塑料制品常见缺陷、"学习通"平台、网络资源等。

 【学习目标】

1. 能列举塑料制品的常见缺陷及解决方法。

2．能叙述塑料制品质量检验规范。

3．能根据线轮制品图的要求，参考塑料制品质量检验规范对线轮制品的质量进行检查。

4．根据不良品问题，初步判断模具问题零部件。

【任务书】

维修任务书如表 1-2-1 所示。

表 1-2-1 维修任务书

设备名称及编号	设备名称：线轮塑料模具		设备编号：SXL-101		
任务内容	线轮塑料模具在生产过程中，线轮制品产生飞边，请求维修排除故障。维修技术人员根据维修流程与现场生产人员进行沟通，了解具体生产情况并对该模具进行随机检查和调试注射成型工艺参数，但未能解决飞边问题，因此决定停机卸模进行模具检修。维修工作人员已经查阅了线轮塑料模具图，对模具结构和工作原理进行了分析。根据模具维修作业规范，维修人员需要对线轮不良品进行检查分析，初步分析模具问题所在部位，找出相应的解决办法				
时间	年　月　日　时　分—　　　年　月　日　时　分				
检查记录	说明：			工作人员签字：	
	序号	检查项目	检查结果记录	用具	备注
	1				
	2				
	3				
故障原因和解决办法					
领班确认意见	□满意　　□不满意　　其他意见：			主管签字	

【知识储备】

在生产过程中由于成型工艺参数设置得不合理或模具故障，会导致制品出现各种质量问题。当制品产生缺陷时，我们首先应当考虑通过调整成型工艺参数来解决制品缺陷问题，然后才考虑通过模具维修解决剩下的问题。

一、塑料制品常见缺陷原因分析及解决方案

塑料制品常见缺陷原因分析及解决方案如表 1-2-2 所示。

表 1-2-2 塑料制品常见缺陷原因分析及解决方案

飞边：在模具分型面或顶杆等部位出现多余的塑料。	
飞边产生原因：（1）合模力不足；（2）模具存在缺陷；（3）成型条件不合适；（4）排气系统设计不当	
飞边解决方案	
模具设计	（1）合理设计模具，保证模具合模时能够闭紧；（2）检查排气口的尺寸；（3）清洁模具表面
注射机	设置适当吨位的注射机
成型工艺	（1）增加注射时间，降低注射速度；（2）降低料筒温度和喷嘴温度；（3）降低注射压力和保压压力

流痕：在产品表面呈波浪状的成型缺陷。	
流痕产生的原因：（1）模温和料温过低；（2）注射速度和压力过低；（3）流道和浇口尺寸过小	
流痕解决方案	
模具设计	（1）增大流道中冷料井的尺寸；（2）增大流道和浇口的尺寸；（3）减小主流道尺寸或改用热流道
工艺条件	（1）增大注射速度；（2）增大注射压力和保压压力；（3）延长保压时间；（4）增大模温和料温
烧焦（焦痕）：型腔内气体不能及时排走，导致在流动料体最末端产生烧黑的现象。	
烧焦产生的原因：（1）型腔空气不能及时排走；（2）材料降解，料体温度过高，螺杆转速过快，流道系统设计不当	
烧焦解决方案	
模具设计	（1）在容易产生排气不良的地方增设排气系统；（2）增大流道尺寸
工艺条件	（1）降低注射压力和速度；（2）降低料筒温度；（3）检查加热器、热电偶工作是否正常
熔接痕：两股料流相遇熔接产生的表面缺陷。	
熔接痕产生的原因：制品中如果存在孔、嵌件或者多浇口注射模或制品壁厚不均，均可能产生熔接痕	
熔接痕解决方案	
材料	增加料体的流动性
模具设计	（1）改变浇口的位置；（2）增设排气槽
工艺条件	（1）增大料体温度；（2）减少脱模剂的使用量
银纹：水分、空气或碳化物顺着流动方向在制品表面呈放射状分布的图案。	
银纹产生的原因：（1）原料中水分含量过高；（2）原料中夹有空气；（3）聚合物降解，材料被污染，料筒温度过高，注射量不足	
银纹解决方案	
材料	注射前先根据原料商提供的数据干燥原料
模具设计	检查是否有充足的排气位置
工艺条件	（1）选择适当的注射机和模具；（2）切换材料时，把料筒中的旧料完全清洗干净；（3）改进排气系统；（4）降低料体温度、注射压力或注射速度
成品不满（缺料）：模具型腔不能被完全充满的现象。	
成品不满产生的原因：（1）模温、料温或注射压力和速度过低；（2）原料塑化不均；（3）排气不良；（4）原料流动性不足；（5）制品太薄或浇口尺寸太小；（6）聚合物料体由于结构设计不合理导致过早固化	
成品不满解决方案	
材料	选用流动性更好的材料
模具设计	（1）填充薄壁之前先填充厚壁，避免出现滞留现象；（2）增加浇口数量，减少流程比；（3）增大流道尺寸，减少流动阻力；（4）排气口的位置、数量和尺寸设置适当，避免出现排气不良的现象
工艺条件	（1）增大注射压力；（2）增大注射速度，增强剪切热；（3）增大注射量；（4）提高料筒温度和模具温度
注射机	（1）检查止逆阀和料筒内壁磨损是否严重；（2）检查加料口是否有料

二、塑料制品质量检验规范案例

XX 公司塑料制品检验规范如表 1-2-3 所示。

表 1-2-3　XX公司塑料制品检验规范

一、目的
本规范旨在定义我司塑料制品品质标准，为产品设计者提供达到产品图纸要求的系统，为质检员提供塑料制品检验与判定的参考依据，同时是模具及塑料制品供应商对产品品质要求的认知准则。

二、适用范围

本规范适用于公司生产中所需塑料制品的成品及部件，以及公司内所有产品零部件，外购件也须执行本规范，经研发部同意也允许执行供方的企业标准。

三、定义

1. 缺陷。

缺陷是影响产品的安全性能，使产品使用性能达不到期望的目标，显著降低产品的实用性，不影响产品的使用但影响产品外观的缺点。

2. 塑料制品外观缺陷。

（1）欠注：射胶量不足导致制品缺料或不饱满的现象。

（2）飞边：分模面挤出塑料的现象。

（3）缩水：材料冷却收缩造成表面凹陷的现象。

（4）凹痕凸起：制品受挤压、碰撞引起表面凹陷和隆起的现象。

（5）熔接痕：塑料分支流动重新结合形成发状细线的现象。

（6）水纹：射胶时留在制品表面的银色条纹。

（7）拖伤：开模时分模面或皮纹拖拉制品表面造成的划痕。

（8）划伤：制品从模具中顶出后，非模具造成的划痕。

（9）变形：制品出现弯曲、扭曲、拉伸的现象

（10）顶白：制品颜色泛白的现象，常出现在顶出位置。

（11）异色：制品局部与周围颜色有差异的现象。

（12）斑点：制品上与周围颜色有差异的点状缺陷。

（13）油污：脱模剂、顶针油、防锈油造成的污染。

（14）烧焦：塑料燃烧变质，通常颜色发黄，严重时炭化发黑。

（15）断裂：局部材料分离本体的现象。

（16）开裂：制品本体可见的裂纹。

（17）气泡：透明制品内部形成的中空。

（18）色差：实际颜色与标准颜色有差异的现象。

（19）修饰不良：修除制品飞边、浇口不良时，过切或未修除干净。

四、检验所需仪器和设备

色差仪、卡尺（精度不低于0.02mm）。

五、外观尺寸、配合

1. 目视条件。

（1）多方向，均匀的日光。

（2）检验外观缺陷时一般情况下不允许使用放大镜。

2. 成型制品外观、尺寸、配合。

（1）制品表面不允许的缺陷：欠注、烧焦、顶白、白线、飞边、气泡、拉白（或拉裂、拉断）、烘印。

（2）熔接痕：一般圆形穿孔熔接痕长度不大于5mm，异形穿孔熔接痕长度小于15mm，并要求熔接痕强度能通过功能安全测试。

（3）缩水：外观面明显处不允许有缩水，不明显处允许有轻微缩水（用手摸感觉不到凹痕）。

（4）变形：一般小型制品表面不平度小于0.3mm，有装配要求的需保证装配要求。

（5）外观明显处不能有气纹、料花，制品一般不能有气泡。

（6）制品的几何形状：尺寸精度应符合正式有效的开模图纸（或3D文件）要求，制品公差需根据公差原则确定，轴类尺寸公差为负公差，孔类尺寸公差为正公差，客户有要求的按客户要求执行。

（7）制品壁厚：制品壁厚一般要求做到平均壁厚，非平均壁厚应符合图纸要求，公差根据模具特性应做到小于0.1mm。

（8）制品配合：面壳底壳配合，表面错位小于0.1mm，不能有刮手现象，有配合要求的孔、轴、面要保证配合间隔和使用要求。

续表

（9）飞边在 0.2mm 以下允许修饰均匀平滑。 六、尺寸检验 1．概述。 塑料制品尺寸依据检验规范要求测量或以装配方式进行检验。 2．检验条件。 （1）批量检验时有质检部承认的限度样品。 （2）确认制品尺寸已经趋于稳定，检验后的尺寸不再发生变化。 （3）排除制品脱模斜度及变形对尺寸的影响因素。 3．检验标准。 尺寸测量结果符合检验规范的要求。尺寸装配检验符合产品装配工艺要求。	

三、对于生产中出现不良品的处理办法

如果在生产过程中出现不良品，应及时对制品进行检查。必要时必须停机，以免出现更多的不良品。对于不良品的检查包括以下内容。

1．分析不良品的类型

（1）外观不良：根据具体的不良部位判断是哪个零部件出现了问题。

（2）性能不良：拆开制品进行全面检查，查找原因。

（3）尺寸不良：需要对模具和成型参数进行全面分析，查出原因。

2．分析不良品的不良程度

如果是轻微不良，不影响制品使用功能，那么申请后处理或者维修。问题解决后方能继续开机生产。

 【信息收集】

1．分析学习任务描述和任务书，找出任务书中的关键信息，填写下列空格。

模具名称：_____。工作时间：_____。

任务内容：_____。

2．提炼本次任务知识点，收集相关知识填入表 1-2-4。

表 1-2-4　任务信息整合表

信息整合		学习方式
思考方向	塑料制品常见缺陷		网络平台 "学习通"平台 教学课件 教材
	线轮不良品问题	
	分析不良品原因	
	解决的办法	
	需要准备哪些资料	

 【知识探究】

1．在表 1-2-3 所示的 XX 公司塑料制品检验规范中规定"飞边在 0.2mm 以下允许修饰均

匀平滑"，说明有些产品的飞边是_____（填"允许"或"不允许"）的，只是需要将飞边修饰干净无刀伤，不影响外观及使用即可。但是对于表 1-2-1 所示的维修任务书中的线轮制品存在的飞边不良缺陷是_____（填"允许"或"不允许"）的，因为该处的不良缺陷会影响_____的质量。

2．分析图 1-2-1 所示的不良品缺陷，请将缺陷名称与相应的图片连起来。

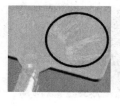   

烧焦	缺料	银纹	飞边

图 1-2-1　不良品缺陷

3．对于不良品的检验一般包括：_____不良、_____不良和_____不良。

 ## 【计划与决策】

1．通过小组合作的方式，根据线轮制品图纸要求，参照塑料制品质量检验规范，制订线轮不良品质量检查工作计划，填写表 1-2-5。

表 1-2-5　线轮不良品质量检查工作计划表

序号	检查内容	工具、量具及辅具	备注
1			
2			
3			
4			
5			
6			
7			

 ## 【任务实施】

1．查阅学习任务一学习活动 1 中的图 1-1-3 线轮塑料模具装配图，分析线轮制品图纸要求。

在技术要求中说明该模具生产的制品是_____的线轮，材料是_____。制品在 $\Phi8.6$ 圆柱表面处不允许有_____，不能影响绕线质量。由此说明在表 1-1-2 模具维修申请单中出现的线轮制品不良问题：_____是不被允许的。

2．分析图 1-2-2，对线轮不良品的质量检查需进行_____检查、_____检查。

3．分析图 1-2-3，使用＿＿＿＿＿＿＿（填量具名称）测量线轮不良品＿＿＿＿＿＿＿（填制品名称）飞边的＿＿＿＿＿＿＿（填"宽度""厚度""长度"）。

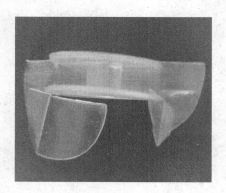

图 1-2-2　线轮不良品

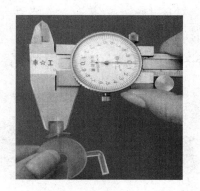

图 1-2-3　测量不良品

4．根据图 1-2-2 所示的线轮不良品，观察图 1-2-4，分析使制品出现飞边缺陷的模具零部件的具体位置为＿＿＿＿＿＿＿＿＿＿＿＿＿＿＿＿＿＿＿＿＿，并在图 1-2-4 中圈出具体部位。

A．分型面处   B．型芯与滑块结合面处
C．定模板和滑块分型面处

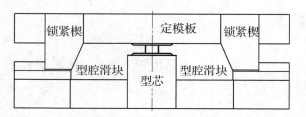

图 1-2-4　线轮模具装配组件示意图

5．将检查结果填写在表 1-2-6 中。

表 1-2-6　线轮不良品检查记录表

序号	检查内容	结论	解决方案	检查人	备注
1					
2					
3					
4					
5					
6					
7					

注：表中"结论"处填合格与否，以是否满足线轮塑料制品的图纸要求为依据。

【评价与反馈】

线轮不良品检查过程评价表如表 1-2-7 所示。

表 1-2-7 线轮不良品检查过程评价表

班级：	姓名：		学号：	日期：		
评价项目	操作内容	配分/分	评价标准	得分/分	备注
检查前准备	线轮制品（产品）图纸资料	10	没有准备图纸资料全扣		
	检查工具：精度为 0.02mm 的游标卡尺（或外径千分尺）、百分表、芯棒、V 形铁、放大镜	10	少一个扣 2 分		
安全检查	检查是否存在安全隐患	10	没有检查全扣		
检查制品外观	表面质量（包括飞边尺寸测量）	10	未测量飞边尺寸扣 5 分		
	变形情况	10	未检查全扣		
检查制品尺寸	有配合精度要求的尺寸	20	漏检查一处扣 5 分		
检查结果确认	填写不良品检查记录表（表 1-2-6）	10	填写不完整，缺 1 项扣 2 分		
安全文明生产	在检查过程中遵守《8S 现场管理制度》与"四不落地"（工具、量具、检具、制品）	10	违反一项扣 2 分		
	整理工具、量具、检具、制品、工位	10	违反一项扣 2 分		
合计/分			100		

学习活动 2 易损件精度检查及更换已损件

 【学习任务描述】

前期已经完成了线轮不良品的质量检查，本次学习任务要制定模具易损件检查及更换工艺方案，检查线轮塑料模具易损件并完成已损坏易损件的更换。

 【建议学时】

2 学时

 【学习资源】

教材《模具维护与保养》、线轮塑料模具装配图、任务书、教学课件、"学习通"平台、网络资源等。

 【学习目标】

1. 能说出导向机构精度检查方法。
2. 能列举塑料模具中的导向零件和易损件。
3. 能叙述出易损件的更换步骤和注意事项。

4．能使用通用量具检查导向机构的精度。

5．能制定出合理的模具易损件精度检查方案和易损件更换方案。

6．能完成线轮塑料模具中易损件的更换。

【任务书】

维修任务书如表 1-2-8 所示。

表 1-2-8　维修任务书

设备名称及编号	设备名称：线轮塑料模具		设备编号：SXL-101		
任务内容	前期已经完成了线轮不良品的质量检查，本次学习任务要制定模具易损件精度检查及更换方案，检查线轮塑料模具易损件并完成已损坏易损件的更换				
时间	年　月　日　时　分— 　　年　月　日　时　分				
检查记录	说明：			工作人员签字：	
	序号	检查项目	检查结果记录	用具	备注
	1				
	2				
	3				
故障原因和解决办法					
领班确认意见	□满意　　□不满意　　其他意见：			主管签字	

【知识储备】

在模具生产制品的过程中，由于零件工作性能要求不同，有些模具零件需要长期做开、闭动作，由挤压、撞击、滑动配合及脱模摩擦等原因造成零件磨损的问题是很常见的。所以为了便于模具维修人员及时更换模具零部件，缩短维修时间，保证机台生产率，一般企业会对模具生产过程中容易磨损的零件做一定量的储备，即为了预防模具零件损坏而影响生产，制作多余的易损件。

一、常见易损件

（1）模具的易损件包括两种：一种是通用标准件，如内六角螺钉、销钉、模柄、弹簧和橡胶皮等；另一种是模具易损件，如导柱、导套、定位装置、滑块、型芯、顶针、复位杆等，这些易损件应记录在塑料模管理卡片上，以备查用。

（2）紧固松动的螺钉和更换失效的顶出弹簧。

（3）紧固松动的模具零件。

（4）更换新的顶杆、复位杆等。

二、模具易损件损坏原因分析

（1）导向定位零件的损坏。

一般来说最先容易损坏的零件是导柱和导套，因为这两个滑动配合零件长期频繁地相互滑动，有时会出现干涩、润滑油不足等情况，从而造成两个零件磨损。中小型塑料模具均以导柱为定、动模之间的定位件，在长期的使用中，反复开启会导致导柱与导套间磨损，使两者之间的间隙过大，定位精度变差。这种情况出现时，应仔细检查下列内容。

① 导柱、导套周边均匀磨损时，可更换新导套，重新配置，达到精度要求。

② 导柱、导套之间单面磨损过重，主要原因是固定部位公差过大产生松动，此时需要更换导柱或导套其中之一即可。

③ 导柱、导套局部有拉伤现象，产生的原因有配合过紧、表面有污物、两者之间中心距误差等。轻度拉伤可局部研磨、抛光，重度拉伤需要更换导柱、导套，重新寻找定位精度。

（2）金属嵌件在型腔中被高压熔料冲击，出现歪斜或变形，合模时造成型腔面出现压痕或凹坑。

（3）模具中的定位止口和随开、合模动作滑动的滑块因受挤压而变形或磨损等。

（4）侧向分型抽芯机构长期需要滑合运动，也容易出现滑块、导滑零件、锁紧楔等零件的磨损。小型的侧向分型抽芯零件，一般会多做一定数量的备用件，在便零件磨损后更换，节约维修时间。

【信息收集】

1. 分析学习任务描述和任务书，找出学习任务描述中的关键信息，填写下列空格。

本次学习任务要_____，检查_____并完成_____的更换。

2. 模具的易损件包括两种，一种是通用标准件，另一种是模具易损件，请根据图1-2-5～图1-2-8写出图中易损件的名称：

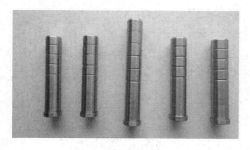

图1-2-5　易损件1

（1）_____

图1-2-6　易损件2

（2）_____

图1-2-7　易损件3

（3）_____

图1-2-8　易损件4

（4）_____

3．识读图 1-1-3 线轮塑料模具装配图，写出线轮塑料模具易损件的名称和序号。

_____

_____

_____

4．观察图 1-2-9 和图 1-2-10，回答下列问题。

图 1-2-9　导柱 1

图 1-2-10　导柱 2

（1）导柱在模具中主要起_____作用，不能用导柱作为受力件。

（2）在注射成型时由于塑件壁厚不均匀或大型模具因各方向充料速率不同，以及自重的影响，产生动、定模偏移等现象，造成注塑时动、定模将产生巨大的侧向偏移力或因为缺润滑导致导柱_____、_____，甚至断裂等，问题严重时无法保证导向精度，此时需要及时维修或更换零件。

（3）对于中小型塑料模具均以_____ 为定、动模之间的定位件，在长期的使用中，反复开启会导致导柱与导套间磨损，两者之间间隙过大，定位精度_____。这种情况出现时，应仔细检查下列内容。

① 导柱、导套周边均匀磨损时，可更换新_____ ，重新配置，达到精度要求。

② 导柱、导套之间单面磨损过重，多属导柱_____ 部位公差过大产生松动所致，此时需要更换导柱或导套其中之一即可。

③ 导柱、导套局部有拉伤现象，产生的原因有配合过紧、表面有污物、两者之间中心距有误差等。轻度拉伤可局部研磨、抛光，重度拉伤需要_____ 导柱、导套，重新寻找定位精度。

5．观察图 1-2-11 所示的顶杆磨损案例和图 1-2-12 所示的滑块断裂案例，回答以下问题。

图 1-2-11　顶杆磨损案例

图 1-2-12　滑块断裂案例

（1）顶杆前端保留_____mm 的配合段，后部避空 0.5mm。顶杆、顶针与孔的配合间隙一般在 0.05～0.08mm，间隙太小或缺少润滑油，可能因模温升高，导致顶杆孔膨胀而卡死。

（2）塑料模具的重要失效形式可分为：磨损失效、局部塑性变形失效和_____失效。

6. 观察图 1-2-13 所示的弹簧失效案例，发现失效的弹簧要及时＿＿＿＿＿＿＿＿＿＿＿＿＿。

图 1-2-13　弹簧失效案例

 【计划与决策】

小组合作，结合塑料模具的维修步骤，制定线轮塑料模具易损件更换方案，各小组优化工作计划并完成表 1-2-9 所示的线轮塑料模具易损件更换方案。

表 1-2-9　线轮塑料模具易损件更换方案

序号	工作步骤	作业内容	工具、检具、用材	备注
1				
2				
3				
4				
5				
6				
7				
	操作时长			

 【任务实施】

1. 导柱、导套的更换和安装。

（1）利用清洗剂清洗＿＿＿＿＿＿和＿＿＿＿＿＿、去掉毛刺。

（2）检查导柱和导套装配部分及配合座孔公差，配合精度是＿＿＿＿＿＿，检查＿＿＿＿＿（填"符合"或"不符合"）图纸要求。除此之外，还要保证动、定模板上导柱和导套安装孔的中心距一致（其误差不大于 0.01mm）。

（3）＿＿＿＿＿＿部位涂润滑油。

2. 顶杆的折断、弯曲、磨损，一般＿＿＿＿＿＿顶杆，因为它是标准件，使用前要对顶杆＿＿＿＿＿＿，装配好后要求通过摆动来消除顶杆动模芯与顶杆固定板的积累误差（垂直度、同轴度、位置度），顶杆装配好后，要在顶杆板内摆动，以达到消除误差的目的，但不能有轴向转动。

3. 按照制定的易损件更换方案，结合生产实际情况规范完成易损件更换作业，并规范填写维修记录表。

【评价与反馈】

线轮塑料模具易损件检查更换过程评价表如表 1-2-10 所示。

表 1-2-10 线轮塑料模具易损件检查更换过程评价表

班级：	姓名：	学号：		日期：		
评价项目	操作内容	配分/分	评价标准	得分/分	备注
零件更换前准备	线轮塑料模具图纸资料	2	没有准备图纸全扣		
	工具：铜棒、垫块。量具：游标卡尺、刀口直角尺、高度游标卡尺、百分表	5	少一个扣1分		
安全检查	检查是否存在安全隐患	6	没有检查全扣		
导柱、导套检查和更换	检查保证导柱、导套和模板等零件间的配合符合要求	10	漏检查一项扣5分		
	压入模板后，导柱和导套孔检查与调整模板的安装基面垂直	10	不垂直全扣		
	安装完成后模具导向机构灵活滑动，无卡滞现象	10	滑动有卡滞全扣		
检查其他易损件，问题易损件更换	检查螺栓、销钉等零件	10	问题零件漏换一个扣5分		
	检查弹簧	10	问题零件漏换全扣		
	检查顶杆等零件	10	问题零件漏换一个扣5分		
	能在规定的时间内完成任务	5	每超时5min扣2分		
安全文明生产	操作过程中按规范要求使用工具、量具，符合模具装配规范	10	操作不规范，存在安全隐患全扣		
	在操作过程中保持《8S现场管理制度》，"四不落地"（工具、量具、检具、制品）	6	违反一项扣2分		
	整理工具、量具、检具、制品、工位	6	违反一项扣2分		
合计/分		100			

学习活动3 成型零件精度检查

 【学习任务描述】

前期已经完成了易损件的检查与已损坏易损件的更换，本次学习任务要检查成型零件的磨损和变形情况，使用杠杆百分表、游标卡尺等通用量具测量成型零件的尺寸，填写检查报告，完成线轮塑料模具成型零件精度检查。

 【建议学时】

2 学时

【学习资源】

教材《模具维护与保养》、线轮塑料模具装配图、任务书、教学课件、"学习通"平台、网络资源等。

【学习目标】

1. 能叙述成型零件的尺寸精度要求。
2. 能制订出合理的成型零件尺寸精度检测计划。
3. 能规范使用工具、量具完成成型零件的尺寸精度检测。

【任务书】

维修任务书如表 1-2-11 所示。

表 1-2-11 维修任务书

设备名称及编号	设备名称：线轮塑料模具		设备编号：SXL-101		
任务内容	前期已经完成了易损件的检查与更换，本次学习任务要检查成型零件的磨损和变形情况，使用杠杆百分表、游标卡尺等通用量具测量成型零件的尺寸，填写检查报告，完成线轮塑料模具成型零件尺寸精度检查				
时间	年 月 日 时 分— 年 月 日 时 分				
检查记录	说明：			工作人员签字：	
	序号	检查项目	检查结果记录	用具	备注
	1				
	2				
	3				
故障原因和解决办法					
领班确认意见	□满意 □不满意 其他意见：			主管签字	

【知识储备】

一、杠杆百分表的检查

杠杆百分表是利用机械结构将测杆的直线移动，经过齿条齿轮传动放大，转变为指针在圆刻度盘上的角位移，并通过刻度盘进行读数的指示式量具，常用的刻度值为 0.01mm，杠杆百分表不能单独使用，必须通过表架将其夹持后才能使用。它不仅可以用于测量，还可以用于某些机械设备的定位读数。

（1）检查外观：检查表面是否透明，不允许有破裂和脱落现象，后封盖要密封严实，测量杆、测头、装夹套筒等活动部位不得有锈迹，表圈转动要平稳，静止要可靠。

（2）检查指针灵敏度：推动测量杆，测量杆的上下移动应平稳、灵活，无卡住现象，指针与表盘不得摩擦，字盘不得晃动。

（3）检查稳定性：推动侧杆 n 次，观察指针是否能回到原位，其允许误差不大于±0.003mm。

二、先进检测技术（手持式激光 3D 扫描仪）

传统方式一般采用人工测量，容易产生误差且效率较低。

1. 测量误差

由于大部分零部件具有不规则的曲面形状，人工测量存在测量中估读的情况，导致有些零部件测量数值有误差。

2. 效率低下

以大尺寸、大质量的零部件为例，如果采用人工测量方式，检测员需要耗费 3～5 天的时间才能完成检测。

高精度 3D 扫描方案：通过手持式激光 3D 扫描仪获取零件完整的 3D 数据，精度高，且无须贴点，可以快速、全面、高精度地采集工程机械零部件的 3D 数据。将其导入相关检测软件，即可快速检测整个零部件是否发生形变，以及测量一些装配点的重要尺寸。使用高精度 3D 扫描检测技术，准确率与效率会大幅度提升。检测相同尺寸的工件，3D 扫描仪+3D 检测软件，仅需半小时即可完成，一天能够检测很多个工程机械零部件。而用传统的人工测量方式，检测效率低，耗时较多。

 【信息收集】

1. 分析学习任务描述和任务书，找出学习任务描述中的关键信息，填写下列空格。

前期已经完成了_____，本次学习任务要_____的_____和_____情况，使用_____、_____等通用量具测量成型零件的尺寸，填写_____，完成线轮塑料模具_____检查。

2. 提炼本次任务知识点，收集相关知识并填写表 1-2-12 所示的任务信息整合表。

表 1-2-12　任务信息整合表

信息整合			学习方式
思考方向	为什么检查		网络平台 "学习通"平台 教学课件 教材
	检查哪里		
	怎么检查		
	用什么工具检查		
	需要准备哪些资料		

 【计划与决策】

1. 通过小组合作的方式，编制线轮塑料模具成型零件检查过程卡片。

2. 通过小组合作填写表 1-2-13，确定百分表、游标卡尺等工具的操作步骤。

表 1-2-13 线轮塑料模具成型零件检查步骤表

序号	步骤	工具、用具、耗材等	使用规范	备注
1				
2				
3				
4				
5				
6				

 【任务实施】

1. 观察图 1-2-14 和图 1-2-15，分析图中实施的是线轮塑料模具成型零件哪些项目的检查。

（1）图 1-2-14 是检查作业项目中的_____。

检查结果：_____。

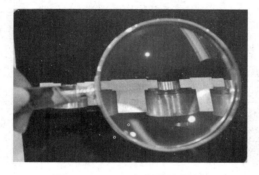

图 1-2-14 型腔滑块检查

（2）图 1-2-15 是检查作业项目中的_____、_____。

检查结果：_____。

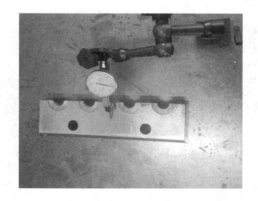

图 1-2-15 零件检查

（3）检查型芯的磨损或变形程度，检查结果：_____。

2. 填写表 1-2-14 所示的成型零件精度检查记录表。

表 1-2-14　成型零件精度检查记录表

序号	检查内容	检查结论	问题原因及解决办法	检查人
1				
2				
3				

 【评价与反馈】

线轮塑料模具成型零件精度检查评价表如表 1-2-15 所示。

表 1-2-15　线轮塑料模具成型零件精度检查评价表

班级：　　　　　　姓名：　　　　　　学号：　　　　　　日期：

评价项目	操作内容	配分/分	评价标准	得分/分	备注
检查前准备	线轮塑料模具零件、图纸资料	5	没有准备图纸全扣		
	检查工具：带表游标卡尺、百分表、放大镜	3	少一个扣 1 分		
安全检查	检查是否存在安全隐患	6	没有检查全扣		
检查成型零件外观	表面质量（磨损程度）	15	漏一项检查扣 10 分，操作不规范扣 5 分		
	变形情况	15			
检查成型零件尺寸	有配合精度要求的尺寸（绕线位置）	15			
	无配合精度要求的尺寸	15			
检查结果确认	填写检查记录报告	10	漏填一项扣 2 分		
安全文明生产	在检查过程中保持《8S 现场管理制度》，"四不落地"（工具、量具、检具、制品）	8	违反一项扣 2 分		
	整理工具、量具、检具、制品、工位	8	违反一项扣 2 分		
合计/分			100		

学习活动 4　侧向分型抽芯机构配合精度检查

 【学习任务描述】

前期我们完成了成型零件精度的检查，本次学习任务进行侧向分型抽芯机构配合精度检查，按工作计划要求制定检查方案，并按检查方案实施 T 形导滑槽与滑块之间配合精度的检查。

 【建议学时】

2 学时

 【学习资源】

教材《模具维护与保养》、线轮塑料模具装配图、任务书、教学课件、"学习通"平台、网络资源等。

【学习目标】

1. 能叙述线轮塑料模具侧向分型抽芯机构的配合精度要求。
2. 能叙述塞尺法和研点法的技术要点。
3. 能制定出合理的侧向分型抽芯机构配合精度检查方案。
4. 能用塞尺法完成线轮塑料模具侧向分型抽芯机构配合精度的检查，记录检查结果。
5. 能用研点法检查线轮塑料模具锁紧楔与滑块斜面的接触精度，记录检查结果。

【任务书】

维修任务书如表 1-2-16 所示。

表 1-2-16　维修任务书

设备名称及编号	设备名称：线轮塑料模具　　　　　设备编号：SXL-101				
任务内容	前期我们更换了已磨损的模具易损件，完成了成型零件精度的检查，本次学习任务进行侧向分型抽芯机构配合精度检查，要求制定检查方案，并按检查方案实施该机构的检查				
时间	年　　月　　日　　时　　分—　　　年　　月　　日　　时　　分				
检查记录	说明：　　　　　　　　　　　　　　　　　　　　　　　工作人员签字：				
	序号	检查项目	检查结果记录	用具	备注
	1				
	2				
	3				
故障原因和解决办法					
领班确认意见	□满意　　　□不满意　　　其他意见：		主管签字		

【知识储备】

一、侧向分型抽芯机构知识回顾

当塑件的侧面带有孔或凹槽时（见图 1-2-16），需采用侧向分型抽芯机构（见图 1-2-17）才能满足塑件成型的要求。

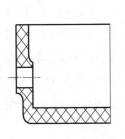 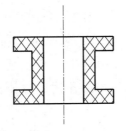

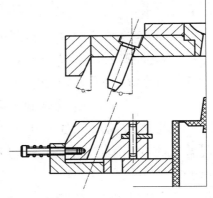

图 1-2-16　塑件的侧面带孔或凹槽　　　　图 1-2-17　侧向分型抽芯机构

在模具每次开合过程中，通过零件滑动才能实现抽芯动作，因此侧向分型抽芯机构零部件属于移动件。移动件的摩擦部件必然产生磨损，结果会导致移动件无法精确复位，磨损严重时，需要先更换磨损件，然后按其实际测量尺寸加工配件。

结合线轮塑料模具装配图和图 1-2-18，用笔圈出或标识出图 1-2-19 中需要检查线轮塑料模具侧向分型抽芯机构中哪些零部件的配合面精度。

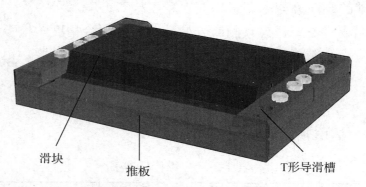

图 1-2-18   线轮模具滑块与 T 形导滑槽装配 3D 示意图

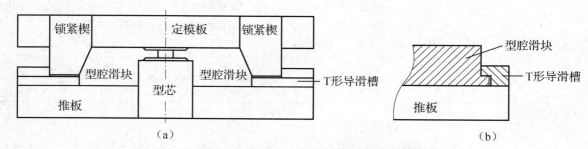

图 1-2-19   线轮塑料模具侧向分型抽芯机构装配简图

二、常见零部件配合精度检查方法

根据零部件的工作要求不同，检查零部件配合精度的方法主要有两种：一种是塞尺法，即利用塞尺检查间隙大小；另一种是研点法，采用研点法检查接触精度及贴合程度。下面我们分别来学习这两种检查方法。

1. 塞尺法

塞尺法操作步骤如下。

（1）用干净的布将塞尺（薄厚规）表面擦拭干净，不能在塞尺沾有油污或金属屑的情况下进行测量，否则将影响测量结果的准确性。

（2）将塞尺插入被测间隙，来回拉动塞尺，若感到稍有阻力，说明该间隙值接近塞尺上所标的数值。若拉动时阻力过大或过小，说明该间隙值小于或大于塞尺上所标的数值。

（3）在进行间隙的测量和调整时，先选择符合间隙规定的塞尺插入被测间隙，然后一边调整，一边拉动塞尺，直到感觉稍有阻力为止，此时塞尺上所标的数值即被测间隙值。

（4）当间隙较大或希望测量出更小的尺寸范围时，单片塞尺已无法满足测量要求，可以使用数片塞尺叠加在一起插入间隙（在塞尺的最大规格满足使用间隙要求时，尽量避免多片叠加，以免造成累计误差）。

（5）将塞入的塞尺的读数相加，计算间隙值。

2．塞尺使用注意事项

（1）使用塞尺前须确认塞尺是否已被校验及是否在校验有效期内。

（2）不允许在测量过程中剧烈弯折塞尺，或用较大的力硬将塞尺插入被测间隙，否则将损坏塞尺的测量表面或影响零件表面的精度。

（3）要根据结合面的间隙选用塞尺片数，片数越少越好。

（4）不能用塞尺测量温度较高的工件。

（5）使用塞尺时必须注意正确的操作方法。

（6）读数时，按塞尺上所标数值直接读数即可。

（7）塞尺必须定期保养。

（8）使用完毕，先将塞尺擦拭干净，并薄涂一层工业凡士林，再将塞尺折回夹框内，以防塞尺锈蚀、弯曲、变形或损坏。

（9）不能用生锈的塞尺测量间隙，塞尺不用时必须妥善保管，以防塞尺生锈变色而影响使用。

（10）存放时，不能将塞尺放在重物下，以免损坏塞尺。

（11）不要将塞尺暴露于粉尘、潮湿的环境，环境湿度应低于80%，并防止阳光、紫外线及高温辐射。

（12）不要将塞尺放在磁性物体上，在检测带磁性的工件之前应先去除它的磁性。

（13）若塞尺表面有污垢，可以用汽油擦拭，并用少量钟表油润滑主副尺的滑动面、楔形块，不能使用丙酮或酒精擦拭。电子组件及尺身平面应避免接触任何溶液。

3．研点法

先将零部件配合面擦干净，均匀薄涂上一层红丹油，再与配合零件或校准工具（如标准平板等）相配研，如图 1-2-20 所示。零部件表面上的凸起点经配研后，因被磨去红丹油而显出亮点（贴合点）。配合面的精度是以 25mm×25mm 的面积内贴合点的数量与分布疏密程度来表示的，各种平面接触精度的研点数如表 1-2-17 所示。

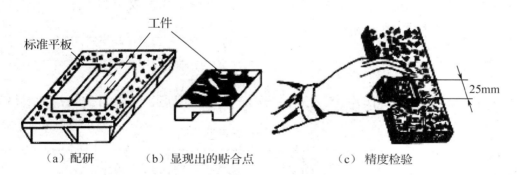

（a）配研　　　　　（b）显现出的贴合点　　　　　（c）精度检验

图 1-2-20　研点法

表 1-2-17　各种平面接触精度的研点数

平面类型	边长为 25mm 的正方形面积内的贴合点数	应用举例
一般平面	1～5	较粗糙机械零件的固定结合面
	6～8	一般结合面
	9～12	机器台面、一般基准面、机床导向面、密封结合面

平面类型	边长为25mm的正方形面积内的贴合点数	应用举例
精密平面	13~16	机床导轨及导向面、工具基准面、量具接触面
	17~20	精密机床导轨、平尺
超精密平面	21~25	1级平板、精密量具
	>25	0级平板、高精度机床导轨、精密量具

4．红丹油的调配和使用

（1）红丹是一种橙红色的粉末，色泽鲜艳，带有一定毒性，化学名称为四氧化三铅或红色氧化铅，俗称丈丹，其防锈性能好，且不溶于水和醇。

（2）红丹油的调配。

先将红丹放入容器再加机油，一边倒机油一边搅拌，机油不宜过多。搅拌后的液体呈橘黄色，涂抹在工件上呈静止状态或缓慢流动状态（根据工件材质、工件质量及操作手法可适当调整）。

（3）红丹油的使用。

使用红丹油时，先用棉布或毛刷将红丹油均匀地涂在需要检测的表面上，要求各处色调一致，每次用量不宜过多，抹匀后能看见较淡的橘黄色，反光效果差。再闭合模具让检测面接触后打开模具，检查红丹油的面积（斑点面积）占整个接触面积的百分比。红丹油在模具维修中一般用来修整动模型芯面。红丹油一般涂在型腔位置（定模的分型面）。

检查模具零件之间的接触精度及分型面合模精度时也常用研点法。

 【信息收集】

1．分析学习任务描述和任务书，找出学习任务描述中的关键信息，填写下列空格。

前期我们完成了模具成型零件精度的检查，目前未检查出具体故障原因，本次学习任务进行_____，按工作计划要求制定_____方案，并按检查方案实施_____与_____之间配合精度的检查。

2．听取老师讲解，小组合作讨论，提炼本次任务的知识点，搜集相关信息，填写表1-2-18。

表 1-2-18　任务信息搜集表

信息整合			学习方法
思考方向	检查位置		网络平台
	检查标准		"学习通"平台
	怎么检测		教学课件
	用什么工具检查		教材
	需要准备哪些资料		

【计划与决策】

通过小组合作的方式，查阅相关资料制定线轮塑料模具侧向分型抽芯机构精度检查方案，如表 1-2-19 所示。

表 1-2-19　线轮塑料模具侧向分型抽芯机构精度检查方案

一、人员分工

1. 小组负责：＿＿＿＿＿＿＿＿＿＿。

2. 小组成员及分工。

姓　名	分　工

二、工具及材料清单

序号	工具或材料名称	单位	数量	备注

三、工序及工期安排

序号	工作内容	完成时间	备注

四、防护措施

＿＿＿

＿＿＿

＿＿＿

【任务实施】

1. 分析图 1-2-21、图 1-2-22 中实施的是对线轮塑料模具的哪些部位的检测。

（1）图 1-2-21（a）是检测作业项目中的＿＿＿＿＿＿＿＿＿＿＿＿＿＿＿＿＿＿＿＿＿＿＿＿＿。

图 1-2-21（b）是检测作业项目中的＿＿＿＿＿＿＿＿＿＿＿＿＿＿＿＿＿＿＿＿＿＿＿＿＿＿＿。

结合装配图说明装配精度要求是＿＿＿＿＿＿＿＿＿＿＿＿＿＿＿＿＿＿＿＿＿＿＿＿＿＿＿＿＿。

检测采用的工具、量具是＿＿＿＿＿＿＿＿＿＿＿＿＿＿＿＿＿＿＿＿＿＿＿＿＿＿＿＿＿＿＿＿。

检测结果是＿＿＿＿＿＿＿＿＿＿＿＿＿＿＿＿＿＿＿＿＿＿＿＿＿＿＿＿＿＿＿＿＿＿＿＿＿＿＿。

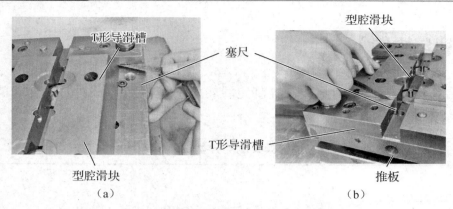

图 1-2-21　侧向分型抽芯机构配合精度检测案例

（2）图 1-2-22 是检测作业项目中的＿＿＿＿＿＿＿＿＿＿＿＿＿＿＿＿＿＿＿＿＿＿。
结合装配图说明此处的配合精度要求是＿＿＿＿＿＿＿＿＿＿＿＿＿＿＿＿＿＿＿＿。
采用的检查方法是＿＿＿＿＿＿＿＿＿＿＿＿＿＿＿＿＿＿＿＿＿＿＿＿＿＿＿＿＿。
检测结果是＿＿＿＿＿＿＿＿＿＿＿＿＿＿＿＿＿＿＿＿＿＿＿＿＿＿＿＿＿＿＿＿。

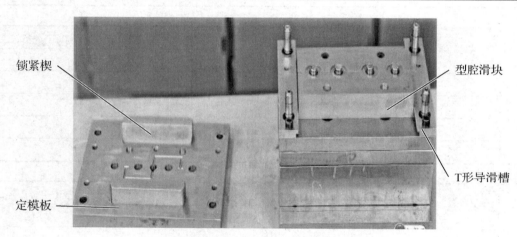

图 1-2-22　线轮塑料模具实物图

2．按照制定的检测方案，结合生产实际情况规范地完成线轮塑料模具侧向分型抽芯机构配合精度检测作业，并填写表 1-2-20。

表 1-2-20　线轮塑料模具侧向分型抽芯机构配合精度检测情况记录表

检测项目	检测结果	出现问题的原因及解决办法
其他问题		

3．根据检测结果，结合线轮不良品飞边的缺陷问题，确认线轮塑料模具的故障零件。

4. 简述线轮塑料模具侧向分型抽芯机构的配合精度检测方法。

_____

_____

_____

5. 简述研点法的技术要点。

_____

_____

_____

 【评价与反馈】

侧向分型抽芯机构配合精度检查过程评价表如表 1-2-21 所示。

表 1-2-21 侧向分型抽芯机构配合精度检查过程评价表

班级：	姓名：	学号：		日期：		
评价项目	操作内容	配分/分	评价标准	得分/分	备注
检查前准备	线轮塑料模具图纸资料	4	没有准备图纸全扣		
	工具及辅料：铜棒、塞尺、红丹、棉布、羊毛刷、机油	6	少一个扣 1 分		
安全检查	检查是否存在安全隐患	8	没有检查全扣		
检查操作	用塞尺检查 T 形导滑槽与型腔滑块配合精度（间隙检查）	15	漏一项检查扣 10 分，操作不规范扣 5 分		
	滑动过程检查	15			
	锁紧楔与型腔滑块楔紧面接触精度检查	15			
	检查结果，填写维修记录报告	15	漏填一项扣 2 分		
安全文明生产	操作过程中按规范要求使用工具、量具，符合安全操作规范	10	操作不规范，存在安全隐患全扣		
	在操作过程中保持《8S 现场管理制度》，"四不落地"（工具、量具、检具、制品）	6	违反一项扣 2 分		
	整理工具、量具、检具、制品、工位	6	违反一项扣 2 分		
合计/分		100			

【拓展训练】

请采用研点法和塞尺法对塑料盖模具侧向分型抽芯机构的配合精度进行检查。

学习活动 5 分型面合模精度检查

 【学习任务描述】

前期我们已经完成了 T 形导滑槽与滑块之间配合精度的检查,本次学习任务进行分型面合模精度检查,按工作计划要求制定分型面合模精度检查方案,完成分型面合模精度的检查。

 【建议学时】

4 学时

 【学习资源】

教材《模具维护与保养》、线轮塑料模具装配图、任务书、教学课件、"学习通"平台、网络资源等。

 【学习目标】

1. 能叙述线轮塑料模具分型面合模精度要求。
2. 能制定合理的线轮塑料模具分型面合模精度检查方案。
3. 能用塞尺法完成线轮塑料模具分型面合模精度的检查,记录检查结果,确定要维修的零件。

【任务书】

维修任务书如表 1-2-22 所示。

表 1-2-22 维修任务书

设备名称及编号	设备名称:线轮塑料模具		设备编号:SXL-101		
任务内容	前期我们已经完成了 T 形导滑槽与滑块之间配合精度的检查,本次学习任务进行分型面合模精度检查,按工作计划要求制定分型面合模精度检查方案,完成分型面合模精度的检查				
时间	年　月　日　时　分— 　年　月　日　时　分				
检查记录	说明:			工作人员签字:	
	序号	检查项目	检查结果记录	用具	备注
	1				
	2				
	3				
故障原因和解决办法					
领班确认意见	□满意　　□不满意　　其他意见:			主管签字	

【知识储备】

一、分型面的定义

为了使塑件及浇注系统凝料能从模具中顺利取出，将模具型腔按面分为两个或更多部分，这些分离的面称为分型面。

二、分型面对塑件和塑料模具的影响

（1）直接影响塑件的质量。

（2）易于塑件脱模，可提高生产率；塑件不易变形，从而提高良品率。

（3）影响塑料模具结构。同样的塑件，因为选择的分型面不同，塑料模具结构的复杂程度有很大的不同。

【信息收集】

1．分析学习任务描述和任务书，找出学习任务描述中的关键信息，填写下列空格。

前期我们已经完成了＿＿＿＿＿＿＿＿＿＿＿＿＿＿＿＿＿＿＿＿＿＿＿＿检查，本次学习任务进行

＿＿＿＿＿＿＿＿＿＿＿＿＿＿＿＿＿，按工作计划要求＿＿＿＿＿＿＿＿＿＿＿＿＿＿＿＿＿＿＿，完成分型面合模精度的检查。

2．用涂黑的方式在图 1-2-23 中标识出线轮塑料模具装配图中有关分型面合模精度检查的位置。

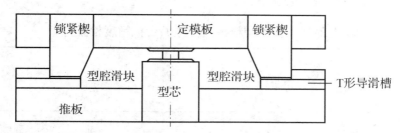

图 1-2-23　线轮塑料模具装配图局部示意图

3．听取老师讲解，小组讨论，回答以下问题。

（1）图 1-2-24 运用的是什么检查方法？

＿＿＿

（2）图 1-2-24 运用的检查方法有什么特点？

＿＿＿

（3）图 1-2-25 运用的是什么检查方法？

＿＿＿

（4）图 1-2-25 运用的检查方法需要用到哪种量具？

＿＿＿

图 1-2-24　左、右型腔滑块配合精度检查示意图　　图 1-2-25　大型芯与滑块配合精度检查示意图

4．听取老师讲解，小组讨论，提炼本次任务的知识点，搜集相关信息，填写表 1-2-23。

表 1-2-23　分型面合模精度检查信息搜集表

信息整合		学习方法
思考 方向	检查位置	
	检查标准	网络平台 "学习通"平台 教学课件 教材
	怎么检测	
	用什么工具检查	
	需要哪些资料	

 【计划与决策】

　　通过小组合作的方式制定线轮塑料模具分型面合模精度检查的流程，并填写表 1-2-24 所示的线轮塑料模具分型面合模精度检查方案。

表 1-2-24　线轮塑料模具分型面合模精度检查方案

一、人员分工
1．小组负责：＿＿＿＿＿＿＿＿＿＿＿＿。
2．小组成员及分工。

姓名	分工

二、工具及材料清单

序号	工具或材料名称	单位	数量	备注

续表

三、工序及工期安排

序号	工作内容	完成时间	备注

四、防护措施

_____

_____

_____

【任务实施】

1. 分析图 1-2-26～图 1-2-30 中实施的是线轮塑料模具的哪些检查项目。

（1）图 1-2-26 中实施的是_____。

A．测量滑块之间分型面的间隙值　　　B．检查定模板与滑块的接触精度

检查结果为_____。

（2）图 1-2-27 中实施的是_____。

A．检查滑块之间分型面的接触精度　　　B．检查定模板与滑块的接触精度

检查结果为_____。

图 1-2-26　题（1）图

图 1-2-27　题（2）图

（3）图 1-2-28 中实施的是_____。

A．检查滑块之间分型面的接触精度　　　B．检查型芯与滑块的接触精度

检查结果为_____。

（4）图 1-2-29 中实施的是_____。

A．用塞尺法检查滑块之间分型面的接触精度

B．用研点法检查锁紧楔与滑块的接触精度

检查结果为_____。

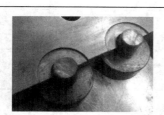

图 1-2-28　题（3）图

图 1-2-29　题（4）图

（5）图 1-2-30 中实施的是_____。

A．用塞尺法测量定模与动模之间分型面的间隙值　B．检查锁紧楔与滑块的接触精度

检查结果为_____。

图 1-2-30　题（5）图

2．按照制定的检查方案，结合生产实际情况规范地完成分型面合模精度检查作业，规范填写线轮塑料模具分型面合模精度检查情况记录表（见表 1-2-25）。

表 1-2-25　线轮塑料模具分型面合模精度检查情况记录表

检测项目	检测结果	出现问题的原因及解决办法
其他问题		

【任务总结】

学习任务二故障诊断工作总结记录表如表 1-2-26 所示。

表 1-2-26　学习任务二故障诊断工作总结记录表

学习活动名称	计划和完成情况	收获提升	问题和建议
学习活动 1			
学习活动 2			
学习活动 3			
学习活动 4			
学习活动 5			

【评价与反馈】

分型面合模精度检查过程评价表如表 1-2-27 所示。

表 1-2-27 分型面合模精度检查过程评价表

班级:	姓名:	学号:	日期:			
评价项目	操作内容	配分/分	评价标准		得分/分	备注
检查前准备	线轮塑料模具图纸资料	2	图纸不完整扣2分			
	工具：铜棒、撬棒、油漆刷	2	少一个扣1分			
	检具：塞尺、放大镜	2	少一个扣1分			
	耗材：红丹、机油	4	少一个扣2分			
安全检查	检查是否存在安全隐患	6	检查后未排除扣2分，没有检查全扣			
配显示剂	红丹和机油的调配黏度	5	太稠、太稀各扣1分			
涂抹厚度	涂抹厚度要合适	5	厚薄不合适扣2分			
检查分型面	检查滑块之间的合模精度	12	漏一项检查扣10分，操作不规范扣5分			
	检查滑块与型芯之间的精度	12				
检查锁紧面	检查锁紧楔与滑块配合斜面的接触精度	12				
检查分型面	检查定模与动模间的合模间隙	10				
检查结果确认	填写派工单检查记录	10	漏填一项扣2分			
安全文明生产	操作过程中按规范要求使用设备，符合工具、量具操作规范	6	操作不规范，存在安全隐患全扣			
	在操作过程中保持《8S现场管理制度》，"四不落地"（工具、量具、检具、制品）	6	违反一项扣2分			
	整理工具、量具、检具、制品、工位	6	违反一项扣2分			
合计/分		100				

【拓展训练】

请用以上方法检查塑料盖模具的分型面合模精度并记录检查结果。

学习任务三 模具维修

学习活动 1 分析模具故障，确定模具维修方法

【学习任务描述】

前期经过对线轮塑料模具工作性能检查——侧向分型抽芯机构检查，已经确认正是由于锁

紧楔与型腔滑块楔合面达不到 85%的接触精度要求，造成合模注射时两型腔滑块产生侧向位移，导致制品中缝出现飞边，厚度达 0.02mm。根据线轮塑料模具装配图要求可知线轮塑料模具中间绕线区域不允许生产时产生飞边，后期处理修复也不允许。因此需要针对这一故障，找到最合理的维修办法。

【建议学时】

8 学时

【学习资源】

教材《模具结构》、教材《模具维护与保养》、教材《模具装配调试与维护》、线轮塑料模具装配图、任务书、教学课件、"学习通"平台、网络资源等。

【学习目标】

1．能叙述塑料模具常见故障原因及维修方法。
2．能叙述侧向分型抽芯机构的维修方法。
3．能根据检测记录，梳理出线轮塑料模具的故障原因并选择最合理的维修方法。
4．能利用三角函数的知识计算出侧向分型抽芯机构零件的修复精度。

【任务书】

维修任务书如表 1-3-1 所示。

表 1-3-1 维修任务书

设备名称及编号	设备名称：线轮塑料模具		设备编号：SXL-101		
故障内容	前期经过模具工作性能检测——侧向分型抽芯机构检测，已经确认正是由于锁紧楔与型腔滑块贴合面达不到 85%的接触精度要求，造成合模注射时两型腔滑块产生侧向位移，导致制品中缝出现飞边，厚度达 0.02mm。现需要针对这一故障，找到最合理的维修方法				
维修时间	约定时间：　　　　　　年　　　月　　　日　　　时　　　分				
	实际到达时间：　　　　年　　　月　　　日　　　时　　　分				
	实际完成时间：　　　　年　　　月　　　日　　　时　　　分				
维修记录	未维修原因说明：			维修员签字：	
	序号	维修项目	维修结果记录	用具	备注
	1				
	2				
	3				
精度要求	1	分型面合模精度要求：型腔轮廓边缘处合模间隙要小于 0.03mm			
	2	锁紧楔与滑块贴合面的接触精度要求大于 85%			
	3	锁紧楔合面达到要求后定模与动模分型面合模间隙为 0.03～0.05mm			
车间验收意见	□满意　　　□不满意　　　其他意见：			主管签字	
备　　注					

【知识储备】

塑料模具的维修，包括使用过程中的临时维修，以及损坏和磨损后的检修，涉及维修原理、维修工具的选择和维修方法等。塑料模具的维修常用到堆焊维修、镶件维修、扩孔维修、增生维修、电镀维修、凿捻维修等方法。维修后通过试模及检验，对塑料模具质量与塑料制品质量进行检查，来确认维修后缺陷是否消除。

一、塑料模具的维修方法

1. 堆焊维修

采用低温氩弧焊、焊条电弧焊等方法先在需要修复的部位进行堆焊，再做修整，主要用来维修局部损坏或需要补缺的地方。当采用焊条电弧焊时，应对焊接的周围进行整体预热（40～80℃）与局部预热（100～200℃），以防焊接时局部成为高温区而产生裂纹、变形等缺陷。此外，为了提高焊接的熔接性能，被焊处在堆焊前最好加工出5mm左右深的凹坑或用中心钻钻孔，如图1-3-1所示。要防止操作时火花飞溅到其他部位，尤其是在型腔表面操作时更要小心，避免在焊接时出现新的缺陷。

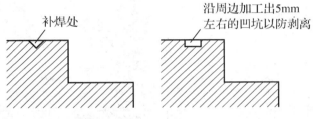

图1-3-1　需补焊部位加工出凹坑

2. 镶件维修

首先利用铣床或线切割等加工方法将需要维修的部位加工成凹坑或通孔，然后用一个镶件嵌入凹坑或通孔，达到维修的目的，如图1-3-2所示。这种维修方法不仅应用于模具维修，更多地应用于模具设计，因便于加工、降低零件成本而被广泛采用。镶件维修虽然不会像焊接那样产生变形，但镶件拼缝会在制品上留下痕迹。

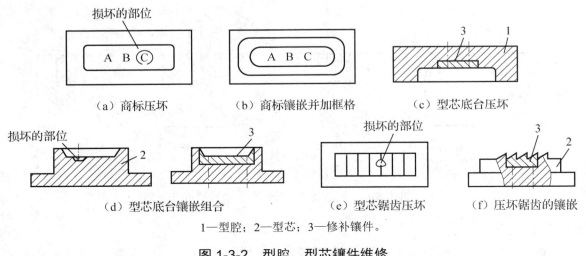

（a）商标压坏　　（b）商标镶嵌并加框格　　（c）型芯底台压坏

（d）型芯底台镶嵌组合　　（e）型芯锯齿压坏　　（f）压坏锯齿的镶嵌

1—型腔；2—型芯；3—修补镶件。

图1-3-2　型腔、型芯镶件维修

3．扩孔维修

当各种杆的配合孔因滑动而磨损时，可扩大孔径，并采用对应大的杆径与之配合的方法进行维修。

4．增生维修

当型腔面局部因加工失误或其他原因出现损坏时，在采用焊接、镶件或凿捻维修不合适的情况下，可以采用增生维修。

图 1-3-3 所示为用增生维修修补型腔，先在其损坏部位的背面钻一个大于压坏面积 1 倍的深孔，深孔距型腔受损面的深度为所钻孔深度的 1/2～2/3，再用销子冲击深孔的底部。经冲击后，受损部位型腔底部产生变形凸出、隆起。用一根圆销将深孔堵住，并磨平、焊牢（或用螺钉固定住）。最后把型腔底部隆起部分修平、抛光，使型腔恢复原状。这种维修方法称为增生维修，可使所修型腔表面不留任何维修痕迹。

当型腔压损的位置在型腔的侧壁时，如图 1-3-4 所示，也可以采用增生维修对其进行修复。先在侧壁损坏部位附近钻一个 $\Phi10\sim\Phi12\text{mm}$ 的大孔，要求孔的深度略超过被损位置，孔的边缘离型腔壁为 4～5mm，再用一把头部硬且光亮的销子进行撑挤，使损坏处被撑挤出，最后将撑挤的孔扩大、扩平。用一根圆柱销子将孔堵死，焊接牢固，修平、抛光。这样修复后的型腔不会留下任何痕迹。

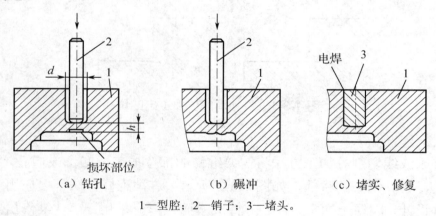

（a）钻孔　　　（b）碾冲　　　（c）堵实、修复

1—型腔；2—销子；3—堵头。

图 1-3-3　用增生维修修补型腔

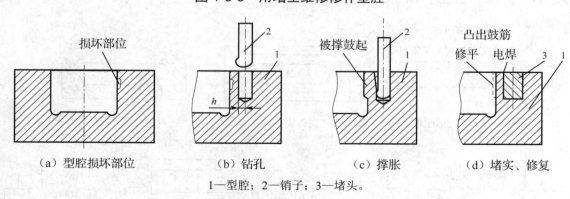

（a）型腔损坏部位　　（b）钻孔　　（c）撑胀　　（d）堵实、修复

1—型腔；2—销子；3—堵头。

图 1-3-4　用增生维修修复型腔侧壁损伤

5．电镀维修

电镀维修主要用于要求提高模具表面质量、增加模具硬度及增强耐腐蚀性等的型腔或型芯

零件的维修。电镀维修作为模具维修的一种方法，只适用于为了获得整体制品而使壁厚适当减小的场合，这是由于型腔或型芯通过电镀后，其表面会附着一层薄镀层，从而能达到减小制品壁厚的目的。电镀维修的方法有许多种，应用在模具方面的主要有电镀铬和化学镀镍。

　　电镀铬可分为装饰铬和镀硬铬两种。装饰铬一般先在钢表面上镀铜（层厚约 20μm）、镍（层厚约 10μm）后再镀铬（0.5μm），镀硬铬时一般不进行底层处理，镀层厚度可达 14～120μm。塑料模具中镀层厚度常为 100～125μm，镀层的硬度可达 60HRC 以上。

　　化学镀镍是把工件浸渍在金属溶液中进行化学镀的一种方法，一般镀层厚度为 125μm，误差在 10%以下。

二、塑料模具损坏的原因分析及维修方法

1．塑料模具不正常损坏的原因

　　（1）操作时，镶件未放稳就合模，使模具型腔局部被损坏。

　　（2）模具的型芯较细，在压制或注射成型时，被料流冲歪斜或因塑料制品脱模困难而用锤子重力敲击使型芯弯曲，造成模具难以成型或产品质量不合格。

　　（3）分型面使用一段时间后，合模不严密，溢边太厚，影响塑料制品质量。

　　（4）型腔由于长期受塑料制品摩擦和热冲击，表面质量下降，使制品表面粗糙度增大。

　　（5）模具由于长期受冲击，紧固零件及定位圆柱销松动，而使模具零件发生位移，影响制品质量。

　　（6）模具机体内的导向零件、推件装置磨损后动作失灵，影响制品质量及难以脱模。

2．塑料模具局部不正常损坏的维修方法

　　（1）根据图样更换损坏件。

　　（2）对于损坏的型腔，若是未淬火的零件，可用铜焊（一般采用 CO_2 气体保护焊等，焊后进行机械加工或钳工修复抛光）或局部镶嵌的方法修复；若是已淬火的零件，则可用环氧树脂进行粘补。

　　（3）对于皮纹表面的修复，应采用特殊的工艺进行处理，如先利用模具钢材料的塑性变形修复损坏的表面，再进行局部腐蚀。

　　（4）如果分型面合模不严密、溢料多，可先把分型面磨平，再把型腔加工到对应的深度。

　　（5）模具在工作一段时间后，一定要检查固定零件及定位圆柱销的紧固程度。必要时应重新紧固，以免模具零件因松动而产生位置偏移，从而影响制品质量与精度。

　　（6）模具在使用一段时间后，要定期对型腔与型芯进行抛光，以保持原有粗糙度，以免使制品表面质量下降。在条件允许的情况下，最好将型腔抛光镀铬，以保持较好的表面质量。

　　（7）对于被损坏的型芯，若未经淬火，可用铜焊或局部镶嵌的方法修复。对于已淬火的型腔，可采用环氧树脂粘补的方法修补被损坏部位。但无论采用何种方法，修补后必须进行修磨、抛光，尽量使其恢复到原来的状态。

　　（8）对于无法维修的模具零件，如细小的型芯，弯曲的推料杆等，可更换新的备件。

3．导柱和推杆损坏的原因

　　一般导柱与推杆单面严重拉伤、磨损和断裂的原因有以下几种。

　　（1）导柱与导套或推杆与推杆孔配合太紧，容易拉伤。多根导柱或多根推杆配合松紧不一

致，会导致顶出力不平衡，产生偏载，从而损坏。

（2）导柱孔或推杆的安装孔与分型面不垂直，致使开模时导柱轴线与开模运动方向不平行。当推杆顶出时，因与顶出运动方向不平行而产生扭力作用，易拉伤、啃坏或折断导柱或推杆，如图 1-3-5 所示。

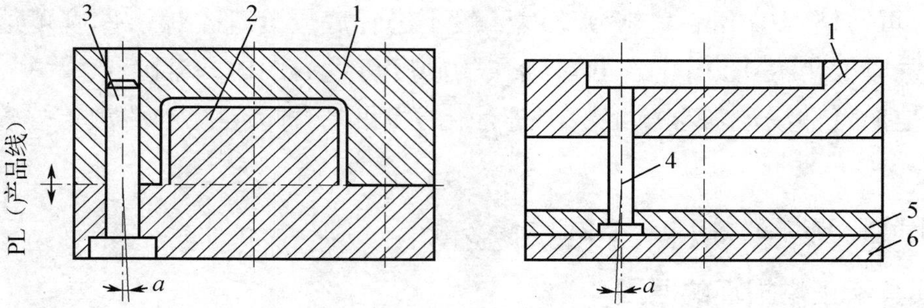

（a）导柱孔与分型面不垂直　　（b）推杆的安装孔与分型面不垂直

1—型腔；2—型芯；3—导柱；4—推杆；5—推杆固定板；6—推板。

图 1-3-5　导柱孔或推杆的安装孔与分型面不垂直

（3）动模部分在注射机上安装时若有下垂现象，合模时，插入定模导套孔产生的扭力使导柱或推杆拉伤、啃坏或折断。

（4）推杆固定板与推板太薄、刚性不够，在顶出制品时会产生弹性或塑性变形，如图 1-3-6 所示，引起推杆中心线与顶出运动方向不平行，从而产生扭力，致使推杆拉伤、啃坏或折断。

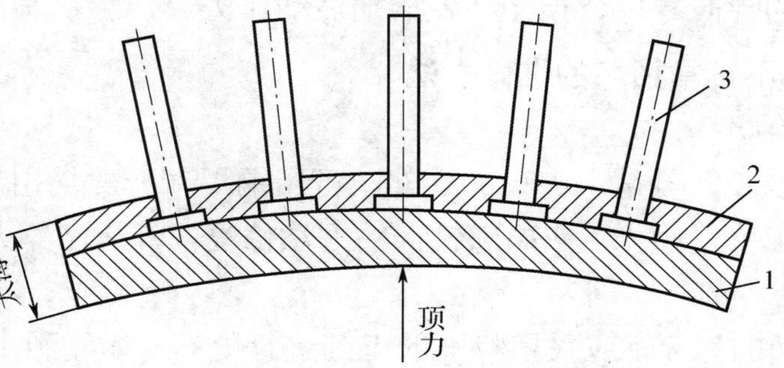

1—推板；2—推杆固定板；3—推杆。

图 1-3-6　推杆固定板与推板受顶力产生变形

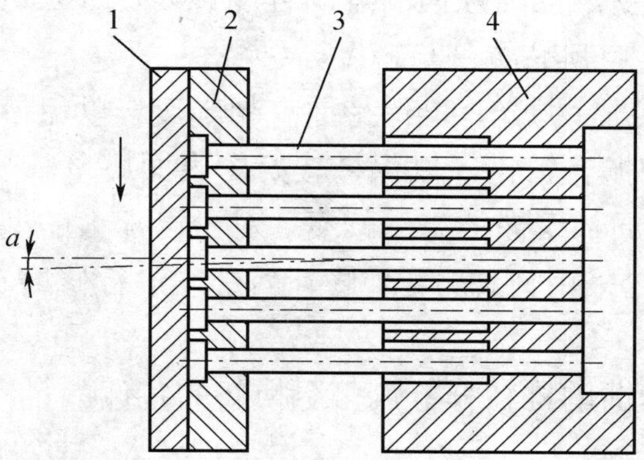

1—推板；2—推杆固定板；3—推杆；4—型腔。

图 1-3-7　推板与推杆固定板因自重下垂

（5）在模具分型面上没有设置定位装置、斜分型面上没有设置限位台阶等都会造成导柱拉伤、啃坏和断裂。

（6）推板和推杆固定板在卧式注射机上因自重下垂而产生偏载力矩，致使推杆易单面磨损，推杆孔上端易被磨成椭圆形，如图 1-3-7 所示。

（7）因导柱与推杆的淬火硬度不够而造成损坏。一般要求导柱的硬度不低于 55HRC，推杆的硬度不低于 45HRC，并要求导套的硬度不低于导柱硬度。

（8）导柱、导套和推杆、推杆孔的配合处有污物或缺少润滑油。

4．导柱和推杆的维修方法

（1）调整配合状态，使配合松紧程度一致。当连接部分松动时，应随时予以紧固。

（2）调整导柱孔或推杆安装孔与分型面的垂直度，使之符合生产要求。对产生变形的导柱或推杆应及时进行校正、修直。

（3）推杆固定板和推板必须有足够的厚度和硬度，对淬火硬度达不到要求的导柱或推杆应重新进行热处理或予以更换。

（4）为了保护导柱免受径向应力作用，在模具的分型面上应设定位装置，对斜分型面应设置限位台阶。

（5）注意平时的维护保养，随时对模具进行检查、清理和润滑。

5．侧向分型抽芯机构损坏的原因

造成侧向分型抽芯机构损坏的两大因素：其一是自然磨损或零件疲劳；其二是侧向分型抽芯动作失灵。

6．侧向分型抽芯机构的维修方法

第一种情况属于经常维修保养的问题，可通过在滑动部位经常加润滑油，对磨损部位进行修补、调节，使滑动件精确复位。如图 1-3-8 所示，通过对图 1-3-8（a）中的锁紧楔 A 面的微量修磨，以及对图 1-3-8（b）中的垫块 B 面用金属片适当垫高，就能补偿侧抽件的磨损量。凡是滑动摩擦部位均应淬火，易磨损的零件应备好备用件。

第二种情况属于事故隐患。对有侧抽件的模具，其结构较复杂。侧抽件越多，其复杂程度越高，模具在使用中的事故隐患也就越多。对此，在维修中，应考虑改善模具的结构特点。

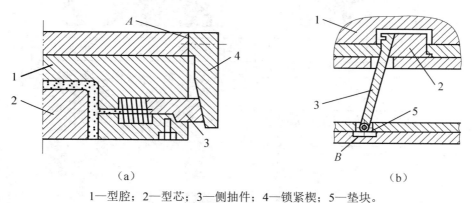

1—型腔；2—型芯；3—侧抽件；4—锁紧楔；5—垫块。

图 1-3-8　侧抽易损件的微量修复和调整

7．分型面损坏的原因

模具经过一段时间的使用后，原来很清晰光亮的分型面，会出现凹坑和麻面。尤其是在型腔的沿口处，棱角会变成圆角或钝角，致使制品产生飞边，这表明模具的分型面遭到了损坏。其产生的原因是多方面的，主要有以下几种情况。

（1）注射量和注射压力过大，锁模力不够，引起分型面微量胀开。

（2）分型面上有余料或其他微小异物没有清理干净，即进行二次合模，将残余料和异物挤压到分型面上。

（3）取制品或放置金属预埋件时的操作不当，将分型面型腔沿口处磕伤。

（4）长期反复地闭合、开启模具，使模具分型面产生正常的自然磨损。

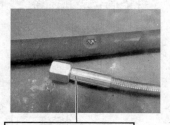

成圆角出飞边

1—型腔；2—型芯；3—型芯固定板；4—支承板。

图 1-3-9　分型面出现飞边的维修

8．分型面的维修方法

（1）若分型面磨损的量不大，可将分型面用平面磨床磨去飞边的厚度 δ（δ 为 0.1～0.3mm），如图 1-3-9 所示。若磨去 δ 会影响制品外形总高度 H，则用电极将型腔的底部 A 面往深处切去 δ，给予补偿即可。同时把型芯的 B 面用薄片垫高 δ，台阶面 C 也铣去 δ。这样修改后的模具，其制品的总高度 H 与底部壁厚 t 仍保持不变。

（2）若分型面的沿口处因不慎碰撞而出现小缺口时，一般采用补焊的方法把小缺口焊上，由钳工修复即可；若型腔未曾淬火，因为材料有一定的延展性，所以可用增生维修。

三、塑料模具常见故障

1．模具漏水

模具漏水如图 1-3-10 所示。

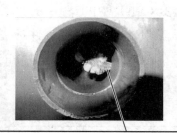

这些位置是漏水的重点

模具内部的水管要防止被挤压和高温老化

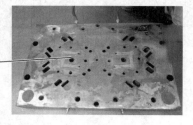

旧的模具水路设计还要防止模板变形导致的漏水

图 1-3-10　模具漏水

模具漏水原因分析及解决方案如表 1-3-2 所示。

表 1-3-2　模具漏水原因分析及解决方案

原因分析	解决方案
接头损坏或没有拧紧	更换损坏零件，缠绕密封带后拧紧
密封圈破损、老化、安装位置偏移	定期检查、更换密封圈
模腔水道孔壁锈蚀、破损	修复、焊补、改变水路
连接管老化、挤压变形	试水检查并更换水管

2．镜面腐蚀及磨损

镜面腐蚀及磨损如图 1-3-11 所示。

 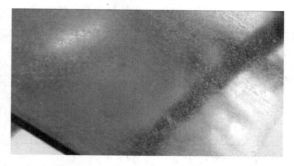

图 1-3-11　镜面腐蚀及磨损

镜面腐蚀及磨损原因分析及解决方案如表 1-3-3 所示。

表 1-3-3　镜面腐蚀及磨损原因分析及解决方案

原因分析	解决方案
成型材料分解的生成物（最常见的是含氯、氟元素的材料分解出的腐蚀性气体 HCl、HF）对模具型腔的腐蚀	将模腔表面清洁干净，对成型材料进行充分的干燥，降低料筒温度以防止材料分解
模具回潮：当模具冷却到回潮点以下时，空气中的湿气在模具表面回潮而产生水珠	模温降至 40℃ 以下时，先喷涂防锈油，再闭合模具，用气枪吹干水路中的余水
手汗及水路漏水（渗水）	禁止用手直接接触镜面

3. 零部件失效

塑料模具的重要失效形式有磨损失效、局部塑性变形失效和断裂失效，如图 1-3-12 所示。

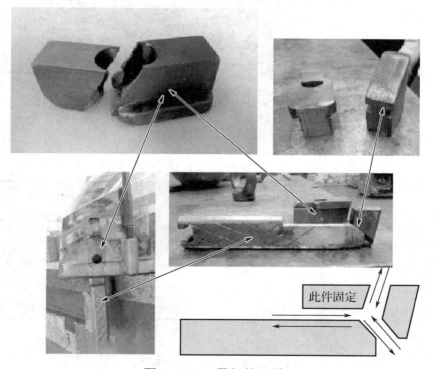

此件固定

图 1-3-12　零部件失效

零部件失效原因分析及解决方案如表 1-3-4 所示。

表 1-3-4　零部件失效原因分析及解决方案

原因分析	解决方案
缺少润滑，运动部分的零件润滑不够，造成咬伤或烧死	定期保养，涂抹润滑油
塑性变形：金属疲劳，超出极限负荷周期失效	定期检查，更换易损件
滑动部分因磨损间隙加大	调整配合间隙或更换零件，或进行电镀加大尺寸
滑动部分硬度低导致咬伤	提高表面硬度，渗氮、渗碳后淬火

4．顶针、顶杆故障

顶针、顶杆故障如图 1-3-13 所示。

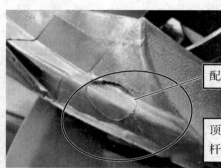

配合孔间隙大，进胶卡料，致使顶针卡住

顶杆前端保留10～15mm的配合段，后部避空0.5mm。顶杆与孔的配合间隙一般在0.05～0.08mm

间隙太小或缺少润滑，会因模温升高使顶杆孔膨胀而卡住

图 1-3-13　顶针、顶杆故障

顶针、顶杆故障原因分析及解决方案如表 1-3-5 所示。

表 1-3-5　顶针、顶杆故障原因分析及解决方案

原因分析	解决方案
金属疲劳导致顶针断裂	及时更换顶针
润滑不足导致咬死或烧死	润滑顶针或修补磨损部分
顶针与顶针孔配合精度差	重新加工、研配顶针孔
底板错位导致顶针不同轴，运动部位干涩	重新装配底板并加定位销
制造顶针的材料质量差	选用 SKD61、SKH51 的顶针

5．导柱、斜导柱损毁

导柱、斜导柱损毁如图 1-3-14 所示。

相关知识：导柱在模具中主要起导向作用，不能将导柱作为受力件或定位件。

在以下几种情况下注射时，动、定模将产生巨大的侧向偏移力，导致导柱拉毛、损伤、弯曲甚至断裂：塑料制品壁厚不均匀时，料流通过厚壁处速率大，在此处产生较大的压力；塑料

制品侧面不对称时，相对两侧面所受的反压力不等；大型模具因各个方向充料速率不同，以及自重的影响，产生动、定模偏移。

直径为60mm的大导柱因偏移力而弯曲变形

图 1-3-14　导柱、斜导柱损毁

导柱、斜导柱损毁原因分析及解决方案如表 1-3-6 所示。

表 1-3-6　导柱、斜导柱损毁原因分析及解决方案

原因分析	解决方案
滑块未复位到位，复位弹簧失效	滑块复位，更换弹簧
滑道槽腔内进料	清除进料，修复跑料处间隙
滑槽润滑不足，烧伤磨损	修复磨损，定期添加润滑油

6．顶出不顺

顶出不顺如图 1-3-15 所示。

型腔内会因有间隙而进料

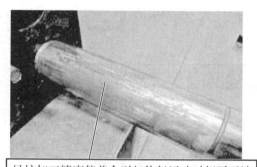

导柱加工精度偏差会引起往复运动时相互干涉

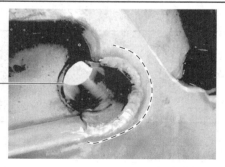

浮动推杆上的套筒脱落后顶针板复位不到位

图 1-3-15　顶出不顺

顶出不顺原因分析及解决方案如表 1-3-7 所示。

表 1-3-7　顶出不顺原因分析及解决方案

原因分析	解决方案
顶针烧伤、烧死、断裂，孔内跑料卡死	修复或更换顶针，加工磨损变形的顶针孔，保证配合间隙
导柱、导套、反导柱磨损，缺少润滑	修复磨损，清洗润滑
导柱加工精度低	研配配合间隙
斜顶、内抽滑块配合面磨损	修复磨损，严重的磨损需补焊
滑块型腔内进料	清除进料，修复间隙
注射机顶杆故障或不平衡	检查注射机

7. 制品飞边

制品飞边如图 1-3-16 所示。

图 1-3-16　制品飞边

制品飞边原因分析及解决方案如表 1-3-8 所示。

表 1-3-8　制品飞边原因分析及解决方案

原因分析	解决方案
分型面有间隙、磨损或压塌	修复产生飞边的部位
保压压力过大导致产品胀模，产生分型面飞边，射压过高、射速高或低都会影响注射质量	调整工艺参数
注射机锁模力不足导致制品分型面飞边	调整锁模力
模具成型面落差较大，注射压力作用下动、定模发生偏移或错位，导致产生飞边	提高模具配合精度，增加静定位

8. 弹簧失效

弹簧失效原因分析及解决方案如表 1-3-9 所示。

表 1-3-9　弹簧失效原因分析及解决方案

原因分析	解决方案
超过设计使用寿命	定期更换
预压超压缩量的 10%以上	选用合适的弹簧
弹簧无有效固定装置	采用内径导柱，直径小于弹簧内径 1.0mm
高温环境使用非高温弹簧	选用耐高温弹簧

9．油缸、油路故障

油缸、油路故障如图 1-3-17 所示。

图 1-3-17 油缸、油路故障

油缸、油路故障原因分析及解决方案如表 1-3-10 所示。

表 1-3-10 油缸、油路故障原因分析及解决方案

原因分析	解决方案
密封圈老化、破损	更换密封圈
油路漏油卸压	锁紧油管接头，更换破损油管
活塞或内缸壁磨损，液压油中有杂质	修复油缸（更换油缸），更换液压油

小结：模具常见故障与注射缺陷是相互关联、相互影响的，必须放在一起分析。有时注射进行得很顺利时，会突然出现缩水、变形、裂痕、银纹或其他不良缺陷。在分析缺陷时我们需从塑件上判断问题点，找出解决问题的有效方法。有时只要变更注射工艺参数、对成型设备方面稍做调整与改善、更换所使用的原料就可以解决问题。

【信息收集】

1．分析学习任务描述和任务书，找出学习任务描述中的关键信息，填写下列空格。

前期经过模具工作性能检测——_____，已经确认正是由于_____与型腔滑块贴合面达不到_____要求，造成合模注射时两型腔滑块产生_____，导致制品中缝出现_____，厚度达 0.02mm，现需要针对这一故障，找到最合理的_____。

2．提炼本次任务知识点，收集相关知识并填写表 1-3-11。

表 1-3-11 任务信息整合表

信息整合		学习方式
思考方向	为什么修	
	修哪里	网络平台
	怎么修	"学习通"平台
	修到什么程度	教学课件
	需要准备哪些资料	教材

【知识探究】

1. 通过图 1-3-18 所示的线轮不良品,确认线轮制品存在的缺陷为_____。

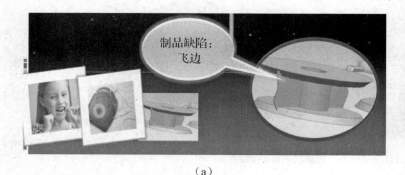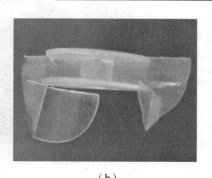

(a)   (b)

图 1-3-18　线轮不良品

2. 根据图 1-3-18 分析线轮制品产生飞边缺陷的原因是_____。

A. 两型腔滑块之间分型面正常磨损

B. 合模注射时,锁紧楔与型腔滑块楔合面未锁紧,导致两型腔滑块产生侧向位移

3. 根据前期的检查,确定需要维修的部分是_____。

A. 侧向分型抽芯机构　　　　　　　　B. 两型腔滑块的结合面

C. 导柱　　　　　　　　　　　　　　D. 顶杆

4. 识读线轮塑料模具装配图,组成线轮塑料模具侧向分型抽芯机构的零件名称和图号

是_____。

5. 根据图 1-3-19 选择本次任务需要修复的具体位置为_____。

A. 型腔滑块与锁紧楔的楔合面　　　　B. 定模板与型腔滑块的结合面

C. 两型腔滑块之间的结合面　　　　　D. 型芯与型腔滑块的结合面

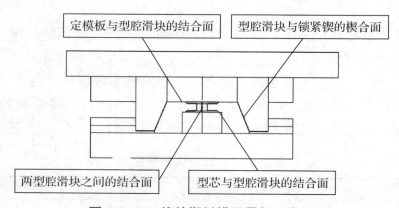

图 1-3-19　线轮塑料模具局部示意图

6. 修复型腔滑块与锁紧楔的楔合面的接触精度要求达到_____。

A. 85%以上　　　　　　B. 50%以上　　　　　　C. 30%以上

7. 分析图 1-3-20 和图 1-3-21,图_____能正确表述锁紧楔与型腔滑块之间相互影响的关系。

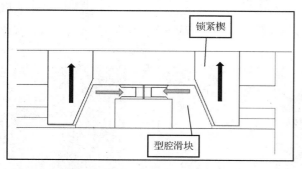

图 1-3-20 锁紧楔与型腔滑块的关系 1

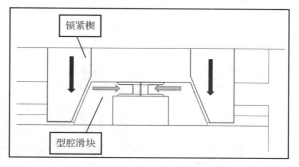

图 1-3-21 锁紧楔与型腔滑块的关系 2

8. 根据工厂调研表明，实际维修时，通常先采用平面磨床将已磨损的锁紧楔与型腔滑块的楔合面先磨去_____mm，如图 1-3-22 所示。

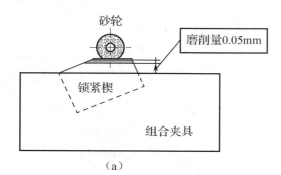
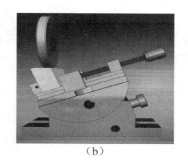

图 1-3-22 锁紧楔修磨示意图

9. 分析图 1-3-23，锁紧楔向型腔滑块下移距离为_____。

A．$h_1=\cot 23°×0.01$mm，$h_2=0.05/\sin 23°$mm，$H=h_1+h_2$

B．$h_1=\cot 23°×0.05$mm，$h_2=0.01/\sin 23°$mm，$H=h_1+h_2$

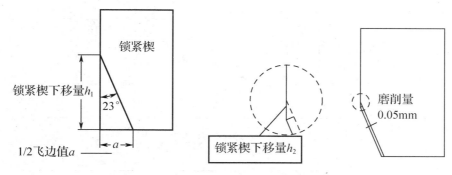

图 1-3-23 锁紧楔计算调整示意图

10．分析图 1-3-23，为消除线轮上厚度为 0.02mm 的飞边，需要锁紧楔向型腔滑块下移_____。

A．0.08mm   B．0.15mm   C．0.25mm

11．为验证模具零件维修调整参数，工厂可以采用如图 1-3-24 所示的方法。第一步先将圆柱状的铜条或铝条粘在_____（填"型腔滑块"或"导滑槽"）楔合面上；第二步将已组装好的定模部分与动模部分合模，并平稳地施加一定的压力；第三步移除定模部分，观

察圆柱状的铜条或铝条发生的变化，由原来的圆柱状压成_____；第四步用精度为 0.01mm 的带百分表的游标卡尺或外径千分尺进行测量，测量值应与计算调整工艺参数一致。

图 1-3-24　验证计算维修调整工艺参数步骤图

12. 分析图 1-3-25～图 1-3-28 分别用的什么方法调整锁紧楔与型腔滑块的楔合面的接触精度（填"垫片法"、"磨薄定模板"、"螺钉旋压法"或"堆焊法"）

图 1-3-25 运用的方法为_____。图 1-3-26 运用的方法为_____。

图 1-3-27 运用的方法为_____。图 1-3-28 运用的方法为_____。

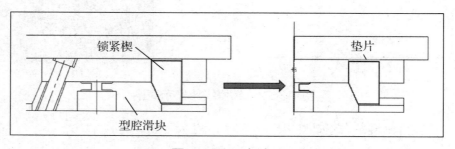

图 1-3-25　方法 1

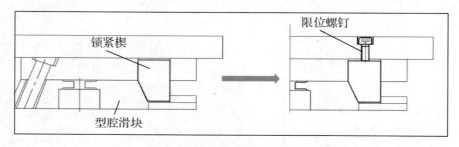

图 1-3-26　方法 2

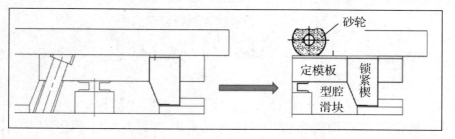

图 1-3-27　方法 3

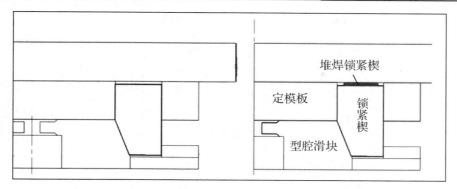

图 1-3-28　方法 4

13．从可靠性、经济性和便捷性方面分析，应选择以上哪一种方法调整锁紧楔与型腔滑块楔合面的接触精度？并说明理由。

_____

_____

_____

14．列举四种常见的塑料模具故障，分析原因并提出解决方案。

_____

_____

15．简述侧向分型抽芯机构的维修要点。

_____

_____

_____

16．列举三角函数知识在实际工作中的应用。

_____

_____

_____

学习活动 2　制定模具维修方案，维修模具

【学习任务描述】

通过前期分析线轮塑料制品中缝飞边厚度达 0.02mm，确定故障原因是侧向分型抽芯机构因磨损造成锁紧楔与型腔滑块楔合面有缝隙。并通过学习、分析找到了比较适合的维修方法——垫片法，现需要制定详细的维修工艺方案，实施模具维修。

【建议学时】

4 学时

【学习资源】

教材《模具维护与保养》、教材《模具结构》、教材《模具试模与维修》、教材《模具装配、调试与维护》、线轮塑料模具装配图、教学课件、"学习通"平台、网络资源等。

 【学习目标】

1. 能写出常规塑料模具的维修过程。
2. 能写出故障零件磨损修复的方法和步骤。
3. 能叙述采用垫片法维修的注意事项和操作规范。
4. 能叙述研配法使用的工具及操作规范。
5. 能叙述塑料模具维修时的安全规范和注意事项。
6. 能通过学习制定合理的线轮塑料模具维修方案。

【知识储备】

一、模具维修岗位职责

（1）熟悉本部门所使用模具的种类及每种成品对应的模具副数和使用情况。

（2）负责建立模具使用检修技术档案，对每副模具每次的开始使用时间、生产的件数、刃口修整次数、刃磨量（或型面修整情况）及模具使用状态做好记录和必要说明，如写明易损件的磨损情况、维修的部位，以及更换易损件的情况、维修方案等。

（3）详细了解并掌握每副模具的结构特点和动作原理，根据生产量确定每副模具易损件的数量。

（4）负责塑料模具的安装、调整和维修工作。

（5）要经常检查塑料模具在工作过程中的状况，发现问题时要及时采取措施进行调整和维修。

（6）负责塑料模具的大型检修工作。

（7）负责易损件的准备和更换工作。

二、模具维修安全操作规程

1. 岗位存在的主要危险源及控制要求

岗位存在的主要危险源及控制要求如表 1-3-12 所示。

表 1-3-12　岗位存在的主要危险源及控制要求

序号	岗位存在的主要危险源	控制要求
1	模具维修作业时未正确穿戴劳动防护用品	作业时按要求穿戴劳动防护用品，避免作业过程中受伤
2	模具进出注射机时，工作人员站位不当，易发生意外	模具挂好钢丝绳后，工作人员应立即远离模具，方能进行吊装操作

续表

序号	岗位存在的主要危险源	控制要求
3	模具吊装过程中，工作人员被模具碰伤，或被掉落的物体砸伤	模具移动过程中工作人员应与模具保持安全距离，禁止在模具下方穿越
4	吊装升降速度过快，行车刹车失效，损坏设备	模具吊起后应缓慢移动
5	更换下来的模具温度过高，维修时烫伤工作人员	模具更换下来后要确保其内部完全冷却，避免发生物料喷溅

2．设备使用方法或作业程序

（1）工作时必须穿工作服、工作鞋，工作鞋要求具备防砸性能（静载荷为 1 吨）。

（2）工作场地必须清扫干净，不允许存在油渍、水渍，地面必须防滑，须铺 20～30mm 厚的橡胶板。

（3）工作时必须戴手套，焊接时必须戴防护帽、防护手套。切割时必须戴护目镜、防尘口罩，塞耳塞。

（4）不可以直接用手触摸带棱角的工件，以免划破手指，不可触摸焊接、打磨后的工件，以免烫伤。

（5）起吊模具的钢丝绳要求单根承重能力大于模具质量，吊环承重能力大于模具质量。

（6）钢丝绳起吊时挂钩处两绳的夹角应小于 45°，钢丝绳不得与有棱角的物件摩擦。

（7）放置模具时必须使其处于最安全的状态，不得悬空，打开模具完成维修后必须及时合起。

（8）模具必须按计划认真保养，在模具维修时不得用硬物击打模具工作面。

（9）雨天人容易犯困，工作时必须更加小心。

（10）正常工作时间不允许喝酒，如果次日有工作安排，晚间不允许喝酒。

（11）模具维修工应配备工作服、安全帽、工作鞋、防滑手套、眼护具等，并定期检查和更新。

（12）严禁事项。

① 严禁行车有故障时吊装模具。

② 严禁模具长时间悬停在空中，模具横向移动时应尽量放低高度。

③ 严禁站在行车正下方操作。

④ 严禁非本岗位人员进行模具吊装作业。

（13）紧急情况现场处置措施。

在发生模具伤人事故时，应立即采取急救措施，及时止血并拨打 120，进行进一步治疗。

三、生产安全要点

1．生产现场维修模具安全作业规范

生产现场维修模具安全作业规范如表 1-3-13 所示。

表 1-3-13　生产现场维修模具安全作业规范

时间	规范	安全效果	
维修前	必须穿戴好劳动防护用品	不伤害自己	安全帽
维修中	必须确认机械设备已完全停止	不被他人伤害	袖口　下摆
维修后	必须清理完模具表面上的杂物	不伤害他人	安全鞋

2. 在注射机上抢修模具安全作业规范

（1）进入机床前必须确认注射机、自动化机械手等设备处于完全停止状态，并在机床急停开关上悬挂醒目标识。禁止在设备运转或设备未完全停止运动时进入机床内维修模具，注射机实物图如图 1-3-29 所示。

进入机床前要确认电动机已关闭，成型机的前、后门都必须打开

图 1-3-29　注射机实物图

（2）带到现场的工具和物品须数目清楚，摆放整齐，拆下的零件必须放到模具以外的明显位置。

（3）维修模具后检查并清理现场。

① 维修模具完成后必须检查带到现场的工具数量是否正确。

② 检查模腔内有无杂物，如废料、扳手、铁块、螺丝等。

③ 禁止把维修工具，如扳手、铜棒等及拆下的模具零件放在模腔内。

④ 检查维修处螺丝是否已完全锁紧，拆下的零件是否已装回原处。

（4）模具吊运安全：必须使用吊环吊运模具，禁止在不平衡的状态下吊运模具，模具吊装作业案例图如图 1-3-30 所示。

正确吊装

错误吊装

错误：模具不平衡，该用4个吊环只用了两个
隐患：模具易翻转伤人

图 1-3-30　模具吊装作业案例图

（5）翻模机的使用：模具翻转作业案例图如图 1-3-31 所示。

错误：模具翻转时禁止歪拉斜吊
隐患：易损坏模具及造成人员意外伤害

图 1-3-31　模具翻转作业案例图

（6）操作行车必须戴安全帽，吊物离障碍物高度不得超过 0.5m；禁止在吊运的模具上放置不固定的工具和零件等，禁止在吊起的模具下作业，错误起吊模具作业案例图如图 1-3-32 所示。

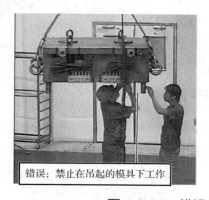

错误：禁止在吊起的模具下工作

错误：禁止在吊运的模具上放物件

图 1-3-32　错误起吊模具作业案例图

（7）模具摆放安全：模具必须放在垫木上并摆放平稳、禁止模板竖直摆放。

（8）维修作业安全。

① 模具维修现场必须保持工具摆放整齐，地面无油污。若现场凌乱有油污，易造成人员滑倒受伤，模具摆放案例图如图 1-3-33 所示，模具维修环境脏乱差案例图如图 1-3-34 所示。

② 每班下班前按《8S 现场管理制度》做好收尾工作，保持干净整洁的环境。

错误：模具疏离放置
隐患：模具易翻倒伤人

图 1-3-33　模具摆放案例图

枕木凌乱　地面油污

图 1-3-34　模具维修环境脏乱差案例图

③ 需敲击模具时必须使用铜棒，敲击时紧握铜棒上部。禁止使用铁块敲击模具，使用铁棒等其他工具敲击模具易造成铁屑碎片飞溅伤人，使用修模工具案例图如图 1-3-35 所示。

正确操作　错误操作

图 1-3-35　使用修模工具案例图

（9）使用打磨工具时必须佩戴防护眼镜，禁止单手操作角磨机，使用角磨机作业案例图如图 1-3-36 所示。

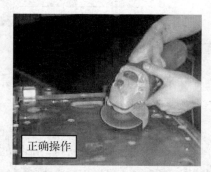 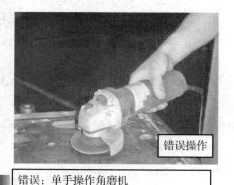

正确操作　错误操作

错误：单手操作角磨机
隐患：因角磨机震动较大，易滑落伤人

飞溅的火花可能会伤害操作员的眼睛

错误操作

图 1-3-36　使用角磨机作业案例图

（10）修模时佩戴劳动防护用品，正确佩戴安全帽的步骤如图 1-3-37 所示。

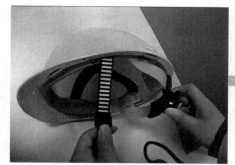

1.松开帽衬的调节开关和下颚带

2.将安全帽戴于头上，并调节下颚带松紧度，确保下颚与下颚带间无间隙

4.调整安全帽，帽檐向前并遮住前额

3.紧固帽衬开关，调整至合适大小，摇晃安全帽，确保无晃动

图 1-3-37　正确佩戴安全帽的步骤

四、塑料模具维修过程

塑料模具维修过程如表 1-3-14 所示。

表 1-3-14　塑料模具维修过程

序号	维修工艺	简要说明
1	分析维修原因	1．熟悉模具图样，掌握其结构特点及动作原理。 2．根据制品情况，分析模具故障原因。 3．确定模具需维修的部位，观察其损坏情况
2	制定维修方案	1．制定维修方案，确定维修方法，即确定模具是大修还是小修。 2．确定维修工艺。 3．根据维修工艺，准备必要的维修工具及辅件
3	修配	1．对模具进行检查，拆卸损坏部件。 2．清洗零件，核查维修原因及进行方案的修订。 3．维修或更换损坏零件，使其达到原设计要求。 4．修配或更换零件后，重新装配模具
4	试模与验证	1．修配后的模具用相应的设备进行试模与调整。 2．根据试件进行检查，确定修配后模具的质量状况。 3．根据试模制品情况，确认是否将模具原故障排除。 4．确定修配合格后的模具，刻印，入库存放

【信息收集】

1．分析学习任务描述，找出学习任务描述中的关键信息，填写下列空格。

通过前期分析线轮塑料制品＿＿＿＿＿＿＿厚度达 0.02mm，确定故障原因是侧向分型抽芯机构因磨损造成＿＿＿＿＿＿＿＿＿＿＿＿＿＿＿＿＿＿有缝隙，并通过学习与分析找到了比较适合的维修方法——垫片法，现需要制定详细的＿＿＿＿＿＿＿＿＿＿＿＿，实施模具维修。

2．提炼本次任务知识点，收集相关知识并填写表 1-3-15。

表 1-3-15　任务信息整合表

信息整合			学习方式
思考方向	维修工艺		网络平台 "学习通"平台 教学课件 教材
	维修安全注意事项		
	需要做哪些准备		

【知识探究】

1．图 1-3-38 采用垫片法修复锁紧楔与型腔滑块楔合面接触精度，图中垫片的厚度为＿＿＿＿＿＿。

A．0.04mm　　　　　B．0.08mm　　　　　C．0.15mm　　　　　D．0.25mm

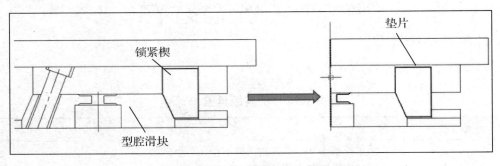

图 1-3-38　垫片法示意图

2．采用磨削定模板的方法来调整锁紧楔与型腔滑块楔合面接触精度，定模板需要磨去＿＿＿＿＿＿。

A．0.04mm　　　　　B．0.08mm　　　　　C．0.15mm　　　　　D．0.25mm

3．简述垫片法操作要求。

＿＿＿＿＿＿＿＿＿＿＿＿＿＿＿＿＿＿＿＿＿＿＿＿＿＿＿＿＿＿＿＿＿＿＿＿＿＿

＿＿＿＿＿＿＿＿＿＿＿＿＿＿＿＿＿＿＿＿＿＿＿＿＿＿＿＿＿＿＿＿＿＿＿＿＿＿

＿＿＿＿＿＿＿＿＿＿＿＿＿＿＿＿＿＿＿＿＿＿＿＿＿＿＿＿＿＿＿＿＿＿＿＿＿＿

4．分析上述故障原因及解决方法，除了以上两种方法，还有其他的方法吗？

＿＿＿＿＿＿＿＿＿＿＿＿＿＿＿＿＿＿＿＿＿＿＿＿＿＿＿＿＿＿＿＿＿＿＿＿＿＿

＿＿＿＿＿＿＿＿＿＿＿＿＿＿＿＿＿＿＿＿＿＿＿＿＿＿＿＿＿＿＿＿＿＿＿＿＿＿

5. 列举修模时常见的错误操作和安全隐患。

_____

_____

_____

 【计划与决策】

小组合作优化工作计划，并完成表 1-3-16 所示的线轮塑料模具维修工艺方案的填写。

表 1-3-16　线轮塑料模具维修工艺方案

一、人员分工

1. 小组负责。

2. 小组成员及分工。

姓名	分工

二、工具及材料清单

序号	工具或材料名称	单位	数量	备注

三、工序及工期安排

序号	工作内容	完成时间	备注

四、防护措施

_____

_____

_____

【任务实施】

1. 分析各图中实施的作业内容。

（1）图 1-3-39 中实施的作业是_____。

A. 拆卸定模座板与定模板　　　　　　B. 拆卸推杆固定板与推板

图 1-3-39　模具拆卸示意图

（2）图 1-3-40 的操作目的是_____。

A．查找厚度为 0.04mm 的垫片　　　　B．查找厚度为 0.08mm 的垫片

C．查找厚度为 0.15mm 的垫片

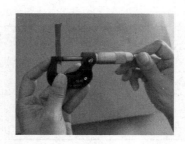

图 1-3-40　测量垫片的厚度

（3）图 1-3-41 中铜垫片所放的位置为_____。

A．型腔滑块安装槽中　　　　　　B．锁紧楔安装槽中

图 1-3-41　铜垫片位置图

（4）如图 1-3-42 所示，在装配锁紧楔时，我们需注意的事项有什么？

_____

_____

图 1-3-42　锁紧楔装配示意图

（5）以上采用＿＿＿＿＿＿＿＿＿＿＿＿＿＿调整锁紧楔与型腔滑块的楔合面接触精度。

A．垫片法　　　B．堆焊法　　　C．磨削定模板　　　D．螺钉限位

2．如果检查发现维修后锁紧楔与型腔滑块楔合面接触精度仍不满足 85% 的要求，需要采取＿＿＿＿＿＿＿＿＿＿＿＿＿＿＿＿＿＿方法继续维修模具。

3．实施模具维修后，填写表 1-3-17 中虚线框里的内容（模具维修后需确认项目）。

表 1-3-17　模具维修申请单

模具维修申请单			
模具名称	线轮塑料模具	维修场地	模具维修车间
报修部门	注射车间	报修人员	李三
报修时间	2023.01.10	主管确认	王多多
希望日期	2023.01.25	承接人	XXX
故障描述（报修部门填写）：制品飞边			

简图（报修部门绘制）：

制品飞边增大

简图需以故障部位的主视图显示，标注出需维修的部位，维修两处以上时需注明序号并在故障描述时予以说明

维修内容（维修部门填写）：

模具维修后需确认项目

成型面是否清洁、镜面有无划伤及气痕		滑块动作是否异常，失效弹簧是否更换	
分型面、碰穿面有无压伤和倒扣		顶针是否装错或转动	
镜面有无喷规定的防锈油		定位标识是否明确	
确认热流道的通电性能是否正常，加热系统是否正常		水道是否通畅	
浮动滑块和顶出系统的润滑油是否符合要求		是否确认行程保护开关有效性	

通过验收：√　　未通过验收：×　　项目以外：/

模具维修部门填写		报修部门填写	
维修人员		结果确认	
接受时间		签名	
预估工作时间		未通过验收的原因	
实际工作时间			

【任务总结】

学习任务三模具维修工作总结记录表如表 1-3-18 所示。

表 1-3-18　学习任务三模具维修工作总结记录表

学习活动名称	计划和完成情况	收获提升	问题和建议
学习活动 1			
学习活动 2			

【评价与反馈】

线轮塑料模具维修工艺方案编制考核评分表如表 1-3-19 所示。

表 1-3-19　线轮塑料模具维修工艺方案编制考核评分表

班级：	姓名：	学号：	日期：		
评价项目	考核内容及要求	配分/分	评分标准	得分/分	备注
明确维修位置	正确描述模具维修位置	20	错一项，扣 5 分		
制定维修工艺方案	维修工艺方案格式是否完整	15	格式不完整，扣 10 分		
	责任人是否明确	10	责任人不明确，或无负责人，全扣		
	维修工艺方案进度（是否有时间限制）	10	每项工作无明确的进度时间，扣 5 分		
	维修工艺方案条理清楚、明了，思路清晰、简洁，具有较强的操作性	15	工艺方案条理、思路不清，每错一处扣 5 分		
团队协作	团队合作情况	10	没有全员参与制定工作方案，扣 10 分		
	代表展示方案	10	要求展示方案时条理清晰、语言流畅		
质量意识	遵循《8S 现场管理制度》，保持环境干净整洁	10	违反一项，扣 2 分		
总计/分			100		

线轮塑料模具维修实施过程评价表如表 1-3-20 所示。

表 1-3-20　线轮塑料模具维修实施过程评价表

班级：	姓名：	学号：	日期：		
评价项目	操作内容	配分/分	评价标准	得分/分	备注
维修前准备	线轮塑料模具，图纸资料	4	未准备图纸资料全扣		
	维修工具：内六角扳手、纱布、铜棒、垫片等	4	少一个扣 1 分		
安全检查	检查是否存在安全隐患	6	检查发现安全隐患未排除扣 2 分，没有检查全扣		

续表

评价项目	操作内容	配分/分	评价标准	得分/分	备注
拆装规范检测	拆是否规范	15	漏一项检测扣 10 分，操作不规范扣 5 分		
	装是否规范	15			
主要维修部位	精度是否达标	15			
	总结出现的原因	15			
试模结果确认	填写试模记录报告	10	漏填一项扣 2 分		
安全文明生产	在检测过程中遵守《8S 现场管理制度》，"四不落地"（工具、量具、检具、制品）	8	违反一项扣 2 分		
	整理工具、量具、检具、制品、工位	8	违反一项扣 2 分		
合计/分			100		

【拓展训练】

请根据以上学习的内容实施其他侧向分型抽芯模具维修作业。

学习任务四 维修后模具装配和调试

学习活动 1 维修后模具装配

【学习任务描述】

模具维修后，需要上注射机进行试模和检验，以确认维修后生产的塑件是否还有缺陷，模具精度是否修复，本次学习任务要根据塑料模具装配技术的要求，制定线轮塑料模具装配工艺方案，并按方案规范实施塑料模具的装配，为后续的试模任务做准备。

【建议学时】

4 学时

【学习资源】

教材《模具维护与保养》、线轮塑料模具装配图、线轮塑料模具零部件实物、任务书、装配工具/量具、教学课件、"学习通"平台、网络资源。

【学习目标】

1．能叙述塑料模具装配方法。

2．能列举塑料模具装配时的注意事项。

3．能叙述塑料模具装配时常用工具、量具名称。

4．能根据塑料模具装配技术要求，制定线轮塑料模具装配工艺方案。

5．能按照塑料模具装配工艺方案，规范完成线轮塑料模具的装配。

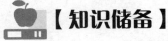【任务书】

装配任务书如表 1-4-1 所示。

表 1-4-1　装配任务书

设备名称及编号	设备名称：线轮塑料模具　　　　　　　　　　设备编号：SXL-101		
工作内容	按工作计划将维修后的线轮塑料模具进行装配，为下一个试模任务做准备		
工作时间	约定时间：　　　　　　　　　年　　　月　　　日　　　时　　　分		
	实际到达时间：　　　　　　　年　　　月　　　日　　　时　　　分		
	实际完成时间：　　　　　　　年　　　月　　　日　　　时　　　分		
精度要求	1	分型面合模精度要求：型腔轮廓边缘处合模间隙要小于 0.03mm	
	2	锁紧楔与滑块楔合面的接触精度要求大于 85%	
	3	锁紧楔合面达到要求后定模与动模分型面合模间隙为 0.03～0.05mm	
车间验收意见	□满意　　　□不满意　　　其他意见：		主管签字
备注			

【知识储备】

一、装配注意事项

（1）装配前，装配者应熟知模具的结构、特点和各部件功能并明确产品的技术要求，确定装配顺序和装配定位基准及检验标准和方法。

（2）装配前所有的零件、部件均应经过清洗、擦干。有配合要求的，装配时涂适量的润滑油。装配所需的所有工具应洁净无尘。

（3）模具的组装、总装应在平整、洁净的平台上进行。

（4）过盈配合（H7/m6、H7/n6）和过渡配合（H7/k6）的零件装配，应在压力机上进行，且一次装配到位。当没有压力机必须进行手动装配时，不允许用铁锤直接敲击模具零件，应垫以洁净的木方或木板，使用木制、橡胶或铜质的锤子敲击。

（5）型芯与型芯固定板的装配。

① 型芯与模板孔采用 H7/m6 配合。

② 选配四个与型芯相配的模板孔。

③ 型芯压入时需要不断校正垂直度。

（6）推杆固定板的装配要注意保证固定板水平。

（7）推板与型芯采用 H8/f7 配合，配合间隙要保证运动顺畅。

（8）型腔滑块的装配。

型腔滑块与导滑槽是一对密不可分的零件，两者只有组合使用才能完成侧向分型抽芯机构的功能。要求型腔滑块在 T 形导滑槽内滑动顺畅，但上下不能松动。

（9）锁紧楔的装配。

① 将锁紧楔压入定模板。用红丹油检查斜面的配合情况，要求接触面积均匀一致，达到85%的接触精度要求。

② 为保证模具闭合后锁紧楔和滑块之间具有锁紧力，在装配时应使锁紧楔和滑块斜面接触后，分型面间留有 0.2mm 的间隙。

（10）滑块定位。

注意滑块定位装置的安装与位置的调整。

二、线轮塑料模具装配技术要点

（1）模具分型面与安装平面或支承面之间的平行度偏差为长度在 250mm 以内的不大于0.05mm。

（2）分型面处需配合紧密，最大间隙不大于溢边值 0.03mm。

（3）导柱、导套在装配后，其轴线与模板平面的垂直度偏差为长度在 250mm 内的不大于0.03mm。

（4）模具的各活动零部件装配后应灵活，在室温状态下用手施力时，各相互关联的活动零部件不产生卡滞现象。

（5）流道转接处应光滑连接，镶拼处应密合，拔模斜度≥6°，表面粗糙度≤0.4μm。

（6）保证模具闭合后锁紧楔与型腔滑块之间有锁紧力。

三、线轮塑料模具装配操作步骤

线轮塑料模具装配操作步骤如表 1-4-2 所示。

表 1-4-2 线轮塑料模具装配操作步骤

动模部分装配		
序号	装配步骤	图示
1	将型芯装入动模型芯固定板	
2	装入小型芯	
3	装入导柱	

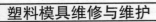
续表

序号	装配步骤	图示
4	盖上动模垫板	
5	装上模脚	
6	装上顶杆固定板	
7	装入顶杆	
8	盖上顶杆垫板	
9	盖上动模座板	
10	连接螺钉	
先将装好的动模部分组件翻转180°放到平板上，再将顶出的顶杆复位，这时开始安装下列零件		
11	顶杆复位	
12	推板套入型芯和导柱	

续表

序号	装配步骤	图示
13	将限位钉拧入顶杆螺孔	限位钉
14	装上 T 形导滑槽	T形导滑槽
15	装上型腔滑块	型腔滑块
定模部分装配		
16	导套装入定模板	导套
17	锁紧楔装入定模板	锁紧楔
18	斜导柱装入定模板	斜导柱
19	冷却水嘴装入定模板	冷却水嘴
20	连接定模座板与定模板	
21	装上浇口套	浇口套
22	装上定位圈	定位圈
总装		
将装好的定模部分装入动模部分，注意型腔滑块被斜导柱驱动，向两侧分型后的最终位置保证再次合模时斜导柱能顺利驱动滑块		

 【信息收集】

1．分析学习任务描述和任务书，找出学习任务描述中的关键信息，填写下列空格。

根据线轮塑料模具维修工作计划，本次学习任务要根据塑料模具装配技术的要求，制

定_____工艺方案，并按方案规范实施塑料模具的_____，为后续的_____任务做准备。

2. 提炼本次任务知识点，收集相关知识并填写表1-4-3。

表1-4-3　任务信息整合表

信息整合			学习方式
思考方向	装配方法		网络平台
	装配基准		"学习通"平台
	装配技术要求		教学课件
			教材

【计划与决策】

1. 分析线轮塑料模具装配技术要点和注意事项，回答下列问题。

在模具闭合时锁紧楔斜面必须和滑块斜面_____接触，保证有足够的锁紧力，一般用_____检查接触面是否均匀接触，检查标准是要求_____%的斜面均匀接触。且在装配时要求在模具闭合状态下，分型面之间应保留_____mm的间隙，此间隙用_____检查。此外，锁紧楔在受力状态下不能向闭模方向松动，所以，锁紧楔的后端面应与定模板处于同一平面。

2. 结合线轮塑料模具的装配步骤，填写表1-4-4所示的线轮塑料模具装配流程卡。

表1-4-4　线轮塑料模具装配流程卡

制品名称		模具名称		线轮塑料模具装配流程卡		
制品编号		模具编号				
工序号	工序名称	内容			工具	量具
1						
2						
3						
4						
5						
6						
7						
8						
9						
10						
11						
12						
13						
14						
15						

【任务实施】

小组合作完成线轮塑料模具的装配，并按要求填写表 1-4-5。

表 1-4-5 线轮塑料模具装配步骤表

动模部分装配		
序号	装配步骤	图示
1		型芯
2		小型芯
3		导柱
4		动模垫板
5		模脚
6		顶杆固定板
7		顶杆
8		顶杆垫板

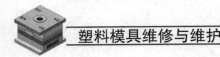

续表

序号	装配步骤	图示
9		动模座板
10		螺钉
	先将装好的动模部分组件_____放到平板上，再将_____复位，这时开始安装下列零件	
11		
12		推板
13		限位钉
14		T形导滑槽
15		型腔滑块
	定模部分装配	
16		导套
17		锁紧楔

续表

序号	装配步骤	图示
18		斜导柱
19		冷却水嘴
20		
21		浇口套
22		定位圈

【评价与反馈】

线轮塑料模具装配过程评价表如表 1-4-6 所示。

表 1-4-6　线轮塑料模具装配过程评价表

班级：　　　　　姓名：　　　　　学号：　　　　　日期：

评价项目	操作内容	配分/分	评价标准	得分/分	备注
装配前的工作准备	正确设置安全防护设施	10	没有设置全扣		
	正确悬挂警示牌	10	没有悬挂全扣		
模具装配	在规定时间内完成塑料模具的装配	15	超时扣 5 分/5 分钟		
	装配质量符合技术要求	15	违反一项扣 5 分		
	装配过程顺序合理	10	违反一项扣 2 分		
过程记录	正确记录安全文明生产过程	10	错漏记录一处扣 2 分		
团队协作	有效发挥团队协作，进行现场施工	10	成员不参与或违规的每人扣 5 分		
安全文明生产	操作过程中按规范要求使用工具、量具，符合安全操作规范	10	操作不规范，存在安全隐患全扣		
	在操作过程中保持《8S 现场管理制度》，"四不落地"（工具、量具、检具、制品）	5	违规操作全扣		
	整理工具、量具、检具、制品、工位	5	违反一项扣 5 分		
合计/分		100			

【拓展训练】

请采用以上方法练习其他带侧向抽芯机构塑料模具的装配。

学习活动 2　维修后模具调试

 【学习任务描述】

前期已经完成了线轮塑料模具的维修工作和维修后的模具装配,本次学习任务进行维修后的模具调试,按塑料模具试模验收标准和试模流程,完成线轮塑料模具的修复验证。

 【建议学时】

4 学时

 【学习资源】

教材《模具维护与保养》、线轮塑料模具零部件实物、卧式注射机、试模物料、任务书、教学课件、"学习通"平台、网络资源。

 【学习目标】

1. 能叙述塑料模具试模操作步骤。
2. 能列举塑料模具试模过程中的安全注意事项。
3. 能叙述塑料模具修复验证流程。
4. 能根据塑料模具试模步骤,编写线轮塑料模具试模工艺方案。
5. 能按照线轮塑料模具试模工艺方案,规范完成模具的试模任务。
6. 能按照塑料模具修复验证流程,完成线轮塑料模具的修复验证。

 【知识储备】

一、模具安装应遵循的原则

模具安装时要遵循以下原则:其一要注意操作者的安全;其二要确保模具和设备在调试中不受损坏。安装模具时,应将注射机按钮选择在"调整"位置上,使机器的全部功能置于操作者手动操作模式下,并将电源关闭,以防发生意外事故。

在模具安装调试前,操作者应认真阅读模具装配图,对于装配图中提出的技术要求逐条落实,并通过总装图了解模具的总体结构、动作过程等。预查时,主要完成以下任务。

(1)模具的总体高度及外形尺寸与已选定的注射机的尺寸条件是否符合。

(2)模具有无专用的吊环或吊环孔,吊环孔的位置是否可以使模具处于平衡状态。

(3)若模具有气动或液压结构,检查其配件是否齐全,阀门、行程开关等操作元件动作是否灵敏。

(4)模具闭合状态必须有锁紧板,以防吊装时模具意外开启,造成意外事故。

（5）对于有侧向抽芯结构的模具，有些对抽芯方向有要求，不得改变其安装方位。

（6）使用模具压板对模具进行固定。

二、模具安装的技术要点

1．预检模具

在模具安装上机试模之前，根据图纸对模具进行比较全面的检查，以便发现问题及时修模。当模具固定部分和运动部分分开检查时，要注意方向标识，以免合模时搞错，对于模具的运动部分，必须检查它是否清洁，其内部是否有异物落入，以免损伤模具。

2．吊装模具

模具吊装时必须注意安全，人员（一般为 2～3 人）之间要密切配合，模具尽可能整体安装，若模具设有侧向移动机构，一般应将滑块设置在水平位置（滑块在水平方向移动）。

3．紧固模具

在安装调整模具时，采用"调整"操作方式，当模具定位圈装入注射机上定模板的定位圈座后，把液压系统的压力调为 5MPa。拨动操作面上的闭模开关进行闭模，使动模板将模具轻轻压紧，然后根据模具的大小用紧固螺钉、压紧板将模具安装在两块模板上，注意压紧板上一定要装上垫片，压紧板必须上下各装 4 块。装压紧板时，必须注意将调节螺钉的高度调至与模脚同高，并要求其所在的平面与模板平面平行，即压紧板要平。如果压紧板是斜的，就不能将模具的模脚压得很紧。压紧板侧面不可靠近模具，以免摩擦损坏模具。

4．闭模松紧度的调节

闭模松紧度既要防止塑料制品溢边，又要保证型腔可以适当排气。对于目前常规的锁模机构，调节闭模松紧度主要依据目测和经验：一般情况下，在模具被紧固后启模，先利用调模装置，将模板开距调小 0.5mm 左右，然后进行启、闭模，并试验成型。若制品有飞边，则可用微调装置逐渐将开档调小。在满足成型制品要求的情况下，不要过分预紧模具。对于需要加热的模具，应在模具达到规定温度后再校正闭模松紧度。

5．低压保护调节

在初步完成锁模预紧力调整之后，为确保模具工作安全，必须进行低压保护调节，首先将液压系统的压力调至可以移动模板的最低压力，然后根据制品的需要，调节行程开关的位置选定低压保护的起始点，最后，在低压保护作用下，以慢速度进行闭模，并调节另一行程的开关至模具接触前 0.2～0.5mm 的位置，低压保护结束。在调节低压保护时，要进行反复试验，力求做到灵敏、可靠。

6．顶出距离和顶出次数的调节

模具紧固后，慢速启模，将顶杆的位置调节到模具上的顶出板和动模底板之间有不小于 5mm 的间隙，做到既能顶出制品，又能防止损坏模具，顶出次数可以是一次顶出，也可以是多次顶出，可以根据制品的需要在操作面板上选择。

7．接通冷却水管

接通冷却水后，应检查其是否畅通、有无漏水。

塑料模具搬运、安装操作案例如表 1-4-7 所示。

塑料模具维修与维护

表 1-4-7　塑料模具搬运、安装操作案例

步骤	具体操作	图示
搬运模具	将装配好后的模具通过搬运工具运至注射机的吊装区，在模具搬运过程中要安全可靠，防止模具滑落	
放置模具	在注射机的吊装区放置模具时，模具下面应该垫上枕木，避免注射机的底板直接与模具接触，以防止吊装过程中拉伤模具的模板表面及撞击损坏模具	
吊装模具前的准备	1. 模具在安装到注射机上之前，应该根据模具装配图对模具进行检查，包括检测模具的外形尺寸，确定定位圈尺寸是否与注射机相关参数匹配等，以便及时发现问题	
	2. 检查模具状态，测量模具高度，清理模板平面及定位孔、模具安装表面上的污物等	
	3. 打开总电源，启动注射机，检查设备动作是否正常。确保注射机动模座与模具有足够的安装距离。根据模具的高度，调整装模厚度。检查注射机顶杆的动作是否灵活，顶出距离是否足够等	

步骤	具体操作	图示
起吊模具	1. 采用小型龙门架吊装模具。在龙门架上安装手拉葫芦，并将龙门架移至注射机的吊装区	
	2. 通过手拉葫芦的铁钩，钩住模具的吊耳，操纵手拉葫芦链轮吊起模具。在模具吊起过程中，保持吊起速度均匀，使模具上升过程平稳，以防止撞击注射机的其他部位	
安装模具	1. 当模具吊起后，要注意观察模具定位圈的方位及其与注射机的定位圈安装孔之间的高度差，不断调节模具的高度和前后位置。通过按下注射机操作面板上的合模按钮将模具预压，直至将模具的定位圈装入注射机的定位圈安装孔内	
	2. 启动注射机的电动机，关好安全门，通过操作合模按钮和调模按钮，使注射机的动模板压紧模具	
	3. 用扳手拧紧模具两侧压板上的螺钉，使模具紧锁在注射机动、定模座的模板上。 撤走龙门架，将其移至安全区域	

三、试模

1．试模的目的

模具的调整与调试称为试模。

试模的目的有两个：一是确定模具的质量；二是确定制品成型工艺参数，为批量生产打下基础。

2．塑料模具调试前的检查

按照下列步骤和要求逐一对模具和注射机进行检查，不得漏检。

（1）模具外观检查。

① 检查模具闭合高度、注射机的各配合尺寸、顶出形式、开模距离、模具工作要求等，要符合选定设备的技术条件。

② 检查时注意，大型模具为便于安装及搬运，应有起重孔或吊环，模具外露部分若是锐角要倒钝。

③ 检查各种接头、阀门、辅件、备件是否齐备，模具要有合模标志。

④ 检查成型零件、浇注系统表面，表面应光洁、无塌坑及明显伤痕。

⑤ 检查各滑动零件的配合间隙是否适当，要求无卡住和紧涩现象，活动要灵活、可靠。起止位置的定位要准确，各镶嵌件、紧固件要牢固，无松动现象。

⑥ 检查模具的强度是否足够，工作时受力要均匀，模具稳定性良好。

⑦ 检查工作时互相接触的承压零件之间的间隙是否适当，承压面积及承压形式是否合理，以防止工作时零件被挤压损坏。

（2）模具空运转检查。

① 合模后各承压面（分型面）之间不得有间隙，接合要严密。

② 活动型芯、顶出部位及导向部位的滑动要平稳，动作要自如，定位要准确。

③ 锁紧零件要安全可靠，紧固件无松动现象。

④ 开模时，顶出部位要保证顺利脱模，以便取出制品和浇注系统的废料。

⑤ 冷却水要通畅、不漏水，阀门控制要正常。

⑥ 电加热系统无漏电现象，安全可靠。

⑦ 各气动、液压控制机构动作要正常。

⑧ 各辅件齐全，适应良好。

3．试模前的准备工作

（1）准备试模原料。

检查试模原料是否符合图样规定的技术要求，原料是否需要进行预热与烘干。

（2）熟悉图样及工艺。

熟悉制品图，掌握塑料成型特性与塑料制品特点，熟悉模具结构、动作原理及操作方法，掌握试模工艺要求、成型条件及操作方法，熟悉各项成型条件的作用及它们之间的关系。

（3）检查模具结构。

按图样对模具进行仔细检查，检查无误后，才能安装模具，开始试模。

（4）熟悉设备使用情况。

熟悉设备结构及操作方法，以及使用后的保养知识，检查设备成型条件是否符合模具应用条件及能力。

（5）准备工具及辅助工艺配件。

准备好试模用的工具、量具、夹具，准备一个记录本，记录在试模过程中出现的异常现象及成型条件变化状况。

4．塑料模具的试模与调整

（1）塑料模具注射成型工艺流程如图 1-4-1 所示。

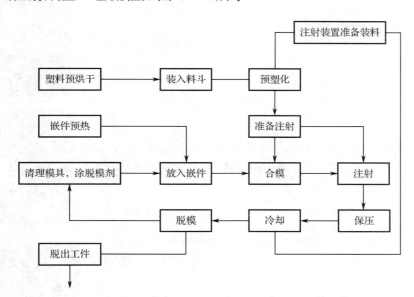

图 1-4-1 塑料模具注射成型工艺流程

（2）注射速度和注射时间。

注射机分为高速、低速两种。注射速度或注射时间的设置很重要，它将直接影响塑料制品的质量和生产率。注射速率过低（注射时间过长），制品易形成冷接缝，不易充满复杂的模腔。注射速率过高，熔料高速流经喷嘴时，易产生大量的摩擦热，使物料发生热解和变色，同时模腔中的空气由于被急剧压缩产生热量，在排气口处有可能出现制品烧伤现象。

四、注射机参数的设置、调整案例分析

注射机参数的设置、调整和试模操作案例如表 1-4-8 所示。

表 1-4-8　注射机参数的设置、调整和试模操作案例

步骤	具体操作	图示
检查模具内部	按下开模按钮，使注塑模的动、定模分离。检查模具的浇注系统、型腔等，其表面应光洁。如果型腔表面有污垢，可喷涂模具清洗剂，清理后用吹风机吹干或用脱脂棉花擦干	

续表

步骤	具体操作	图示
设置注射机参数	1．根据制品质量、材料特性、模具结构在注射机的操作面板上进行参数设置，主要包括成型温度、保压压力、合模力、保压时间、冷却时间、注射压力和注射量等参数	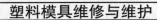
	2．为保证制品顺利脱模，调节开模行程，保证开模行程足够。根据制品顶出所需的距离，调节注射机顶杆顶出的长度	
校正喷嘴与浇口套	为确保塑料模具喷嘴及浇口套接触可靠，需要确定注射座相对浇口套的位置。通过限位螺钉控制注射座的位置，并紧固定位	
试模	在试模前，还需要对模具进行开、合模空运行试验，观察模具各个部位运行是否正常。确认运行可靠后，才能开始试模。 选择注射机的操作面板上的半自动化按钮，关好安全门，注射机完成一系列注射动作（保压、冷却、开模、推出制品）后手动取出制品。 如果出现问题，需分析制品的质量，并对出现的问题调整对应的参数，或再次卸模维修	
清理生产现场	试模成功后，制品达到质量要求。模具正式投入批量生产。每天加工结束后，要按照规定清理模具，并清扫和保养注射机	

五、塑料模具的卸模

塑料模具用完后要从注射机上卸下模具，其步骤如下。

（1）用完塑料模具后从注射机上卸下时，要给模具的工作部分或主要零件做防锈处理，如涂上防锈油。

（2）用手动或点动方式调整动、定模闭合状态，注意不能合得太紧。

（3）用吊装车吊住模具，松紧适度。

（4）先关闭注射机液压系统，使注射机处于停机状态，再松开模具夹持块上的紧固螺栓及紧固螺钉。

（5）启动注射机液压系统，将开模压力调低、速度调慢，慢慢开模，使注塑模脱离注射机的模板。然后将模具吊离注射机，旋转在指定的地方，即完成卸模的全部工作。

（6）对模具和机器进行保养。

通过小组合作，完成注塑模的搬运、安装等操作，填写具体操作过程。

【信息收集】

分析学习任务描述和任务书，找出学习任务描述中的关键信息，填写下列空格。

根据线轮塑料模具维修工作计划，已经完成了线轮塑料模具的维修工作和维修后的模具装配，本次学习任务进行_____，按塑料模具_____和_____流程，完成塑料模具的_____。

【知识探究】

1．分析试模相关知识，回答下列问题。

（1）模具安装时要遵循以下原则：其一要注意_____；其二要确保_____和_____在调试中不受损坏。安装模具时，应将注射机按钮选择在"_____"位置上，使机器的全部功能置于调试者_____之下，并将_____关闭，以防_____发生。

（2）模具的调整与_____称为试模。试模的目的有两个：一是确定模具的_____；二是取得制品成型工艺_____，为批量生产打下基础。

（3）模具试模前需要做的准备工作有_____（多选）。

A．准备试模原料　　　　　　　　　　B．熟悉图样及工艺

C．检查模具结构　　　　　　　　　　D．熟悉设备使用情况

E．准备工具及辅助工艺配件

2．回答下列问题

（1）注射机根据外形结构特征分类可以分为_____、_____、_____。

（2）观察图 1-4-2 中各注射机的结构，请写出对应的注射机类型。

图 1-4-2　注射机类型

_____　　　　_____　　　　_____

3．模具的验收包括三大部分：_____、_____、_____。

【计划与决策】

结合注射工艺参数的选择方法和塑料制品制作要求,通过小组合作,选择适当的注射工艺参数,填写表1-4-9。

表1-4-9　线轮塑料模具成型工艺卡片

车间		塑料注射成型工艺卡		资料编码	
				共　　页	第　页
零件名称		材料牌号		设备型号	
装配图号		材料额定		每模件数	
零件图号		单件质量		工装号	
零件草图			材料干燥	设备	
				温度/℃	
				时间/h	
			料筒温度/℃	后段/℃	
				中段/℃	
				前段/℃	
				喷嘴/℃	
			模具温度/℃		
			时间	注射/s	
				保压/s	
				冷却/s	
			压力	注射压力/MPa	
				背压/MPa	
后处理	时间		时间定额	辅助/min	
	温度			单件/min	
检验					
编制	校对	审核	组长	车间主任	检验组长	主管工程师

 【任务实施】

1. 通过小组合作,完成塑料模具的搬运、安装等操作,填写表1-4-10。

表1-4-10　塑料模具的搬运、安装操作步骤表

步骤	具体操作
搬运模具	将装配好后的模具通过搬运工具运至注射机的_____,在模具搬运过程中要_____
放置模具	在注射机的吊装区放置模具时,模具下面应该垫上_____,避免注射机的底板直接与模具接触,以防止吊装过程中_____

步骤	具体操作
吊装模具前的准备	1．模具在安装到注射机上之前，应该根据模具装配图对模具进行检查，包括检测模具的_____等，以便及时发现问题
	2．检查模具状态，_____等
	3．打开总电源，启动注射机，检查设备动作_____。确保注射机动模座与模具有_____。根据模具的高度，调整装模厚度。检查注射机顶杆的动作_____，顶出距离_____等
起吊模具	1．采用小型龙门架吊装模具。在龙门架上安装_____，并将龙门架移至注射机的_____
	2．通过手拉_____，钩住模具的_____，操纵手拉葫芦链轮吊起模具。在模具吊起过程中，保持吊起速度均匀，使模具上升过程平稳，以防止_____
安装模具	1．当模具吊起后，要注意观察模具定位圈的方位及其与_____之间的高度差，不断调节模具的高度和前后位置。通过按下注射机操作面板上的合模按钮将_____，直至将模具的定位圈装入注射机的定位圈安装孔内
	2．启动注射机的电动机，关好_____，通过_____，使注射机的动模板压紧模具
	3．用扳手拧紧模具两侧压板上的_____，使模具紧锁在_____上

2．通过小组合作，完成注射机参数的设置、调整和试模操作，填写表 1-4-11。

表 1-4-11　注射机参数的设置、调整和试模操作过程表

步骤	具体操作
检查模具内部	按下开模按钮，使注塑模的_____分离。检查模具的浇注系统、型腔等，其表面应_____。如果型腔表面有污垢，可喷涂模具清洗剂，清理后用吹风机吹干或用脱脂棉花擦干
设置注射机参数	1．根据制品质量、材料特性、_____在注射机的操作面板上进行参数设置，主要包括_____等参数
	2．为保证制品_____，调节开模行程，保证开模行程足够。根据_____，调节注射机顶杆顶出的长度
校正喷嘴与浇口套	为确保塑料模具喷嘴及浇口套接触可靠，需要确定注射座相对浇口套的位置。通过_____控制注射座的位置，并紧固定位
试模	在试模前，还需要对模具进行_____试验，观察模具各个部位运行是否正常。确认运行可靠后，才能开始_____。 选择注射机的操作面板上的_____，关好安全门，注射机完成一系列注射动作（保压、冷却、开模、推出制品）后手动取出制品。 如果出现问题，需_____，并对应出现的制品问题调整对应的参数，或再次卸模维修
清理生产现场	试模成功后，制品达到质量要求。模具正式投入批量生产。每天加工结束后，要按照规定_____

3．小组合作完成线轮塑料模具的检验与验收，并填写表 1-4-12。

表 1-4-12　注塑模具的检验与验收单

XX 塑料制品厂			模具检验和验收单		验收时间：		
基本信息	模具名称：		技术准备	项目	内容	负责人
	模具类型：	冲压　　注射		图纸		
	实验原因：	新模　修模　改模		工具、量具及物件		
	产品名称：					

续表

	验收人员：			复核人员：			
	序号	检验标准				检查结果	情况说明
检验内容	1	模具各零部件是否按统一标准编号，模具基准是否按标准做标识				是　否	
	2	模具表面是否有利角、利边、毛刺				是　否	
	3	模具的装配尺寸是否符合图纸要求				是　否	
	4	模架表面是否有凹坑、锈迹、多余的吊环、进出水孔、油孔等影响外观的缺陷				是　否	
	5	制品是否完好无缺，各分型面的溢边是否不超过规定要求，其他表面是否平滑光泽，无缺陷				是　否	
	6	制品所有尺寸是否符合图纸要求，关键尺寸是否在图纸标注的公差范围内				是　否	
	7	顶杆顶出塑料制品时残留的凹凸痕是否超过0.5mm				是　否	
	8	模具运动部件是否灵活平衡、动作协调，工作部分动作是否稳定可靠，开合模是否无异响				是　否	

【评价与反馈】

模具调试过程评价表如表1-4-13所示。

表1-4-13　模具调试过程评价表

班级：	姓名：	学号：	日期：		
评价指标	评价标准		配分/分	得分/分	备注
现场安全防护	未正确设置安全防护设施，扣10分		10		
	未正确悬挂警示牌，扣10分		10		
调试与校正	未在规定时间内完成塑料模的安装，扣10分		50		
	安全步骤错误，扣10分				
	参数输入错误，扣10分				
	不能试制出制品，扣10分				
	制品不合格，扣10分				
工具使用	工具使用不正确，每次扣5分		10		
过程记录	正确记录安全文明生产过程，错漏一处扣2分		10		
团队协作	没有团队协作进行现场施工扣10分		10		
安全文明生产	违反安全文明生产操作规程的扣5～40分		从总分扣		
	装配完成后未按《8S现场管理制度》要求认真清理现场，扣10分				
合计/分			100		

【拓展训练】

请根据以上学习的内容实施其他塑料模具的试模调整。

学习活动3　成果展示，评价总结

【学习任务描述】

根据之前制订的线轮塑料模具维修工作计划，工作已进入最后阶段，现需要各小组将本组维修并试模合格后的模具及塑件进行展示。在展示的过程中，其他组进行评价，评价完成后，根据其他组成员对本组展示成果的评价意见进行归纳总结，梳理项目知识点和技能点，撰写一份项目工作总结。

【建议学时】

4 学时

【学习资源】

教材《模具维护与保养》、展示工具、WPS 办公软件、教学课件、"学习通"平台、网络资源等。

【学习目标】

1．能叙述线轮塑料模具维修项目的工作过程和个人工作完成情况。

2．能叙述个人在整个项目工作过程中存在的问题和整改措施。

3．能按照线轮塑料模具维修成果展示评分表，独立自主、客观公正地完成对各小组成果展示汇报的评价。

4．能回顾项目学习过程，分析各环节学习目标达成情况，总结工作过程中自身存在的问题，制定针对性的整改措施。

【信息收集】

1．分析学习任务描述，找出学习任务描述中的关键信息，填写下列空格。

根据线轮塑料模具维修工作计划表，工作已进入＿＿＿＿阶段，现需要各小组将本组维修好并试模合格后的＿＿＿及＿＿＿＿进行展示。在展示的过程中，其他组进行评价，评价完成后，根据其他组对本组展示成果的评价意见进行＿＿＿＿＿＿＿，梳理项目＿＿＿＿＿＿＿和＿＿＿＿＿＿，撰写一份＿＿＿＿＿＿＿＿＿。

2．提炼本次任务知识点，收集相关知识并填写表 1-4-14。

表 1-4-14　任务信息整合表

信息整合			学习方式
知识储备	怎么展示——展示方法		网络平台"学习通"平台教学课件教材
	如何展示——展示手段		
	怎么总结——总结方法		

【展示评价】

1．小组内推荐小组代表上台进行展示汇报，利用小组课前制作的 PPT 对成果展示进行必要的介绍。在展示的过程中，以组为单位进行评价。评价完成后，根据其他组成员对本组展示的成果评价意见进行归纳总结。主要评价项目如下。

（1）汇报 PPT 中页面布局是否合理？

图文并茂，布局合理□　　一般，基本符合□　　页面布局杂乱，毫无审美可言□

（2）展示的线轮塑料模具和塑料制品符合技术要求吗？

符合□　　不符合□　　可返修□　　直接报废□

（3）展示的塑料制品是否合格？

合格□　　不合格□

（4）小组介绍成果时，表达是否清晰？

清晰，能详细介绍该组的成果，且普通话标准，声音洪亮□

一般，能大致介绍该组的成果，声音较小，表达需要补充□

表达不清晰，介绍不完整□

（5）成果展示汇报中礼仪与形象是否符合标准？

衣服整洁，尊重教师和同学，文明用语□　　基本达标□　　不达标，不尊重老师和同学□

（6）本小组演示操作时是否遵循《8S 现场管理制度》的工作要求？

遵循□　　忽略了部分要求□　　没有遵循□

（7）本小组的成员团队协作精神如何？

良好□　　一般□　　不足□

2. 试结合自身任务完成情况，通过交流讨论等方式较全面、规范地撰写本次项目的工作总结。

项目工作总结（心得体会）

_____

_____

_____

_____

_____

_____

_____

_____

_____

_____

_____

_____

_____

_____

_____

_____

_____

【任务总结】

学习任务四维修后模具装配与调试工作总结记录表如表 1-4-15 所示。

表 1-4-15　学习任务四维修后模具装配与调试工作总结记录表

学习活动名称	计划和完成情况	收获提升	问题和建议
学习活动 1			
学习活动 2			
学习活动 3			

 【评价与反馈】

项目一总体评价表如表 1-4-16 所示。

表 1-4-16　项目一总体评价表

班级：		姓名：			学号：					
评价内容		自我评价/分			小组评价/分			教师评价/分		
		1～5	6～8	9～10	1～5	6～8	9～10	1～5	6～8	9～10
		占总评分 20%			占总评分 20%			占总评分 60%		
学习任务一	学习活动 1									
	学习活动 2									
学习任务二	学习活动 1									
	学习活动 2									
	学习活动 3									
	学习活动 4									
	学习活动 5									
学习任务三	学习活动 1									
	学习活动 2									
学习任务四	学习活动 1									
	学习活动 2									
	学习活动 3									
表达能力										

续表

评价内容	自我评价/分			小组评价/分			教师评价/分		
	1～5	6～8	9～10	1～5	6～8	9～10	1～5	6～8	9～10
	占总评分20%			占总评分20%			占总评分60%		
协作精神									
纪律观念									
工作态度									
分析能力									
操作规范性									
任务总体表现									
小计/分									
总计/分									

项目二

线轮塑料模具维护保养

 【工作情境描述】

模具主管根据生产管理系统数据显示线轮塑料模具已经生产 10 万模，现安排模具保养工作人员对模具实施三级维护保养，自检合格后验收入库。

 【学习任务分析】

模具保养工作人员接受线轮塑料模具三级维护保养任务，制订线轮塑料模具三级维护保养计划并对模具实施三级维护保养，保养结束后试模，自检合格后交付模具主管验收入库。

 【建议学时】

12 学时

 【学习资源】

教材《模具维护保养》、任务书、教学课件、"学习通"平台、网络资源等。

 【学习过程】

学习任务一　模具维护保养工作准备和实施（8 学时）
学习活动 1　制订线轮塑料模具维护保养计划（4 学时）
学习活动 2　实施线轮塑料模具维护保养（4 学时）
学习任务二　模具验收入库（4 学时）

学习任务一 模具维护保养工作准备和实施

学习活动 1 制订线轮塑料模具维护保养计划

【学习任务描述】

模具保养工作人员接受线轮塑料模具三级维护保养任务,制订线轮塑料模具三级维护保养计划并对模具实施三级维护保养。

【建议学时】

4 学时

【学习资源】

教材《模具维护保养》、任务书、教学课件、"学习通"平台、网络资源等。

【学习目标】

1. 能读懂模具维护保养任务书,明确工作内容和要求。
2. 能叙述模具维护保养人员工作职责相关内容。
3. 能识读模具图样,叙述模具类型及结构特征。
4. 能叙述模具维护保养工作流程。
5. 能叙述塑料模具维护保养要领、方法和内容。
6. 能按照模具维护保养要求,制订模具维护保养计划。

【任务书】

模具维护保养任务书如表 2-1-1 所示。

表 2-1-1 模具维护保养任务书

报修人	李三	联系方式		车间	模具维修车间
设备名称及编号	设备名称:线轮塑料模具		设备编号:SXL-101		
维保内容	模具主管根据生产管理系统数据显示线轮塑料模具已经生产 10 万模,现安排模具保养工作人员制订线轮塑料模具三级维护保养计划并对模具实施三级维护保养				
维保时间	维保约定时间: 年 月 日 时 分				
	实际维保时间: 年 月 日 时 分				
	实际维保完成时间: 年 月 日 时 分				
维保记录	□维保 □未维保 未维保原因说明:			维保员签字:	

续表

报修人	李三		联系方式		车间	模具维修车间
维保记录	序号	维保项目	维保内容		用具	备注
	1					
	2					
	3					
	4					
	5					
	6					
	7					
	8					
	9					
	10					
	11					
	12					
	13					
车间验收意见	□满意　　□不满意　　其他意见：				主管签字	
备注						

 【知识储备】

一、塑料模具维护保养的作用

一副经过良好维护保养的模具，可以缩短模具装配、调试时间，降低生产故障率，使生产运行平稳，从而确保产品质量，减少废品，降低企业的运营成本和固定资产投入。

塑料模具作为塑料制品加工中最重要的成型设备，其质量优劣直接关系到塑料制品质量的优劣。而且，由于塑料模具在注塑加工生产成本中占据较大的比例，其使用寿命直接影响塑料制品成本。因此，提高塑料模具质量、做好塑料模具维护保养工作，延长其使用周期，是塑料制品加工企业降本增效的重要手段。

二、塑料模具维护保养分类

塑料模具维护保养分为一级维护保养、二级维护保养、三级维护保养。

一级维护保养：指塑料模具生产中的保养（日常生产过程中需要进行的模具保养），包括清洁、紧固、润滑，由注射生产操作人员完成，注射生产主管负责监督和检查。

二级维护保养：指模具生产了一定批次后，模具下机进行维护保养，对一级保养无法完成的部位进行保养（根据模具生产模数需要进行的保养），围绕清洁、紧固、润滑三方面进行，由模具使用单位的专职模具保养人员完成。

三级维护保养：指模具生产一定批次后，根据模具现状制订全面保养计划，全面检查、处理生产中的异常，包括对浇注系统、冷却系统、成型系统、顶出系统及排气系统等的全面检查和保养（指根据模具易损件的寿命对其进行保养更换）。

三、模具维保人员工作职责

模具维保主管：负责模具保养作业指导书的可视化制作及模具维护保养作业培训，负责模具保养、点检及维护保养工作的核查及确认，确保文件要求有效执行，制订模具维护保养（年、月、日）计划。

模具保养人员：依照作业程序和具体的模具保养作业指导文件实施模具一级保养、二级保养和三级保养，并对异常模具及时报修，做好相关的表单记录并存档。

模具维修人员：依照作业程序和具体的模具保养作业指导文件及保养计划实施模具二级保养和三级保养，并对报修的异常模具及时更换备件，做好相关表单记录并存档。

四、塑料模具维护保养内容和方法及要求

1．一级保养要求

（1）保养人员资质。

模具生产操作人员必须经过模具使用单位的专职模具保养人员培训后方可进行模具保养工作。

（2）保养频率。

每 8 小时保养一次。

（3）保养内容。

① 检查活动部位，如导柱、顶杆、滑块是否磨损，润滑是否良好，要求至少 8 小时加一次润滑油，特殊结构要增加加油频率。

② 检查固定模板、锁模块、滑块限位块等在分型面露出的螺钉是否松动。

③ 清洁模具分型面、流道面和排气槽内的异物、胶丝、油污等。

④ 定期检查模具的水路是否畅通，模具使用时，要保持温度正常，不可忽冷忽热。

⑤ 检查模具的限位开关是否正常，滑块斜导柱是否磨损。

⑥ 生产正常状况下检查制品的缺陷是否与模具有关。

2．二级保养要求

（1）保养人员资质。

有两年以上模具装配经验的技师，专业镜面抛光人员。

（2）保养频率。

模具生产过程中，按生产数量安排二级保养，也可结合模具上、下机周期对模具进行保养。结合注射机吨位和生产数量对塑料模具二级保养分类如下。

① 450 吨以下注射机模具：12 000 模保养一次。

② 450～1650 吨注射机模具：8000 模保养一次。

③ 1650 吨以上注射机模具：4000 模保养一次。

（3）二级保养项目、保养内容及保养方法如表 2-1-2 所示。

表 2-1-2 二级保养项目、保养内容及保养方法

二级保养项目	保养内容	保养方法
模板	清洁模板	用油石、煤油清理模板上的锈迹、积碳
	检查模板	用塞尺检查模板是否变形、开裂（模板平面度在 0.15mm 以内）
	清理水路	用气枪清理水路内的污渍，保证水路畅通
顶出系统	清洁顶针复位杆	用 1000 目以上砂纸清理顶针表面上的锈迹、积碳
	检查顶针头部是否磨损	用千分尺或游标卡尺检查顶针是否弯曲、变形，头部是否磨损（头部磨损在 0.015mm 以内）
	检查顶针表面	目测顶针表面是否拉伤、腐蚀
	顶针加油	追加润滑油，保证顶针、复位杆动作顺畅
滑块及斜导柱	清洁滑块与滑座	模具外观面只需用棉布和清洗剂保养表面
	检查滑块成型面是否完好	用酒精清理滑座内的油污、残料
	检查斜导销与滑块导向孔	对照图纸检查滑块成型面是否有压伤、断裂缺陷，目测接触面是否拉伤
	重新安装滑块保证顺畅	滑块重新上润滑油，锁紧压板后保证滑块动作顺畅（以手能轻松推拉为准）
		用游标卡尺检查斜导柱是否弯曲、变形，目测导向孔是否开裂
型芯	清洁型芯与镶件排气槽	模具外观面只需用棉布和清洗剂保养表面
	检查型芯与镶件	用油石及酒精清理型芯和型芯镶件的排气槽、积碳
	检查顶针孔与镶件孔	对照图纸用千分尺检查型芯镶件是否变形、破损、拉伤
		目测成型面及顶针孔是否有划痕、拉伤、开裂
型腔	清洁型腔与镶件排气槽	模具外观面只需用棉布和清洗剂保养表面
	检查型腔与镶件	用油石及酒精清理型腔和型腔镶件的排气槽、积碳
	检查成型面	对照图纸用千分尺检查型腔镶件是否变形、破损、拉伤
		目测成型面是否有划痕、开裂
导柱导套	检查导柱导套	用游标卡尺、塞尺检查导柱是否变形、弯曲、磨损（磨损在 0.05mm 以内）
	目测导柱导套的外观	目测导套内外及导柱表面是否拉伤、开裂
	追加润滑油	追加润滑油，保证合模顺畅
热流道	检查电气系统	用万用表测量有数字显示，鸣笛声合格，若温控箱温度实际升温达不到设定值则不合格
	主分流板是否泄漏	热嘴封胶位及与分流板接触位有无泄漏，分流板有无泄漏，螺钉有无松动等。若为针阀式系统还要检查阀针是否磨损、密封圈是否完好及针阀套是否渗液等
	热流道清料	投入生产物料前使用透明聚丙烯预热系统模具，暂时停止生产时也使用透明聚丙烯将驻留的材料清除

3．三级保养要求

（1）保养人员资质。

由专业保养人员对模具进行有计划全面的拆模保养。

（2）保养频率。

模具生产模数达到限定数量后的强制性保养，模具使用单位结合实际生产情况，以月为单位制订三级保养计划，保养周期按照注射机吨位和生产数量分类如下。

① 750 吨以下注射机模具：10 万模保养一次。

② 750 吨以上注射机模具：5 万模保养一次。

（3）保养内容。

根据模具生产情况，制订全面保养计划，全面检查、处理生产中异常情况。

① 浇注系统保养：流道、拉料杆、热流道系统、进浇口保养，包括清理残料、更换易损件、流道、浇口抛光，二级分模板变形校正等。

② 成型零件检查：检查分型面、插穿面，修复磨损部分，更换易损件与制作备用件。

③ 导向部分保养：检查、修复及更换导柱、导套、斜导柱、复位杆、二级分模限位杆、顶针板导柱、顶针板导套、动定模固定锥面等。

④ 顶出部分保养：检查顶针、斜顶及斜向固定装置是否磨损，顶针孔、斜顶槽是否磨损，顶针板是否变形，如果变形必须立即校正。

⑤ 冷却水路检查：检查密封圈是否老化，若老化则更换新的密封圈，检查运水堵头的密封性，紧固或更换密封不严的运水堵头。

4．其他保养要求

当进浇口、流道或型腔有胶料残留时，应用铜针在进料嘴处敲出，不可用钢针等硬物敲打模具。型腔轻微伤痕，可根据型腔的表面粗糙度选择抛光材料，有纹面不可使用砂纸等材料抛光，必须由专业维修人员用铜刷蘸钻石膏或金刚砂浆刷洗。

对于型腔表面有特殊要求的模具，绝对不能用手摸或棉丝擦拭，应用压缩空气吹，或用高级脱脂棉蘸上酒精轻轻擦拭。

塑料模具在成型过程中往往会分解出低分子化合物腐蚀模具型腔，使得光亮的型腔表面逐渐变得暗淡无光，从而降低制品质量，因此要定期擦洗，擦洗时可以使用醇类或酮类清洗剂，注意擦洗后要及时吹干。

5．模具维护保养前的准备工作

（1）准备好模具维护所需要的各种工具，并按顺序放好。主要工具：内六角扳手一套、T形扳手一套、橡皮锤一把、小铜棒一根、长螺丝一根。

（2）维护时必须由两人配合工作。

（3）利用推车将待维护模具移至钳工台，注意调整推车的高度。

（4）选择合适的参照平面，分开动、定模。在拉开模具时候，要注意用力不能过大，否则会使模具倒下，砸伤自己。

五、塑料模具维护保养的点检项目

塑料模具维护保养项目点检表如表 2-1-3 所示。

表 2-1-3　塑料模具维护保养项目点检表

序号	检验单位	点检项目	确认检验	检验结果
1	成型零件	型芯及镶件的表面粗糙度、形状、位置、尺寸	成型是否良好，有无磨损、变形	
		型腔、型芯及镶件的相互装配位置、形态、间隙	是否符合要求	

序号	检验单位	点检项目	确认检验	检验结果
2	浇注系统	整个流道	是否通畅，有无变形	
		流道的表面粗糙度	是否影响塑料的流动	
		浇口的形状、位置	是否符合要求，有无磨损变形	
		冷料拉杆的类型、形状、尺寸	是否符合要求，能否拉出冷料	
		分流道冷料自动推出机构	功能是否完好，能否自动推出	
		浇口套的内锥孔和外径	是否被腐蚀，产生凹凸或间隙过大	
3	导柱导套	导柱、导套的尺寸精度	是否符合要求，有无磨损	
		导柱、导套的配合间隙	是否良好，配合间隙是否过大	
4	推出系统	推出系统的推出动作	是否平衡、灵活、符合要求	
		推管、推杆、中心杆的尺寸精度	是否符合要求，有无磨损	
		推管、推杆、中心杆与型芯的配合间隙	是否良好，配合间隙是否过大	
		推出系统与导套的配合间隙	是否符合要求，有无磨损	
		复位杆与动模板的配合间隙	是否符合要求，有无磨损	
5	分型面	分型面和分模面（平面、阶台、斜面、曲面）	是否磨损，有无压伤	
		分型面和分模面的间隙	是否合理，是否会产生溢边	
6	动、定模板和支承板	动模座板、支承板推管孔、推管孔内表面	是否堵塞，与推管、推杆的配合是否良好	
		动模座板、支承板推杆孔、阶梯推杆孔间隙	阶梯推杆是否能顺利通过	
		动、定模座板和支承板的形状、尺寸精度	是否变形	
		动、定模座板和支承板上各连接螺孔的内螺纹	是否损坏（滑牙）	
7	冷却系统	冷却水通路	是否畅通	
		冷却水的冷却效果	水管中是否有污垢，影响冷却	
		水管接头	是否完好，有无渗漏或滑牙	
8	其他	型腔、型芯、分型面的末端排气孔	是否设置排气孔，排气孔大小是否合适	
		各部件的敲打痕迹	有无敲打痕迹，是否影响塑料制品质量	
		模具安装面的方向	是否与号码顺序相符	
		吊环螺孔与吊环	是否牢固完好	

六、制订模具保养计划

模具日保养计划：每日下班前由模具主管制订下一日的模具保养计划，如表2-1-4所示。模具日保养计划应包含当日的上模保养模具、生产中的一级保养模具、下模保养模具、计划排配的二级保养模具、计划排配的三级保养模具，日保养计划需要下达至模具保养具体责任人。

塑料模具维修与维护

表 2-1-4　模具日保养计划

使用部门：注射车间	保养项目	保养方法	保养周期	保养人	确认人
模具名称：	1 清洁模具分型面	用干净的棉布清洁模具分型面、排气槽	每班	技术员	组长/主管
	2 顶针、斜顶、滑块润滑	用干净棉布清洁顶针、斜顶等部件上的油污、杂物，加润滑油并检查各部位活动是否正常	每班	技术员	组长/主管
模具编号：	3 检查紧固螺钉松紧	用扳手紧固模具上所有螺钉	每班	技术员	组长/主管
	4 导柱、导套润滑	先用干净棉布清洁导柱、导套上的污垢、杂物，再加润滑脂	每班	技术员	组长/主管
使用材料：	5 模板外观清洁、防锈	先用干净棉布清除模板上的杂物、污垢，再加防锈油	每月	技术员	组长/主管
	6 模具存放巡视	巡视模具存放是否规范，有无标识，有无其他异常，并对异常情况进行处理	每周	组长	主管

保养项目	日期																															
	1	2	3	4	5	6	7	8	9	10	11	12	13	14	15	16	18	19	20	21	22	23	24	25	26	27	28	29	30	31		
1 清洁模具分型面																																
2 顶针、斜顶、滑块润滑																																
3 检查紧固螺钉松紧																																
4 导柱、导套润滑																																
5 模板外观清洁、防锈																																
6 模具存放巡视																																
保养人																																
确认人																																

注：保养项目 1～保养项目 4 为正常生产时进行的项目。

模具月保养计划：每月月底由模具主管根据企业管理系统中的模具生产模数及下月生产计划制订的下个月的模具月保养计划。模具月保养计划应包含当月计划排配的二级保养模具，以及计划排配的三级保养模具。

模具年保养计划：每年年底由模具主管根据生产管理系统中的模具生产模数及预测市场订单制订的下一年度的模具保养计划。模具年度保养计划应包含当年计划排配的三级保养模具，如表 2-1-5 所示。

模具因产能或其他因素无法及时保养时，由模修人员提出申请，经由部门主管签核后可延迟保养。

表 2-1-5 模具年度保养计划

模具名称	制品型号	模具编号	保养年份			保养人员				审批			
检查保养项目	保养方式	检查与保养标准	1月	2月	3月	4月	5月	6月	7月	8月	9月	10月	11月	12月
模具表面和模腔内的油污、脏物、异物、锈斑及灰尘	用抹布、模具清洗剂擦拭模具表面和模腔，气枪吹扫，油石省模	手感清洁、无拉伤、撞伤												
模具喷嘴	模具喷嘴内残留的塑胶料用抹布和模具清洗剂擦拭	喷嘴内无残留物，表面光滑												
分型面及各擦破、靠破面	清洁擦破、靠破面锈斑，检查分型面有无拉伤、撞伤	无锈斑、拉伤、撞伤情况												
模具流道口	消除流道及浇口处的异物	流道表面光滑												
弹簧	重点观察，有损坏的一律更换	使用次数小于设计寿命，外表无损伤												
导柱、导套	有咬伤、拉伤、变形的进行修复或更换	能顺利组合、合模												
顶针、回位销	顶针有变形、断裂、划伤的要更换，回位销检查是否回位到位，视具体情况维护	顶针顶出顺畅、无嵌滞，回位销归位顺畅、到位												
顶针、归位板	顶针板、归位板有无变形	顶针板、归位板平面度良好												
滑块、斜销、斜顶出机构	斜销有变形需更换，滑块、顶出机构有裂纹或滑动不顺畅	斜销无变形，滑块、顶出机构滑配良好												
各成型表面及成型零件	成型表面有损伤，划痕视情况维修	成型表面无损伤、划痕，成型零件无变形												
连接螺钉	螺钉有损坏或滑丝要更换	连接牢固，无滑丝现象												
热流道及接线器	感温线、加热线漏电测试	感温线、加热线良好，无漏电现象												
水路保养	检查有无堵塞、漏水现象	水路保存畅通，无堵塞、漏水现象												

注：保养时间为每个月上旬、中旬、下旬的第一个工作日，做过保养且达到标准的在对应项目的方框内画"√"，做过保养且未达到标准的画"*"，没做过保养的画"×"，模具已损坏的画"▷"。每份保养记录表与相对应的模具放置一起，并于年底统一存档。

【信息收集】

1．分析学习任务描述和任务书，找出学习任务描述中的关键信息，填写下列空格。

_____接受线轮塑料模具_____任务，制订线轮塑料模具三级维护保养计划并对模具实施三级维护保养。

2．提炼本次任务知识点，收集相关知识并填写表 2-1-6。

表 2-1-6　任务信息整合表

信息整合			学习方式
思考方向	为什么要保养		网络平台 "学习通"平台 教学课件 教材
	保养内容		
	怎么保养		
	保养要求		
	需要准备哪些资料		

【知识探究】

1．下列哪些选项是模具维护保养的重要性及其意义_____（多选）。

A．缩短模具装配、调试时间　　　　B．减少生产故障

C．制品质量下降、废品率高　　　　D．降低企业的运营成本和固定资产投入

E．使生产运行平稳　　　　F．确保制品质量、减少废品损失

G．延长模具使用周期

2．塑料模具维护保养分为_____
_____。

3．塑料模具生产中的保养工作，包括清洁、紧固、润滑，由注射生产操作人员完成，注射生产主管负责监督和检查属于_____。

A．模具上模保养或模具下模保养　　　　B．一级维护保养

C．二级维护保养　　　　D．三级维护保养

4．750吨以下注射机模具每10万模或者750吨以上注射机模具每5万模需进行_____。

A．模具上模保养或模具下模保养　　　　B．一级维护保养

C．二级维护保养　　　　D．三级维护保养

5．模具生产过程中450吨以下注射机模具每1.2万模需进行_____。

A．模具上模保养或模具下模保养　　　　B．一级维护保养

C．二级维护保养　　　　D．三级维护保养

【计划与决策】

通过小组合作的方式，根据任务要求，结合模具维护保养工作流程，制订线轮塑料模具三

级维护保养计划，如表 2-1-7 所示。

表 2-1-7　线轮塑料模具三级维护保养计划

模具名称	制品型号	模具编号	保养年份	保养人员	审批
检查保养项目		保养方法		检查与保养标准	

【评价与反馈】

线轮塑料模具三级维护保养计划评分表如表 2-1-8 所示。

表 2-1-8　线轮塑料模具三级维护保养计划评分表

班级：	姓名：	学号：	日期：		
考核项目	考核内容及要求	配分/分	评分标准	得分/分	备注
保养工作流程	正确描述模具保养工作流程	10	错一项，扣 5 分		
保养计划制订	检查保养项目是否完整	20	错一项，扣 5 分		
	保养方法是否合理	20	错一项，扣 5 分		
	检查保养标准是否合理	20	错一项，扣 5 分		
团队协作	团队合作情况	10	没有全员参与制订保养计划扣 10 分		
	小组代表展示计划	10	展示计划时是否条理清晰、语言流畅，不展示计划全扣		
质量意识	遵循《8S 现场管理制度》保持环境卫生干净整洁	10	违反一项，扣 2 分		
总计/分			100		

学习活动 2　实施线轮塑料模具维护保养

【学习任务描述】

前期我们已经制订好线轮塑料模具三级维护保养计划，现在我们的任务是按照模具维护保养规范，对线轮塑料模具实施维护保养，保持模具的技术状态。

【建议学时】

4 学时

【学习资源】

教材《模具维护与保养》、线轮塑料模具装配图、任务书、教学课件、"学习通"平台、网络资源等。

【学习目标】

1．能叙述塑料模具各级保养内容和方法。
2．能叙述模具维护保养工作流程。
3．能叙述塑料模具保养的安全注意事项和操作规范。
4．能根据保养计划，规范实施线轮塑料模具维护保养。
5．能按照《8S 现场管理制度》进行保养现场的管理。

【知识储备】

一、模具维护保养流程及方法

1．保养前的准备工作

（1）核对维修保养单内容。

（2）确保维护保养环境安全及宽敞。

（3）劳动防护用品佩戴齐全。

（4）确认吊绳、吊环安全。

（5）工具台车、零件台车准备。维修开始前零件台车内不允许有任何物件，预防错装、混装、漏装。

（6）放水：模具上标识 IN-进、OUT-出、OUT-插放水管、IN-插气管。同时打开阀门，将水排到水桶中。

（7）保护：拆模之前先保护镜面（高温胶布保护），最大限度地把损伤降到最低。

2．维护保养过程

（1）保养流程如图 2-1-1 所示。

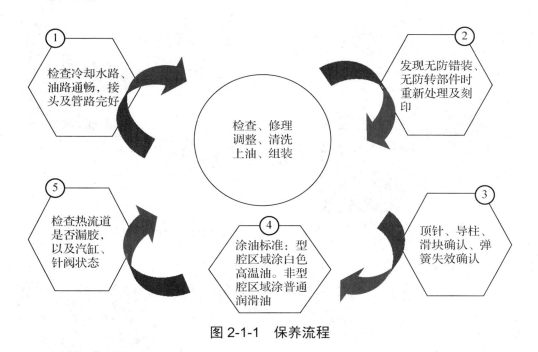

图 2-1-1　保养流程

（2）分型面保养如图 2-1-2 所示。

保养前先清洁分型面　　　分型面清洁后

图 2-1-2　分型面保养

（3）模具检查、分解如图 2-1-3 所示。

（4）模具清洗、防错装如图 2-1-4 所示。

（5）模具渗漏保护如图 2-1-5 所示。

（6）模具防错装、纠正如图 2-1-6 所示。

（7）模具失效修复如图 2-1-7 所示。

检查：拆模之前要对模具的配合面、相对运动面的磨损、浮动段差及间隙进行检查、确认。在保养过程中针对检查所发现的问题同步解决

此项措施可预防刮料屑、拉铁屑等故障

分解：将模具安全、紧凑地分解至最基本单位，卸下的部件摆放在台车及工作台上

图 2-1-3　模具检查、分解

清洗：所有零部件先用WD-40浸泡，再用油石推锈，最后将其清洗干净。等高块、耐磨板也要取出，清洗凹槽内油污，同时对易损、易耗件进行测绘、记录、备案

因错装而撞坏的178A反射镜灯泡孔镶件

防错：标识清晰且对应唯一，不得重复。有方向要求的零件，错装、装反时不可装入

图 2-1-4　模具清洗、防错装

渗漏保护：检查冷却水路、油路及气路通畅，接头及管路完好

水管锈蚀、变形、折弯都是不合格的

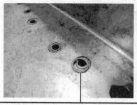

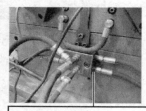

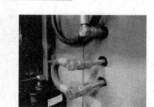

密封圈老化、破损及未放置到位都会引起漏水

要排除油路中的跑、冒、滴、漏等故障

图 2-1-5　模具渗漏保护

防错装纠正：发现无防错装、防转部件时，重新处理及刻印

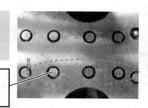

标识必须唯一，不得重复

有方向要求的顶针如果装反或转动，必会撞模

未有标识的模具镶件，必须打上标识

采用什么方法可以避免相似的零件装错呢

图 2-1-6　模具防错装、纠正

失效修复：顶针、司筒、导柱、镶件、滑块的磨损、压伤、崩口确认，弹簧失效确认

发现失效的弹簧要及时更换

导柱、顶针在保养时要检查裂纹、磨损状态以便确认是否需要更换

滑块保养的要求：除锈除污；磨损部位修复；组装验证动作顺畅

图 2-1-7　模具失效修复

（8）模具涂油如图 2-1-8 所示。

型腔区域涂白色高温油，非型腔区域涂普通润滑油。润滑油的量为触摸有油、目视无油。

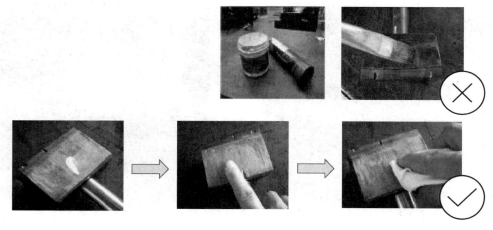

图 2-1-8　模具涂油

（9）模具热流道维护。

二、保养确认

（1）模具保养确认流程图如图 2-1-9 所示。

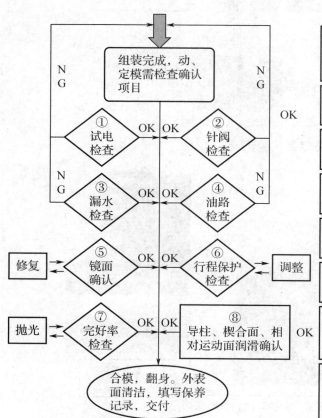

作业重点	注意事项
①用万用表检查实际线路与铭牌线路图是否相符，热流道部分用温控箱确认温度是否正常	小心触电。加热时小心流道内高温塑料喷溅伤人
②热流道升温达到要求后用气管检查针阀动作顺畅，无漏气	注意高压水流溅入眼睛
③水路按设计接驳，水压为1MPa，保压5min无压降为合格	防止高压气体伤人
④用气管检查油缸动作，必要时上机检查漏油	使用喷雾时，防止化学品伤眼和皮肤
⑤保养完成后需对镜面进行无伤痕检查，确认合格后喷防锈油	
⑥行程保护线路常开、常闭连接正确，接插线盒牢固	调整行程开关时小心夹手
⑦定位圈、铭牌、锁模片、接插件、行程开关、复位保护装置、管路、管接头完好确认	注意起重状态、翻转状态，防止重物砸下、翻落伤人
⑧运动部件上润滑油。外挂水管、油管连接紧凑，牢固，防止被压。表面清洁无油污，上下底板无油污、无杂物，喷嘴口无溢料	

图 2-1-9　模具保养确认流程图

（2）漏水检查如图 2-1-10 所示。

漏水检查：水路按设计接驳，水压为1MPa（10kg），保压5min无压降为合格

保压后指针不动，表明没有漏水

手动试水机。要执行分层漏水检查，避免重复检查

图 2-1-10　漏水检查

（3）电路、针阀检查如图 2-1-11 所示。

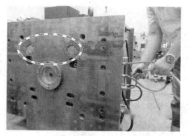

电路、针阀检查：检查热流道的线路、升温
情况及汽缸、针阀状态

检查确认
很重要！

用万用表检查实际线路与铭牌线路图
是否相符，热流道部分用温控箱确认
温度是否正常
热流道升温达到要求后用气管检查针
阀动作顺畅，无漏气

图 2-1-11　电路、针阀检查

（4）油缸动作检查与行程保护检查如图 2-1-12 所示。

油缸动作检查：用气管检查油缸动作，必
要时上机检查是否漏油

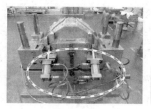

行程保护检查：行程保护线路常开、常闭连接正确，
接插线盒牢固

图 2-1-12　油缸动作检查与行程保护检查

（5）镜面检查与润滑确认如图 2-1-13 所示。

镜面检查：保养完成后需对镜面进行无伤
痕检查，确认合格后喷防锈油

润滑确认：导柱、楔合面、相对
运动面的润滑确认

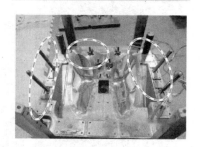

图 2-1-13　镜面检查与润滑确认

（6）模具完好确认如图 2-1-14 所示。

模具完好确认：定位圈、铭牌、锁模片、接插件、行程开关、复位保护装置、管路、管接头完好确认

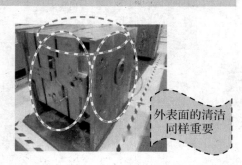

外表面的清洁同样重要

合模，翻转，外表面清洁，填写保养记录后交付使用

维修　　上夹

专业保养　　日常保养

图 2-1-14　模具完好确认

三、塑料模具维护保养的注意事项

（1）保护型腔表面。不同的制品有不同的表面粗糙度要求，但为了制品的脱模需要，模具型面表面粗糙度一般要求在 0.4μm 以下，型腔的表面不允许被钢件碰伤，即使脱模也只能使用纯铜棒帮助制品出模。当需要擦拭时，应用涤纶布或丝网布擦拭。有些表面有特殊要求的模具，如表面粗糙度 $Ra \leqslant 0.2\mu m$，其表面一般镀镍处理，操作者应佩戴丝绸手套，不允许用手直接接触。

（2）滑动部位需要适时、适量加注润滑油。润滑油不要一次加太多，导柱、导套、顶杆、复位杆等滑动配合要适时擦洗并加润滑油润滑，保证运转灵活，防止紧涩咬死。

（3）型腔表面要定期进行清洗。塑料模具在成型过程中，往往会从塑料中分解出挥发物从而腐蚀模具型腔，使得光亮的模具表面逐渐变得暗淡无光，从而降低制品质量。因此，需要定期擦洗模具，擦洗完后要及时吹干。

（4）型腔表面要按时进行防锈处理。一般模具在停用 24 小时以上时都要进行防锈处理，涂刷无水黄油。停用时间较长时（一年之内），可以喷涂防锈剂，如图 2-1-15 所示。在喷防锈油或防锈剂之前，应用棉丝把型腔或模具表面擦干净并用压缩空气吹干，以免影响防锈效果。

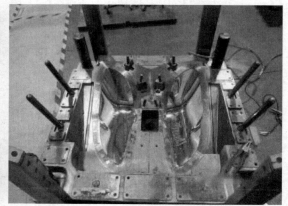

图 2-1-15　喷涂防锈剂

（5）易损件应定期更换。导柱、导套、顶杆、复位杆等活动件因长时间使用会有磨损，需

要定期检查并及时更换，一般在使用 3 万～4 万模左右就应检查更换，以保证滑动配合间隙不能过大，避免塑料注入配合孔而影响制品质量。

（6）型腔表面的局部损伤要及时修复。有时发现型腔的局部有严重损伤，一般采用铜焊、CO_2 气体保护焊等方法焊接后，靠机械加工或钳工修复打磨，也可用镶嵌的方法修复。对于皮纹表面的修复，不能采用焊接或镶嵌等方法，应采用特殊工艺进行处理，如利用模具塑性变形修复损坏表面，然后进行局部腐蚀。

（7）注意模具的疲劳损坏。塑料模具工作过程中会产生较大的应力，而打开模具取出制品后内应力又消失了，模具受到周期性内应力的作用易产生疲劳损坏，应定期消除内应力，防止出现疲劳裂纹。

（8）模具表面粗糙度的修复。一般塑料模具的型腔表面会越用越光滑，制品会越做越好。但也有一些模具由于塑料分解出的挥发物的腐蚀作用，使得型腔表面变得越来越粗糙，导致制品质量下降，这时应及时对型腔表面进行重新研磨、抛光等处理，有的还要褪去镀层，重新抛光后再电镀。

【信息收集】

1．分析学习任务描述和任务书，提炼学习任务描述中的关键信息，填写下列空格。

前期我们已经制订好线轮塑料模具_____计划，现在我们的任务是按照_____，对线轮塑料模具实施_____，保持模具的_____。

【知识探究】

1．写出塑料模具维护保养流程。

_____

_____

2．写出线轮塑料模具型腔滑块的维护保养要求。

_____

_____

3．进行分型面保养前要先进行分型面的_____、清洁，清除胶丝、锈渍_____。分型面、模框、斜楔面需最大限度地恢复_____。

4．WD-40 油性大，渗透性强，喷过 WD-40 的模具必须全拆清洗（　　　　）（打"√"或"×"）。

【计划与决策】

通过小组合作的方式，根据前期制订的线轮塑料模具维护保养计划，准备需要的工具、检具、用材，以及安排相应的负责人，并填写表 2-1-9。

表 2-1-9　线轮塑料模具维护保养用具及用材准备表

序号	保养内容	工具	量具、检具	用材	负责人	备注
1						
2						
3						
4						
5						
6						
7						
8						
9						
10						
11						
12						
13						
记录						

【任务实施】

　　各小组根据本组情况，根据前期制订的线轮塑料模具维护保养计划，对本组的线轮塑料模具进行维护保养，用计算机设计并填写一份保养记录表，并将保养过程照片和打印出来的保养记录表贴于空白处。

贴保养记录表及保养过程照片：

【任务总结】

学习任务一线轮塑料模具维护保养工作准备和实施总结记录表如表 2-1-10 所示。

表 2-1-10　学习任务一线轮塑料模具维护保养工作准备和实施总结记录表

学习活动名称	计划和完成情况	收获提升	问题和建议
学习活动 1			
学习活动 2			

 【评价与反馈】

线轮塑料模具维护保养考核评分表如表 2-1-11 所示。

表 2-1-11　线轮塑料模具维护保养考核评分表

班级：　　　　姓名：　　　　学号：　　　　日期：

考核项目	考核内容及要求	配分/分	评分标准	得分/分	备注
保养重点知识	能叙述塑料模具保养注意事项	15	错一处，扣 2 分		
	能叙述线轮塑料模具在日常生产中的点检项目	15	错一处，扣 2 分		
线轮塑料模具维护保养准备与实施	准备工作是否充分	10	漏一项，扣 2 分		
	责任人是否明确	10	责任人不明确，或无负责人，不得分		
	维护保养记录表是否合理	15	一处不合理，扣 2 分		
	维护保养实施操作是否规范	15	一个操作不规范，扣 2 分		
团队协作	能积极参与小组讨论,运用专业术语与他人交流	10	积极参与 5 分，积极性一般 3 分，积极性差 1 分		
质量意识	遵循《8S 现场管理制度》，保持环境卫生干净整洁	10	违反一项，扣 2 分		
总计/分			100		

【拓展训练】

请根据以上学习的内容实施其他侧向分型抽芯模具维护保养作业。

学习任务二　模具验收入库

【学习任务描述】

前期已经完成了模具维修、试模及维护保养工作，现在要求从制品质量、模具结构、注射成型工艺等方面根据模具验收的标准，对模具质量进行评估验收，并将验收合格的线轮塑料模具入库。

【建议学时】

4 学时

【学习资源】

教材《模具维护与保养》、任务书、教学课件、"学习通"平台、网络资源等。

【学习目标】

1．能叙述塑料模具外观验收的内容。
2．能叙述制品外观和尺寸检验的内容。
3．能叙述模具冷却系统验收的内容。
4．能叙述模具浇注系统验收的内容。
5．能叙述模具成型部分、分型面和排气槽部位验收的内容。
6．能叙述模具包装、运输过程验收的内容。
7．能叙述模具入库程序和要求。
8．能独立完成模具入库工作。

【任务书】

模具质量检验任务书如表 2-2-1 所示。

表 2-2-1　模具质量检验任务书

管理人	李三	联系方式		车间	模具仓库
设备名称及编号	设备名称：线轮塑料模具		设备编号：SXL-101		
任务内容	线轮塑料模具前期已经完成了模具维修、试模及维护保养工作，现在要求从制品质量、模具结构、注射成型工艺等方面根据模具验收的标准，对模具质量进行评估验收，并将验收合格的线轮塑料模具入库				
检验时间	检验约定时间：　　　年　　　月　　　日　　　时　　　分				
	实际到达检验时间：　　　年　　　月　　　日　　　时　　　分				
	实际检验完成时间：　　　年　　　月　　　日　　　时　　　分				

续表

管理人	李三		联系方式		车间		模具仓库
检验记录	□检验 □未检验 未检验原因说明：				检验员签字：		
	序号	检验项目		检验内容		用具	备注
	1						
	2						
	3						
	4						
	5						
	6						
	7						
	8						
车间验收意见	□满意 □不满意 其他意见：				主管签字		
备注							

 【知识储备】

一、塑料模具验收标准

参照标准如下。

GB/T 12554—2006《塑料注射模技术条件》。

GB/T 4169.1—2006～4169.3—2006《塑料注射模零件》。

GB/T 12556—2006《塑料注射模模架技术条件》。

GB/T 14486—2008《塑料模塑件尺寸公差》。

1. 模具外观

（1）模具铭牌内容完整，字符清晰，排列整齐。

（2）铭牌应固定在模脚上靠近模板和基准角的地方。铭牌固定可靠，不易掉落。

（3）冷却水嘴应选用塑料块插水嘴，客户另有要求的按客户要求选用。

（4）冷却水嘴不应伸出模架表面。

（5）冷却水嘴需加工沉孔，沉孔直径有 25mm、30mm、35mm 三种规格，孔口倒角，倒角应一致。

（6）冷却水嘴应有进、出水标记。

（7）标记英文字符和数字应大写，位置在水嘴正下方 10mm 处，字迹应清晰、美观、整齐、间距均匀。

（8）模具配件不应影响模具的吊装和存放。安装时下方外露的油缸、水嘴、预复位机构等，应有支撑腿保护。

（9）支撑腿的安装应用螺钉穿过支撑腿固定在模架上，过长的支撑腿可加工外螺纹紧固在模架上。

（10）模具顶出孔尺寸应符合指定的注射机要求，除小型模具外，不能只用一个中心顶出。

（11）定位圈应固定可靠，定位圈直径有 100mm、250mm 两种，定位圈高出底板 10～20mm。客户另有要求的按客户要求。

（12）模具外形尺寸应符合指定注射机的要求。

（13）安装有方向要求的模具应在前模板或后模板上用箭头标明安装方向，箭头旁应有"UP"字样，箭头和文字均为黄色，字高为 50 mm。

（14）模架表面不应有凹坑、锈迹、多余的吊环、进出水汽、油孔等影响外观的缺陷。

（15）模具应便于吊装、运输，吊装时不得拆卸模具零部件，吊环不得与水嘴、油缸、预复位杆等互相干涉。

2．顶出、复位、抽插芯、取件

（1）顶出时应顺畅、无卡滞、无异常声响。

（2）斜顶表面应抛光，斜顶面低于型芯面。

（3）滑动部件应开设油槽，表面需进行氮化处理，处理后表面硬度为 700HV（700HV≈50HRC）以上。

（4）所有顶杆应有止转定位，每个顶杆都应进行编号。

（5）顶出距离应用限位块进行限位。

（6）复位弹簧应选用标准件，弹簧两端不得打磨、切断。

（7）滑块、抽芯应有行程限位，小滑块用弹簧限位，弹簧不便安装时可用波珠螺丝。油缸抽芯必须有行程开关。

（8）滑块抽芯一般采用斜导柱，斜导柱角度应比滑块锁紧面角度小 2°～3°。滑块行程过长应采用油缸抽拔。

（9）当油缸抽芯成型部分端面被包覆时，油缸应加设自锁机构。

（10）宽度超过 150mm 的大滑块下面应有耐磨板，耐磨板材料应选用 T8A，经热处理后硬度为 50～55HRC，耐磨板比大面高出 0.05～0.1mm，并开制油槽。

（11）顶杆不应上下窜动。

（12）顶杆上若加倒钩，倒钩的方向应保持一致，倒钩易于从制品上去除。

（13）顶杆孔与顶杆的配合间隙、封胶段长度、顶杆孔的表面粗糙度应符合相关企业标准要求。

（14）制品应便于操作人员手动取下。

（15）制品顶出时易跟着斜顶走，顶杆上应加槽或蚀纹。

（16）顶块固定在顶杆上，应牢固可靠，四周非成型部分应加工出 3°～5°的斜度，下部周边应倒角。

（17）模架上的油路孔内应无铁屑杂物。

（18）回程杆端面平整，无焊点。胚头底部无垫片、焊点。

（19）三板模浇口板导向滑动顺利，浇口板易拉开。

（20）三板模限位拉杆应布置在模具安装方向的两侧，或在模架外加拉板，防止限位拉杆影响操作。

（21）油路气道应顺畅，液压顶出应复位到位。

（22）导套底部应开设排气口。

（23）定位销安装不能有间隙。

3．冷却、加热系统

（1）冷却、加热系统管道应畅通。

（2）冷却、加热系统密封应可靠，在 0.5MPa 压力下不得有渗漏现象，易于检修。

（3）开设在模架上的密封槽的尺寸和形状应符合相关标准要求。

（4）密封圈安放时应涂抹黄油，安放后高出模架面。

（5）水、油流道隔片应采用不易被腐蚀的材料。

4．浇注系统

（1）浇口设置应不影响制品外观，满足制品装配。

（2）流道截面、长度设计应合理，在保证成型质量的前提下尽量缩短流程，减少截面积以缩短填充及冷却时间，同时浇注系统损耗的塑料应最少。

（3）三板模分浇道在前模板背面的部分截面应为梯形或半圆形。

（4）三板模在浇口板上有断料把，浇道入口直径应小于 3mm，球头处有凹进浇口板的一个深 3mm 的台阶。

（5）球头拉料杆应可靠固定，可压在定位圈下面，可用无头螺丝固定，也可以用压板压住。

（6）浇口、流道应按图纸尺寸要求用打磨机加工，不允许手工打磨。

（7）点浇口的浇口处应按规范要求。

（8）分流道前端应有一段延长部分作为冷料穴。

（9）拉料杆 Z 形倒扣应圆滑过渡。

（10）分型面上的分流道应为圆形，前后模不能错位。

（11）在顶料杆上的潜伏式浇口应无表面收缩。

（12）透明制品冷料穴直径、深度应符合设计标准。

（13）料把易于去除，制品外观无浇口痕迹，制品装配处无残余料把。

5．热流道系统

（1）热流道接线布局应合理，便于检修，接线号应一一对应。

（2）热流道应进行安全测试，对地绝缘电阻大于 2MΩ。

（3）温控柜、热喷嘴、热流道应采用标准件。

（4）主流口套用螺纹与热流道连接，底面平面接触密封。

（5）热流道与加热板或加热棒接触良好，加热板用螺钉或螺柱固定，表面贴合良好。

（6）应采用 J 型热电偶，并与温控表匹配。

（7）每一组加热元件应由热电偶控制，热电偶位置选择合适。

（8）喷嘴应符合设计要求。

（9）热流道应有可靠定位，至少有两个定位销，或用螺钉固定。

（10）热流道与模板之间应有隔热垫。

（11）温控表设定温度与实际显示温度误差应小于±5℃，并且控温灵敏。

（12）型腔与喷嘴的安装孔应贯通。

（13）热流道接线应捆扎起来，并且用压板盖住。

（14）若有两个同样规格的插座，应做明确标识。

（15）控制线应有护套，无损坏。

（16）温控柜结构可靠，螺丝无松动。

（17）插座安装在电木板上，不能超出电木板最大尺寸。

（18）电线不许露在模具外面。

（19）热流道或模板所有与电线接触的地方都应有圆角过渡。

（20）在模板装配之前，所有线路均无断路、短路现象。

（21）所有接线应正确连接，绝缘性能良好。

（22）在模板装上夹紧后，所有线路应用万用表再次检查。

6．成型部分、分型面、排气槽

（1）模具前后表面不应有不平整、凹坑、锈迹等其他影响外观的缺陷。

（2）镶块与模框配合，四周圆角应有小于 1mm 的间隙。

（3）分型面保持干净、整洁、无手提砂轮磨避空，封胶部分无凹陷。

（4）排气槽深度应小于塑料的溢边值。

（5）嵌件研配应到位，安放顺利、定位可靠。

（6）镶块、镶芯等应固定可靠，圆形件有止转装置，镶块下面不垫铜片、铁片。

（7）顶杆端面与型芯一致。

（8）前后模成型部分无倒扣、倒角等缺陷。

（9）筋位顶出应顺利。

（10）多腔模具制品，若左右件对称，应注明标识 L、R，客户对标识位置和尺寸有要求的，应符合客户要求，一般在不影响外观及装配的地方加上标识，字号为 1/8。

（11）模架锁紧面研配应到位，保证 75% 以上的接触面积。

（12）顶杆应布置在离侧壁较近处及筋、凸台的旁边，并使用较大的顶杆。

（13）对于相同的件应注明编号，如 1、2、3 等。

（14）各碰穿面、插穿面、分型面应研配到位。

（15）分型面封胶部分应符合设计标准。小中型模具为 10～20mm，大型模具为 30～50mm，其余部分机加工避空。

（16）皮纹及喷砂应均匀，达到客户要求。

（17）外观有要求的制品，制品上的螺钉应有防缩措施。

（18）深度超过 20mm 的螺钉柱应选用顶管。

（19）制品壁厚应均匀，偏差控制在 0.15mm 以下。

（20）筋的宽度应在外观面壁厚的 60% 以下。

（21）斜顶、滑块上的镶芯应有可靠的固定方式。

（22）前模插入后模或后模插入前模时，四周应有斜面锁紧并机加工避空。

7．注射成型工艺

（1）模具在正常注射工艺条件范围内，应具有注射生产的稳定性和工艺参数调校的可重复性。

（2）模具注射生产时注射压力，一般应小于注射机额定最大注射压力的85%。

（3）模具注射生产时的注射速度，其行程的3/4注射速度不低于额定最大注射速度的10%，且不超过额定最大注射速度的90%。

（4）模具注射生产时的保压压力一般应小于实际最大注射压力的85%。

（5）模具注射生产时的锁模力，应小于适用机型额定锁模力的90%。

（6）注射生产过程中，制品及水口料的取出要容易、安全（时间一般不超过2s）。

（7）带镶件制品的模具，在生产时镶件安装方便，镶件固定要可靠。

8．包装、运输

（1）模具型腔应清理干净，并喷防锈油。

（2）滑动部件应涂润滑油。

（3）浇口套进料口应用润滑脂封堵。

（4）模具应安装锁模片，规格符合设计要求。

（5）备品备件易损件应齐全，并附有明细表及供应商名称。

（6）模具水、液、气、电进出口应采取封口措施封口，防止异物进入。

（7）模具外表面喷制油漆，客户有要求的按客户要求。

（8）模具应采用防潮、防水、防止磕碰包装，客户有要求的按客户要求。

（9）模具制品图纸、结构图纸、冷却/加热系统图纸、热流道图纸、零配件及模具材料供应商明细、使用说明书、试模情况报告、出厂检测合格证的纸质文档与电子文档均应齐全。

二、验收判定

（1）模具应按本标准要求逐条对照验收，并做好验收记录。

（2）验收判定分合格项、可接受项和不可接受项，只有全部项目为合格或可接受项，模具才合格。

（3）若不可接受项达到下列条件之一，则判定为模具需整改：制品1项；模具材料1项；模具外观4项；顶出、复位、抽插芯2项；冷却系统1项；浇注系统2项；热流道系统3项；成型部分3项；生产工艺1项；包装运输3项。

（4）若不可接受项达到下列条件之一，则判定为不合格模具：制品超过1项；模具材料超过1项；模具外观超过4项；顶出、复位、抽插芯超过2项；冷却系统超过1项；浇注系统超过2项；热流道系统超过3项；成型部分超过3项；生产工艺超过1项；包装运输超过3项。

【信息收集】

1．分析学习任务描述和任务书，提炼学习任务描述中的关键信息，填写下列空格。

前期已经完成了_____、_____及_____，现在要求从_____、_____、_____等方面根据模具验收的标准，对模具质量进行_____，并将验收合格的线轮塑料模具_____。

2. 阅读塑料模具验收标准内容，下列选项不是塑料模具验收标准目的的是＿＿＿＿＿。

A. 为确保模具能生产出合格的制品，正常投入生产

B. 保证模具生产使用寿命，满足制品设计的生产使用要求

C. 规范从制品质量、模具结构、注射成型工艺要求等方面认可模具的标准

D. 缩短模具装配、调试时间

3. 塑料模具验收标准文件有＿＿＿＿＿＿＿＿＿＿＿＿＿＿＿＿＿＿＿＿＿＿＿＿＿＿＿

＿＿

＿＿＿＿＿＿＿＿＿＿＿＿＿＿＿＿＿＿＿＿＿＿＿＿＿＿＿＿＿＿＿＿＿＿＿＿＿＿＿。

4. 模具应便于吊装、运输，吊装时不得拆卸＿＿＿＿＿＿＿＿，吊环不得与水嘴、油缸、预复位杆等＿＿＿＿＿＿。

 【计划与决策】

通过小组合作的方式,结合模具验收入库工作流程,制订线轮塑料模具验收入库工作计划,如表 2-2-2 所示。

表 2-2-2　线轮塑料模具验收入库工作计划

序号	项目	操作内容	检测标准	负责人
1				
2				
3				
4				
5				
6				
7				
8				
9				
10				
操作时长				

 【任务实施】

各小组根据优化后的工作计划和本组的线轮塑料模具实物，实施模具验收入库工作，并完成表 2-2-3 的填写。

表 2-2-3　线轮塑料模具检查验收报告表

模具名称	模具编号	模具数量	制造商名称

续表

模具名称			模具编号	模具数量	制造商名称	
参照标准			GB/T 12554—2006《塑料注射模技术条件》 GB/T 4169.1—2006～4169.3—2006《注射模零件》 GB/T 12556—2006《塑料注射模模架技术条件》 GB/T 14486—2008《塑料模塑件尺寸公差》			

检查项目				检查结果		
类别	序号	要求	检查现象描述	合格	可接受	不可接受
塑料制品外观尺寸	1	制品表面不允许缺陷				
	2	熔接痕、收缩、变形				
	3	制品的几何形状，尺寸大小精度，制品壁厚				
模具外观	1	模具铭牌标识内容完整，字符清晰，排列整齐				
	2	冷却水嘴应有进、出水标记				
	3	模具安装尺寸应符合指定注射机的要求				
	4	模架表面不应有凹坑、锈迹等影响外观的缺陷				
	5	模具应便于吊装、运输				
	6	标准件性能符合国家标准				
顶出、复位、抽插件	1	顶出时应顺畅、无卡滞、无异常声响				
	2	顶杆不应上下窜动				
	3	顶杆孔与顶杆的配合间隙、封胶段长度、顶杆孔的表面粗糙度应符合相关企业标准要求				
	4	回程杆端面平整 固定凸台底部无垫片				
	5	导套底部应开制排气口				
	6	滑块、抽芯应有行程限位				
冷却系统	1	冷却系统管道应畅通				
	2	系统在 0.5MPa 压力下不得有渗漏现象，易于检修				
浇注系统	1	浇口设置应不影响制品外观				
	2	流道加工符合图纸要求				
	3	拉料杆应可靠固定				
成型部分、分型面、排气槽	1	前后模表面不应有不平整、凹坑、锈迹等其他影响外观的缺陷				
	2	镶块与模框配合，模框四周尖角处可以钻工艺孔				
	3	分型面封胶部分无凹陷				
	4	排气槽深度应小于塑料的溢边值				
	5	小型芯碰穿面应研配到位				
注射生产工艺	1	模具在正常注射工艺条件范围内，应具有注射生产的稳定性和工艺参数调校的可重复性				

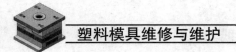

续表

模具名称		模具编号	模具数量	制造商名称		
包装、运输	1	模具型腔应清理干净，并喷防锈油				
	2	滑动部件应涂润滑油				
	3	浇口套进料口应用润滑脂封堵				
	4	模具应安装锁模片，规格符合设计要求				
	5	模具制品图纸、结构图纸、冷却/加热系统图纸、零配件及模具材料供应商明细、使用说明书、试模情况报告、检测合格证等均应齐全				

结果评估：

评估人：

 ## 【任务总结】

学习任务二模具验收入库工作总结记录表如表 2-2-4 所示。

表 2-2-4　学习任务二模具验收入库工作总结记录表

学习任务名称	计划和完成情况	收获提升	问题和建议

项目工作总结（心得体会）

_____

_____

_____

_____

_____

_____

_____

_____

_____

_____

_____

_____

_____

_____

_____

_____

_____

_____

_____

_____

_____

_____

_____

_____

_____

▣ 【评价与反馈】

线轮塑料模具验收入库过程评分表如表 2-2-5 所示。

表 2-2-5 线轮塑料模具验收入库过程评分表

组别：　　　　姓名：　　　　一票否决，0 分

考核项目	考核内容及要求	配分/分	评分标准	检查结果	得分/分
维修工作流程	正确描述模具验收入库工作流程	20	错一项，扣 5 分		
工作计划制定	计划格式是否完整	15	格式不完整，扣 10 分		
	责任人是否明确	10	责任人不明确，或无负责人，不得分		
	工作进度（是否有时间限制）	10	每项工作无明确的进度时间，扣 5 分		
	工作计划条理清楚、明了，思路清晰、简洁，具有较强的操作性	15	工作计划条理、思路不清，每错一处扣 5 分		
团队协作	团队合作情况	10	没有全员参与制订工作计划扣 10 分		
	代表展示计划	10	展示计划时是否条理清晰、语言流畅，不展示全扣		
质量意识	遵循《8S 现场管理制度》保持环境卫生干净整洁	10	违反一项，扣 2 分		
总计/分			100		

项目二总体评价表如表 2-2-6 所示。

表 2-2-6　项目二总体评价表

班级：		姓名：			学号：				
评价项目		自我评价/分			小组评价/分			教师评价/分		
		1～5	6～8	9～10	1～5	6～8	9～10	1～5	6～8	9～10
		占总评分 20%			占总评分 20%			占总评分 60%		
任务一	学习活动 1									
	学习活动 2									
任务二										
表达能力										
协作精神										
纪律观念										
工作态度										
分析能力										
操作规范性										
任务总体表现										
小计/分										
总计/分										

【拓展训练】

请根据以上学习的内容实施其他模具验收入库作业。

参考文献

[1] 付宏生. 模具试模与维修[M]. 北京：化学工业出版社，2010.

[2] 刘铁石. 模具装配、调试、维修与检验[M]. 北京：电子工业出版社，2012.

[3] 赵钱. 模具维护与保养[M]. 北京：中国劳动社会保障出版社，2021.

[4] 浦学西. 模具结构[M]. 北京：中国劳动社会保障出版社，2019.